Einführung in die Informations- und Codierungstheorie

Von Prof. Dr. Hermann Rohling
Technische Universität Braunschweig

unter Mitarbeit von
Dipl.-Ing. Thomas Müller
Technische Universität Braunschweig

Mit 70 Bildern

B. G. Teubner Stuttgart 1995

Prof. Dr. rer. nat. Hermann Rohling

Geboren 1946 in Altenmelle. Studium der Mathematik an der Universität Stuttgart (Stipendiat der Studienstiftung des Deutschen Volkes) von 1972 bis 1977. Danach 11jährige Industrietätigkeit im Forschungsinstitut AEG-Telefunken, Ulm. 1983 Promotion an der Fakultät für Elektrotechnik der RWTH Aachen. Seit 1988 Hochschullehrer im Institut für Nachrichtentechnik der TU Braunschweig. Arbeitsgebiete: Digitale Funkübertragung, Mobilkommunikation, Flugsicherungstechnik und Radartechnik.

Die Deutsche Bibliothek – CIP-Einheitsaufnahme

Rohling, Hermann:
Einführung in die Informations- und Codierungstheorie
von Hermann Rohling. Unter Mitarb. von Thomas Müller.
Stuttgart : Teubner, 1995
   (Teubner Studienbücher: Elektrotechnik)

Einbandgestaltung: Peter Pfitz, Stuttgart.

ISBN 978-3-519-06174-8   ISBN 978-3-322-91860-4 (eBook)
DOI 10.1007/978-3-322-91860-4

Vorwort

Im heutigen Zeitalter der mobilen Kommunikation besteht ein besonders großes Interesse daran, daß sämtliche gesendeten Nachrichten möglichst fehlerfrei beim Empfänger ankommen. Bei der Nachrichtenübertragung treten je nach gewähltem Übertragungskanal (z.B. Kabel oder Funk) mehr oder weniger starke Störungen auf. Für die analoge Nachrichtenübertragung (z.B. UKW, PAL) wurden deshalb störresistente Modulationsverfahren entwickelt. Die zur Zeit in einem starken Wachstum begriffene digitale Nachrichtenübertragung (z.B. D–Netz, DAB) bekämpft dagegen Störungen auf dem Übertragungskanal durch geeignete Codierungen, mit denen auftretende Bitfehler im Empfänger automatisch erkannt und korrigiert werden können. Diese sogenannten redundanten Codes wurden ursprünglich von Shannon 1948 in einer theoretisch orientierten Arbeit zum Schutz gegen auftretende Fehler vorgeschlagen.

Dieses Buch gibt eine Einführung in Fragen der fehlererkennenden und fehlerkorrigierenden Codes. Die Motivation zur praktischen Anwendung dieser Codes wird aus der im ersten Kapitel erläuterten Informationstheorie hergeleitet. Im zweiten Kapitel werden praktisch einsetzbare Blockcodes und deren Leistungsfähigkeit ausführlich erklärt. Der Nachrichteningenieur hat aber wesentlich mehr Möglichkeiten zur Dimensionierung einer störresistenten Übertragungsstrecke, als nur Fehlerkorrekturverfahren. Deshalb werden im dritten Kapitel die wesentlichen digitalen Modulationsverfahren beschrieben und Vergleiche zwischen einer uncodierten und codierten Übertragung durchgeführt. Dieser Vergleich motiviert zusätzlich den Einsatz geeigneter Fehlerkorrekturverfahren auch in guten Übertragungskanälen. Im vierten Kapitel werden Faltungscodes erläutert, die zwar zeitlich später als Blockcodes entwickelt wurden, heute aber in praktischen Anwendungen häufig und mit Erfolg eingesetzt werden. Trelliscodierte Modulationsverfahren, bei denen die Aufgaben der Modulation und Kanalcodierung ganzheitlich betrachtet werden, bilden den Abschluß dieses Kapitels.

Für das Verständnis des vorliegenden Textes sind keine besonderen Vorkenntnisse erforderlich. Zwar ist die Algebra in endlichen Körpern, die zur

theoretischen Beschreibung der Codierverfahren benutzt wird, den Studierenden der Elektrotechnik und Informatik zunächst wenig geläufig, aber diese
mathematischen Grundlagen werden in einzelnen Unterabschnitten jeweils
geeignet vorgestellt und ausführlich erläutert.

Dieses Buch ist aus einem Skript für eine zweistündige Vorlesung zur Codierungstheorie entstanden, die für Elektrotechniker und Informatiker an der
Technischen Universität Braunschweig angeboten wird. Für die zugehörige
einstündige Übung waren in den letzten 6 Jahren die Herren W. Plagge und
T. Müller zuständig. Den wissenschaftlichen Mitarbeitern möchte ich für die
vielen Gespräche und Anregungen danken, mit denen sie diese Arbeit wesentlich unterstützt haben. Die Textverarbeitung für ein erstes Manuskript wurde
mit viel Sorgfalt von Frau Petra Röttger durchgeführt. Für die intensive Mitarbeit bei der Erstellung des endgültigen Manuskriptes, der Anfertigung des
TEX–Files einschließlich der vielen Zeichnungen, Entwicklung der Übungsaufgaben und für das mühsame Korrekturlesen danke ich Herrn T. Müller
besonders. Herrn Dr. Schlembach vom Teubner Verlag gilt mein Dank für die
gute Zusammenarbeit.

Die Studierenden der Elektrotechnik und Informatik zeigen i.a. ein großes
Interesse an dem Arbeitsgebiet der Codierungstheorie und zwar im theoretischen wie auch im anwendungsbezogenen Teil. Mit diesem Studienbuch
möchte ich dieses Interesse an den grundsätzlichen Fragen zur Dimensionierung einer digitalen störresistenten Nachrichtenübertragungsstrecke zusätzlich
fördern.

Braunschweig, im Februar 1995   Hermann Rohling

Inhaltsverzeichnis

Einleitung

Die Sicherheit der Datenübertragung gehört zu den wesentlichen Aufgabengebieten der Nachrichtentechnik. Dabei soll eine Nachricht von einem Sender möglichst fehlerfrei zum Empfänger übertragen werden. Der Begriff *Sicherheit* wird also in einem ausschließlich technischen Sinn benutzt und bezieht sich hier nicht auf Fragen der Abhörsicherheit oder auf Verschlüsselungssysteme (Kryptologie). Zwar werden in fast allen elektrotechnischen Fachgebieten Systeme entwickelt und eingesetzt, die auch fehlerhaftes Verhalten (z.B. einfach durch Rauschen verursacht) aufweisen, aber es ist charakteristisch für die *Informations- und Codierungstheorie*, daß hier eine systematische Behandlung von auftretenden Fehlern bei der Übertragung oder Speicherung von Nachrichten im Vordergrund steht. Es wird, mit anderen Worten, in diesem Fachgebiet eine wissenschaftliche Betrachtung zur Fehlererkennung und -korrektur durchgeführt sowie die zur Lösung dieser Aufgabe erforderliche Arbeitsmethodik entwickelt.

In den Ingenieurswissenschaften ist häufig eine fruchtbare Symbiose zwischen theoretisch und praktisch orientierten Arbeiten zu beobachten. Dies gilt insbesondere auch für die Informations- und Codierungstheorie. Der von Shannon 1948 gelegte theoretische Grundstein hat eine Reihe von praktisch orientierten Arbeiten provoziert, die in den Gebieten der Quellen- und Kanalcodierung durchgeführt wurden. Die Ingenieursaufgabe besteht einerseits darin, die Zeichen einer Quelle mit minimalem Aufwand zu codieren, bzw. andererseits die Kanalübertragung durch geeignete Codierung möglichst fehlerfrei zu gestalten. Durch die theoretischen Arbeiten können in geeigneten Modellen Grenzen bzw. Grenzwerte der Systemleistungsfähigkeit angegeben werden, die selbst bei einem unendlich hohen Verarbeitungsaufwand in praktischen Systemen nicht unter- bzw. überschritten werden können.

Die digitale Nachrichtenübertragung gehört heute zu den wichtigen Wachstumsbereichen der elektrotechnischen Industrie. Nicht zuletzt der Wunsch vieler Menschen nach größerer Mobilität führt dazu, daß Sprache, Bilder oder Daten in digitaler Form, z.B. auch über Funkstrecken, zu den einzelnen mobilen Empfängern übertragen werden. Zur Zeit werden zu den bereits vorhandenen Funkdiensten, wie D–Netz, E–Netz, Digital Audio Broadcast (DAB), Digitales Satelliten Radio (DSR) etc., zusätzliche Systeme aktuell in Standardisierungsgremien diskutiert.

In diesen Systemen werden die Zeichen der jeweils betrachteten Quelle zunächst durch eine Binärdarstellung mit möglichst minimaler Wortlänge codiert und gleichzeitig leistungsfähige Kanalcodierverfahren eingesetzt, die den Empfänger in die Lage versetzen, die auf der Übertragungsstrecke entstandenen Fehler erkennen und/oder korrigieren zu können. Die grundsätzliche Aufgabe der Codierungstheorie besteht darin, Methoden bereitzustellen bzw. zu entwickeln, die den reinen Nachrichtenstellen in geeigneter Weise redundante Kontrollstellen hinzufügen, so daß in den Empfängern eine systematische Fehlererkennung und Fehlerkorrektur ermöglicht wird. Erste praktisch verwertbare Ergebnisse über die Entwicklung leistungsfähiger Codes wurden 1949 von Golay und Hamming veröffentlicht. In diesen Arbeiten wurden zunächst sogenannte Blockcodes untersucht, während Elias später (1955) erste Ergebnisse über den Entwurf und die Leistungsfähigkeit der sogenannten Faltungscodes publizierte. Seit dieser Zeit wurde eine große Anzahl unterschiedlicher Codierverfahren entwickelt und vergleichend untersucht.

Kanalcodierungsmethoden spielen insbesondere in den Anwendungsbereichen eine wichtige Rolle, bei denen Nachrichten in stark fehlerbehafteten Kanälen übertragen werden, oder bei denen eine hohe Datensicherheit gefordert wird. Im Mobilfunkbereich ist das Funkkanalverhalten beispielsweise durch Mehrwegeausbreitung, kurzzeitige Abschattungen und Nachbarkanalbeeinflussungen charakterisiert. Erschwerend kommt dort hinzu, daß sich das Funkkanalverhalten aufgrund der Teilnehmerbewegung zeitlich sehr schnell ändern kann und dadurch kurzzeitig hohe Bitfehlerraten entstehen. In diesem Anwendungsbereich ist der Einsatz fehlerkorrigierender Codes unverzichtbar.

Die Leistungsfähigkeit der unterschiedlichen Codierverfahren wird duch Angabe der resultierenden Restfehlerwahrscheinlichkeit beschrieben. Durch dieses Maß ist gleichzeitig die Möglichkeit einer vergleichenden Analyse und Bewertung der verschiedenen Verfahren gegeben. Dabei wird grundsätzlich unterschieden, ob es sich um Verfahren zur reinen Fehlererkennung oder Fehlerkorrektur handelt. Für praktische Anwendungen können auch gemischte Verfahren von Interesse sein. In der englischsprachigen Literatur werden häufig die Begriffe cyclic redundancy check (CRC) für fehlererkennende Verfahren und forward error correction (FEC) für fehlerkorrigierende Verfahren verwendet.

Dieses Buch gibt eine Einführung in die Methoden der Kanalcodierung zum Zwecke der Fehlerkorrektur. Ausgehend von der Shannon'schen Informationstheorie, in der die theoretischen Grenzen für den minimalen Codieraufwand und die maximale Kanalkapazität hergeleitet sind, werden Codier- und Decodierverfahren für Block- und Faltungscodes diskutiert und anschaulich beschrieben. Die Elemente der Informations- und Codierungstheorie werden vor dem Hintergrund einer digitalen Nachrichtenübertragungsstrecke betrachtet, einschließlich der grundlegenden Verfahren zur Quellencodierung und der digitalen Modulationsverfahren (ASK, PSK, Offset–QPSK, QAM, MSK). Das Modell einer solchen Strecke besteht aus den Komponenten Quelle, Quellencodierung, Kanalcodierung, Modulation, Kanal sowie Demodulation, Kanaldecodierung, Quellendecodierung und Senke, siehe Bild 1.

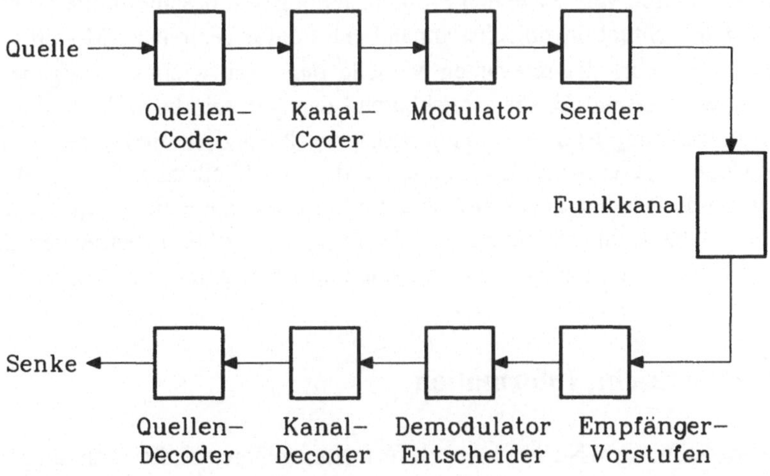

Bild 1: Modell einer digitalen Nachrichtenübertragungsstrecke

Die einzelnen in Bild 1 enthaltenen Komponenten der Übertragungsstrecke werden in getrennten Kapiteln modellhaft beschrieben und die angegebenen Verfahren ausführlich analysiert.

1 Shannon'sche Informationstheorie

Wenn Menschen miteinander sprechen, dann tauschen sie Nachrichten aus. In der Informationstheorie hat man sich lange damit beschäftigt, wie der in der Nachricht enthaltene Informationsgehalt quantitativ berechnet werden kann. Eines dieser Ergebnisse ist in der Shannon'schen[1] Informationstheorie beschrieben. Die Informationstheorie basiert, wie jede Theorie, auf einer Abstraktion von der realen Problemstellung und beschreibt die praktisch vorliegende Situation zunächst anhand eines dafür geeigneten Modells. Gerade im Entwurf der relevanten Modelle liegt eine wichtige Aufgabe, die bereits wegweisend für die erreichbaren Lösungen sein kann. Eine theoretische Betrachtung ist aber i.a. kein Selbstzweck, sondern die bei der Analyse des Modells gefundenen Ergebnisse werden anschließend auf das praktisch vorliegende Problem angewandt und die Leistungsfähigkeit der entwickelten Verfahren beurteilt. Die im Bereich der Informationstheorie betrachtete praktische Problemstellung ist die Codierung und Übertragung von Nachrichten.

1.1 Nachricht, Information

Die Bezeichnungen Nachricht und Information gehören zu den Grundbegriffen der Nachrichtentechnik und Informatik. Die beiden Begriffe sind eng miteinander verwandt, aber die technische Bedeutung deckt sich nicht vollständig mit dem umgangssprachlichen Gebrauch der beiden Wörter, die häufig synonym benutzt werden. In diesem Abschnitt werden diese beiden Begriffe vor dem Hintergrund des Nachrichtenübertragungssystems definiert und deren Bedeutung für die Informationstheorie beschrieben.

In einem einfachen Nachrichtenübertragungssystem, bestehend aus *Quelle*, *Kanal* und *Senke*, siehe Bild 1.1, verfügen die Quelle und Senke über den gleichen Zeichenvorrat. Die Nachricht entsteht auf der Seite der

---

[1]nach dem amerikanischen Mathematiker und Ingenieur Claude Elwood Shannon (geb. 30.4.1916) benannt

Quelle und setzt sich aus Einzelzeichen zusammen, die dem gemeinsamen Zeichenvorrat entnommen wurden.

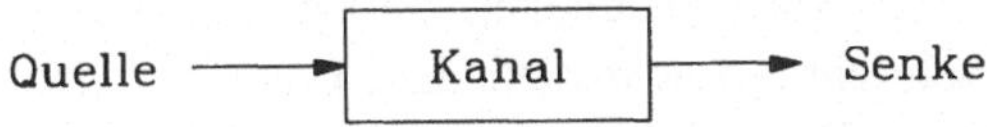

Bild 1.1: Modell einer einfachen Nachrichtenübertragung

Die Senke wertet die Zeichen aus, indem sie die Nachricht interpretiert. Diese Interpretation führt bei zwischenmenschlichen Kommunikationsvorgängen nicht notwendigerweise zu der gleichen Bedeutung, die die Quelle ausdrücken möchte. Die Interpretation der Nachricht ist häufig rein subjektiv, ein und dieselbe Nachricht kann bei verschiedenen Empfängern zu unterschiedlichen Informationen führen. Beispiele für unterschiedliche Deutungen ein und derselben Nachricht bei verschiedenen Empfängern finden sich in der sprachlichen zwischenmenschlichen Kommunikation in vielfältiger Weise mit allen positiven und negativen Folgen.

Unter einer *Nachricht* wird im technischen Zusammenhang also eine Zeichenfolge mit zunächst beliebiger Darstellung verstanden, z.B. Sprache, Schrift, Bild oder Symbol. Eine Nachricht wird von der Quelle erzeugt und hat nach dieser Definition einerseits eine Darstellungs- und andererseits eine Bedeutungskomponente.

NACHRICHT

Darstellung	Bedeutung

Die Information entsteht dagegen auf der Seite der Senke und zwar nur dann, wenn der Nachrichteninhalt der Senke bis dahin nicht bereits vollständig bekannt war. In diesen Fällen wird die Kenntnis der Senke also vergrößert. Dazu ist es allerdings erforderlich, daß die Nachricht vom Empfänger wahrgenommen werden kann, d.h. in beobachtbare Zustände abgebildet wird. In diesem Zusammenhang ist das *Signal* die physikalische Repräsentation einer Nachricht.

Wenn die Darstellung der Nachricht der Senke vollständig unbekannt ist (z.B. keine Übereinstimmung der verwendeten Zeichenvorräte vorliegt), wird die Situation durch die Bezeichnung *Irrelevanz* charakterisiert, in der die Kenntnis der Senke nicht vergrößert wird, also keine Information entsteht. Es wird von *Redundanz* gesprochen, wenn eine Nachricht aus den vorangegangenen Zeichen vorhersagbar ist und damit die Kenntnis der Senke wiederum nicht vergrößert wird. Eine belanglose Hinzufügung (ohne weitere Information) ist in diesem Sinne redundant. Mit diesen Begriffen entsteht eine Einteilung der Nachricht in vier verschiedene Bereiche, wie in dem folgenden Bild zu erkennen ist. Die Information entsteht aus den relevanten und nicht redundanten Nachrichtenanteilen.

Nachricht	redundant	nicht redundant
irrelevant	verwendete Zeichen sind bei Quelle und Senke verschieden	
relevant	Vorhersage möglich	Information

Mit dieser Definition und diesem Verständnis der Begriffe Nachricht und Information und dem einfachen Nachrichtenübertragungsmodell kann zwar eine Vielzahl von praktischen Nachrichtenübertragungssituationen modellhaft erfaßt und beschrieben werden. Aber die Grenzen eines solchen Modells sind dort erreicht, wo anhand von quantitativen Maßen die Bedeutung bzw. das Gewicht einer Nachricht angegeben werden soll. Dies wird durch die Tatsache unterstrichen, daß die Entstehung der Information ein subjektiver Vorgang ist und dieselbe Nachricht bei verschiedenen Empfängern eine unterschiedliche Bedeutung haben sowie unterschiedliche Reaktionen hervorrufen kann. Darüber hinaus enthalten die bisherigen Betrachtungen noch keinerlei Ansätze für eine technische Realisierung einer Nachrichtenübertragungsstrecke.

Qualitativ kann zwar festgelegt werden, daß die Bedeutung (oder der Informationsgehalt) einer Nachricht für den Empfänger umso größer ist, je weniger diese Nachricht vorhersehbar ist. Aber tatsächlich wird für technische Anwendungen ein quantitives Maß für den Informationsgehalt gesucht. Die Shannon'sche Informationstheorie [4] gestattet erstmalig einen systematischen Zugang zum technisch optimalen Entwurf einer Nachrichtenübertragungsstrecke. In dieser Theorie werden zwar nicht sämtliche im Zusammenhang mit der Betrachtung einer Datenübertragungsstrecke praktisch auftretende Probleme gelöst, aber der Bereich der insgesamt vorliegenden technischen Möglichkeiten wird durch Angabe der existierenden Grenzen in sehr übersichtlicher Form erfaßt.

1.2 Informationsgehalt, Entropie

Das Kernstück der Shannon'schen Informationstheorie besteht in der mathematischen Erfassung des Begriffs Information in ausschließlich *technischer* Hinsicht. Die Bedeutung der Begriffe Nachricht und Information ändert sich bei Shannon insofern ganz wesentlich, indem diese Begriffe gar nicht definiert und benutzt werden, sondern der neue Begriff des *Informationsgehaltes* eingeführt wird. Die Shannon'sche Informationstheorie, die mit der Veröffentlichung des Aufsatzes "A Mathematical Theory of Communication" (1948) begründet wurde, gibt Grenzen dafür an, was mit einem bestimmten technischen Nachrichtenübertragungssystem maximal erreicht werden kann. Diese Grenzen können auch mit einem beliebig großen technischen Aufwand nicht überschritten werden. Damit ergeben sich interessante Vergleichsmöglichkeiten für unterschiedliche Nachrichtenübertragungssysteme, unabhängig von deren technischer Realisierung.

Die Informationstheorie ist älter als die Codierungstheorie und wurde mit Arbeiten von Hartley (1928) [3] begonnen und durch das Buch von Shannon (1948) begründet. Die wesentlichen Ergebnisse der Informationstheorie liegen in der Beantwortung der Fragen nach den theoretischen Grenzen, die in einem technischen Nachrichtenübertragungssystem auftreten. Diese Grenzen beziehen sich auf die Möglichkeiten der Quellen- und Kanalcodierung und werden z.B. durch die Begriffe minimale mittlere Codewortlänge sowie Kanalkapazität beschrieben.

Ein zentrales Element der Informationstheorie ist ein Maß, mit dem der Informationsgehalt mathematisch beschrieben werden kann. Dieses mathematische Maß wurde von Shannon in die Nachrichtentechnik eingeführt. Die jeweilige (durchaus subjektive) Bedeutung, die im vorangegangenen Abschnitt einer Nachricht zugeordnet wurde, wird im folgenden nicht weiter betrachtet. Vielmehr ist es in der Informationstheorie vollkommen unbedeutend was mit einer Nachricht ausgesagt werden soll. Die Informationstheorie konzentriert sich vielmehr auf die Tatsache, wieviele verschiedene Nachrichten eine Quelle überhaupt erzeugen kann und wie diese codiert werden können. In dem Nachrichtenübertragungsmodell wird die Beschreibung der Quelle deshalb zunächst wie folgt vorgenommen.

Wir betrachten in einem technischen Nachrichtenübertragungssystem zunächst eine diskrete Quelle, die Einzelzeichen $x_1, \ldots, x_N$ aus einem gegebenen Zeichenvorrat auswählt (und in der bisherigen Vorstellung mit diesem Vorgang Nachrichten bzw. Zeichenfolgen erzeugt).

Die Entstehung einer Nachricht ist an die Möglichkeit gebunden, Entscheidungen zwischen verschiedenen Zuständen treffen zu können. Die Quelle entscheidet über die zu sendenden Zeichen, indem Zeichenfolgen durch Auswahl von Elementarzeichen gebildet werden. Die Senke entscheidet, welches Zeichen (vermutlich) übertragen wurde. Ein Maß für den Aufwand, der bei der Bildung einer Nachricht entsteht, ist die Zahl der Binärentscheidungen, die eine Quelle oder Senke jeweils treffen müssen. Eine Menge mit 2 Elementen führt auf eine binäre Entscheidung und hat das Maß von 1 bit (binary digit). Der *Entscheidungsgehalt* einer Quelle mit N Zeichen ist allgemein:

$$H_0 = \mathrm{ld}(N) \ \ [\text{bit/Zeichen}] \tag{1.1}$$

Dabei bezeichnet ld = logarithmus dualis den Logarithmus zur Basis 2. Der *Entscheidungsfluß* wird wie folgt definiert:

$$H_0^* = H_0/\tau \ \ [\text{bit/s}] \tag{1.2}$$

wobei τ die Zeit ist, in der jeweils ein Quellzeichen ausgewählt und übertragen wird.

Beispiel:

Die Quelle verfügt über 40 alphanumerische Zeichen, d.h., 26 Buchstaben A, B,..., Z, 3 Umlaute Ä,Ö,Ü, Zahlen 0,1,...,9 und ein Leerzeichen. Der Entscheidungsgehalt ist in diesem Fall

$$H_0 = \mathrm{ld}(N) = \mathrm{ld}(40) = 5,32 \ \text{bit/Zeichen}$$

Beispiel:

Die Quelle verfügt über sämtliche möglichen Zeichen, die aus zweidimensionalen Bildern mit der räumlichen Auflösung von 1000 mal 1000 Bildpunkten und jeweils 8 Helligkeitsstufen gebildet werden, also über insgesamt $N = 2^{(3 \cdot 1000 \cdot 1000)} = 2^{3 \cdot 10^6}$ Zeichen. Damit entsteht ein Entscheidungsgehalt von

$$H_0 = \mathrm{ld}(N) = 3 \ \text{Mbit/Bild}$$

Der Entscheidungsgehalt berücksichtigt noch nicht die Tatsache, daß die Quelle Zeichen mit unterschiedlicher Wahrscheinlichkeit auswählen kann.

Die Quelle verfügt zwar über diese Zeichen, aber es ist noch nichts darüber ausgesagt, ob die Quelle tatsächlich auch sämtliche Möglichkeiten ausschöpft. Diese Tatsache wird durch eine Modellverfeinerung eingeführt, indem jedem Einzel- bzw. Elementarzeichen zusätzlich eine Auftrittswahrscheinlichkeit zugeordnet wird. Mit diesen Voraussetzungen ist die Informationstheorie in der Lage, auf die folgenden Fragen eine Antwort zu geben:

- Wie wird der Informationsgehalt einer Nachricht gemessen?

- Wie kann ein technisches Nachrichtenübertragungssystem optimiert werden, so daß möglichst viel Informationsgehalt pro Zeiteinheit übertragen wird?

- Wo liegen die theoretisch erreichbaren oberen Grenzen des übertragbaren Informationsgehaltes?

Für die folgende Betrachtung ist das in Bild 1.1 dargestellte einfache Nachrichtenübertragungsmodell weiterhin relevant. Allerdings werden die Begriffe Nachricht und Information nicht mehr direkt benutzt, sondern der Begriff Informationsgehalt erhält eine neue Bedeutung. Von dem in Bild 1.1 dargestellten Nachrichtenübertragungsmodell wird zunächst die Quelle betrachtet und die dort vorgefundene Situation mathematisch beschrieben.

Eine *diskrete Quelle* kann aus einem endlichen Zeichenvorrat von insgesamt N Elementarzeichen auswählen und auf diese Weise eine Nachricht produzieren. Keine Rolle bei den folgenden Betrachtungen spielt die (subjektive) Bedeutung einer Nachricht und die der Quelle zur Verfügung stehenden Zeichen (Buchstaben, Zahlen, Bilder, Sprache). In dem mathematischen Modell ist ausschließlich die Kenntnis der Wahrscheinlichkeit, mit der die einzelnen Zeichen auftreten, von Bedeutung. Die Quelle Q wird also durch folgende Angaben beschrieben:

$$X = \{x_1, \ldots, x_N\} \qquad \text{Zeichenvorrat einer Quelle}$$

$$p(x_1), \ldots, p(x_N) \qquad \text{zugehörige Auftrittswahrscheinlichkeiten}$$

Ob die Quelle z.B. über lateinische oder griechische Buchstaben verfügt, ist für die Informationstheorie unbedeutend. Sofern die gleiche Zeichenanzahl und die gleichen Auftrittswahrscheinlichkeiten vorliegen, werden unterschiedliche Quellen im informationstheoretischen Sinn als identisch angesehen.

Definition:

Der *Informationsgehalt* des einzelnen Zeichens x_k wird ausschließlich anhand der Auftrittswahrscheinlichkeit durch den dualen Logarithmus ld wie folgt definiert:

$$I(x_k) = \text{ld}\left(\frac{1}{p(x_k)}\right) \qquad \text{[bit]} \tag{1.3}$$

Bisher wurde gefordert, daß der Informationsgehalt einer Nachricht um so größer ist, je weniger sie vorhersagbar ist. Die obige Definition erfüllt diese Forderung und ist darüber hinaus ein quantitatives Maß. Dieses Informationsmaß kann anschaulich auch als ein Überraschungs- oder Unsicherheitsmaß interpretiert werden und ist als eine technische Definition anzusehen, die unabhängig von der Bedeutung einer Nachricht für den Menschen ist. Der ursprüngliche Begriff Information wird also nicht definiert, sondern die Beschreibung konzentriert sich auf den neuen Begriff des Informationsgehaltes. Die gesamte Informationstheorie orientiert sich an diesem Informationsmaß, und betrachtet in keiner Weise die Bedeutung, die in einer Nachricht enthalten ist.

Eigenschaften dieses Maßes:

1. $I(x_k) \geq 0$

2. $I(x_l, x_k) = I(x_l) + I(x_k)$, wenn x_l, x_k statistisch unabhängig sind

3. I ist eine stetige Funktion der Auftrittswahrscheinlichkeit $p(x_k)$.

Entropie

Die *Entropie* $H(X)$ ist der mittlere Informationsgehalt einer Quelle, hat die Dimension bit/Zeichen und berechnet sich aus dem mit der Auftrittswahrscheinlichkeit $p(x_k)$ gewichteten Informationsgehalt $I(x_k)$ der einzelnen Elementarzeichen.

$$H(X) = \sum_{k=1}^{N} p(x_k)\, I(x_k) \tag{1.4}$$

$$= \sum_{k=1}^{N} p(x_k)\, \text{ld}\left(\frac{1}{p(x_k)}\right)$$

$$= -\sum_{k=1}^{N} p(x_k)\, \mathrm{ld}\,(p(x_k)) \qquad \text{[bit/Zeichen]}$$

In den beiden folgenden Beispielen wird jeweils der mittlere Informationsgehalt, die Entropie der jeweiligen Quelle, nach der Shannon'schen Definition berechnet.

Beispiel:

Die hier betrachtete Quelle verfüge über zwei Zeichen (binäre Quelle) x_1 und x_2, mit den Auftrittswahrscheinlichkeiten

$$p(x_1) = p$$

$$p(x_2) = 1 - p$$

$$H(X) = -p\,\mathrm{ld}(p) - (1 - p)\,\mathrm{ld}(1 - p)$$

Die Entropie der binären Quelle hängt nur von der Auftrittswahrscheinlichkeit p ab. Die dabei entstehende Funktion $H(X) = S(p)$ wird auch als Shannon–Funktion bezeichnet und ist in Bild 1.2 dargestellt.

$$H(X) = S(p) = -p \cdot \mathrm{ld}(p) - (1 - p) \cdot \mathrm{ld}(1 - p) \qquad (1.5)$$

Das Maximum der Shannon-Funktion wird für $p = 1/2$ angenommen und hat den Wert 1 bit/Zeichen.

Beispiel:

Es wird eine Quelle mit N verschiedenen gleichverteilten Zeichen betrachtet:

$$p(x_k) = \frac{1}{N} \qquad k = 1,\ldots,N$$

$$H(X) = \sum_{k=1}^{N} \frac{1}{N}\,\mathrm{ld}(N) = \mathrm{ld}(N)$$

Bei gleichverteilten Zeichen ist der Entscheidungsgehalt H_0 mit dem mittleren Informationsgehalt (der Entropie) $H(X)$ identisch. Dadurch wird gleichzeitig die maximale Entropie für alle Quellen mit N verschiedenen Zeichen erreicht.

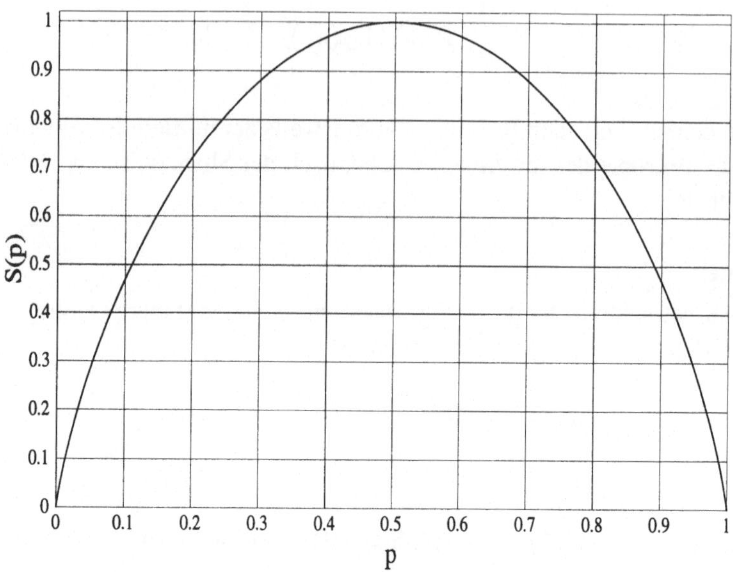

Bild 1.2: Entropie der binären Quelle (Shannon–Funktion $S(p)$)

Redundanz

Die Differenz zwischen dem Entscheidungsgehalt H_0 und der Entropie $H(X)$ stellt einen Informationsgehalt mit der Dimension bit/Zeichen dar, der von einer gegebenen Quelle aufgrund der speziellen Auftrittswahrscheinlichkeit der Zeichen nicht vollständig ausgenutzt wird. Diese Differenz wird als *Redundanz* R_Q der Quelle bezeichnet.

$$R_Q = H_0 - H(X) \tag{1.6}$$

1.3   Entwurf von Binärcodierungen für eine diskrete Quelle

Eine erste Zielsetzung der Informationstheorie besteht im Entwurf von günstigen Codierungen für eine gegebene Quelle. Eine *Quellencodierung* wird in diesem Sinne als günstig bezeichnet, wenn die resultierende mittlere Codewortlänge möglichst kurz bzw. minimal ist. Jedem Quellzeichen x_i wird ein Binärcode zugeordnet und die jeweilige Codewortlänge mit $L(x_i)$ bezeichnet. Die mittlere Codewortlänge L hat dieselbe Dimension (bit/Zeichen) wie die Entropie und ist wie folgt definiert:

$$L = \sum_{i=1}^{N} p(x_i) \cdot L(x_i) \tag{1.7}$$

Für alphanumerische Zeichen sind verschiedene Codierungen, bzw. Codierungsmethoden allgemein bekannt, z.B. American Standard Code for Information Interchange (ASCII–Code) und Morse–Code. Dabei haben diese Codes unterschiedliche Eigenschaften. Der ASCII–Code ist z.B. ein Blockcode mit der festen Länge $L = 8$. Im Morse–Code (Punkt–Strich Alphabet) müssen die einzelnen Zeichen durch Hinzufügen einer Pause (eines Kommas) getrennt werden, weil einzelne Codewörter gleichzeitig der Beginn eines anderen Codewortes sein können.

Falls in einem Code kein Codewort gleichzeitig den Beginn eines anderen Codewortes darstellt, so wird diese Eigenschaft als die *Präfixeigenschaft* des Codes bezeichnet, oder wir sprechen von *kommafreien Codes*. Der Kunstmaler Samuel Morse[2] konnte 1837 seinen ersten Apparat vorführen, der imstande war, empfangene kurze und lange Stromimpulse auf einem Papierstreifen aufzuzeichenen. Er bekam 1843 vom amerikanischen Kongreß 30.000 Dollar für den Bau einer Telegraphenleitung zwischen Washington und Baltimore bewilligt. Die ersten Versuche für den Aufbau einer solchen Verbindung waren allerdings wenig vielversprechend, weil Morse die Leitungen zunächst unterirdisch verlegen ließ, dabei aber die elektromagnetischen Einflüsse im Erdboden vollkommen vernachlässigt hatte. Für die Codierung der alphanumerischen Zeichen berücksichtigten Morse und sein technischer Mitarbeiter Alfred Vail bereits die Auftrittswahrscheinlichkeiten der einzelnen Zeichen. Häufig auftretende Buchstaben bekamen in dem Punkt–Strich Alphabet eine kurze Codewortlänge zugeordnet und umgekehrt. Die Auftrittswahrscheinlichkeit der einzelnen Zeichen besorgte sich Morse ganz pragmatisch, indem

---

[2]Samuel Finley Breese Morse (1791 – 1872), amerikanischer Maler und Erfinder

er den Schriftsetzern über die Schulter schaute und die Anzahl der Buchstaben in den einzelnen Fächern auszählte. Allerdings erfüllt der Morse–Code nicht die Präfixeigenschaft.

Die Präfixeigenschaft hat für die praktische Codieraufgabe eine wichtige Bedeutung. Falls ein gegebener Code die Präfixeigenschaft erfüllt, dann kann die Decodierung im Empfänger bereits vollständig durch einen Entscheidungsbaum vorgenommen werden. Sobald ein Endknoten dieses Baumes erreicht wird, ist ein gültiges Codewort gefunden. Wenn in einem solchen Binärbaum sämtliche Endknoten durch gültige Codewörter belegt sind und diese Codewörter die Längen $L(x_i)$ aufweisen, dann gilt:

$$\sum_{i=1}^{N} \frac{1}{2^{L(x_i)}} = \qquad (1.8)$$

Aus der Kenntnis einer gegebenen Quelle, bestehend aus der Zeichenanzahl N und den einzelnen Auftrittswahrscheinlichkeiten, soll in dem folgenden Beispiel ein konkreter Binärcode entworfen werden. Es wird eine Quelle mit 7 Zeichen betrachtet, deren Auftrittswahrscheinlichkeiten durch Zweierpotenzen darstellbar sind.

$$p(x_1) \;=\; p(x_2) \;=\; 1/4$$
$$p(x_3) \;=\; p(x_4) \;=\; p(x_5) \;=\; 1/8$$
$$p(x_6) \;=\; p(x_7) \;=\; 1/16$$

Eine zugehörige Binärcodierung, die die Präfixeigenschaft erfüllt, ist in dem folgenden Binärbaum dargestellt.

Für die Codierung gilt allgemein, daß Zeichen mit kleinen Auftrittswahrscheinlichkeiten lange Codewörter haben sollten und umgekehrt. In diesem beispielhaften Fall entsteht eine mittlere Codewortlänge L, die mit der Entropie $H(X) = 2{,}625$ bit/Zeichen dieser Quelle identisch ist. Dies ist ein Sonderfall, der nur dann eintritt, wenn die Auftrittswahrscheinlichkeiten der einzelnen Zeichen durch Zweierpotenzen darstellbar sind.

In dem folgenden nach Shannon benannten Codierungstheorem wird nachgewiesen, daß für jede beliebige Quelle ein zugehöriger Binärcode existiert, der eine mittlere Codewortlänge L besitzt, die in keinem Fall kleiner sein kann, als die Entropie $H(X)$ der Quelle. Die Entropie erfüllt diesbezüglich also eine

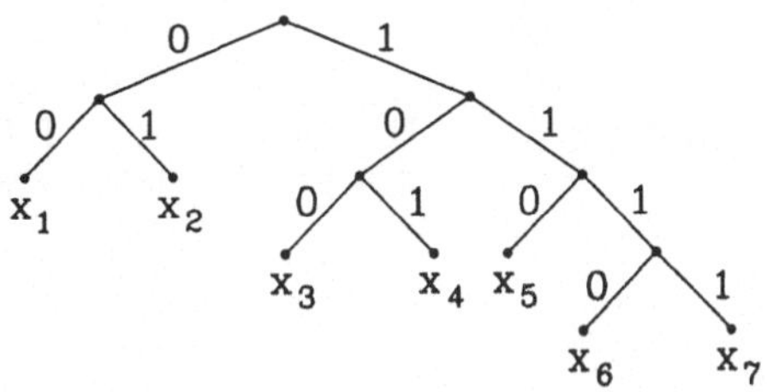

Bild 1.3: Binärcode mit Präfixeigenschaft für die obige Quelle

Extremaleigenschaft und gibt nicht nur den mittleren Informationsgehalt einer Quelle, sondern gleichzeitig auch den minimalen Codieraufwand für eine Quelle an. Im zweiten Teil dieses Codierungstheorems wird für eine beliebige Quelle ein konkreter Code entwickelt, dessen mittlere Codewortlänge jeweils kleiner ist als $H(X) + 1$. Diese sehr interessante Aussage stellt also die mittlere Codewortlänge L in eine feste Beziehung zur Entropie $H(X)$. Bevor dieses Shannon'sche Codierungstheorem formuliert und bewiesen wird, soll vorher eine für den Beweis wichtige Ungleichung, die sogenannte *Gibbs'sche Ungleichung*[3] hergeleitet werden.

Gibbs'sche Ungleichung:

Gegeben seien die Auftrittswahrscheinlichkeiten $p(x_i)$ einer diskreten Quelle mit $\sum_{i=1}^{N} p(x_i) = 1$. Für alle Werte $0 \leq q(x_i) \leq 1$ mit $\sum_{i=1}^{N} q(x_i) = 1$ gilt:

$$H(X) = -\sum_{i=1}^{N} p(x_i) \, \mathrm{ld}(p(x_i)) \tag{1.9}$$

$$\leq -\sum_{i=1}^{N} p(x_i) \, \mathrm{ld}(q(x_i))$$

Nachweis:

Es gilt allgemein:

$$\mathrm{ld}(x) = \frac{\ln(x)}{\ln(2)} \leq \frac{1}{\ln(2)}(x - 1) \tag{1.10}$$

---

[3]nach dem amerikanischen Physiker Josiah Willard Gibbs (1839 – 1903) benannt

bzw.

$$\mathrm{ld}(q(x_i)) - \mathrm{ld}(p(x_i)) = \mathrm{ld}\left(\frac{q(x_i)}{p(x_i)}\right) \;\leq\; \frac{1}{\ln(2)}\left(\frac{q(x_i)}{p(x_i)} - 1\right) \qquad (1.11)$$

Daraus folgt:

$$\sum_{i=1}^{N} p(x_i) \;\; (\mathrm{ld}(q(x_i) - \mathrm{ld}(p(x_i)))) \qquad (1.12)$$

$$\leq \;\; \frac{1}{\ln(2)} \sum_{i=1}^{N} p(x_i)\left(\frac{q(x_i)}{p(x_i)} - 1\right)$$

$$= \;\; \frac{1}{\ln(2)} \sum_{i=1}^{N} (q(x_i) - p(x_i)) = 0$$

bzw.

$$H(X) \leq - \sum_{i=1}^{N} p(x_i)\,\mathrm{ld}(q(x_i)) \qquad (1.13)$$

1.3.1   Beweis des Shannon'schen Codierungstheorems

Es wird eine diskrete Quelle mit endlich vielen Zeichen und bekannten Auftrittswahrscheinlichkeiten betrachtet.

Shannon'sches Codierungstheorem:

Die Aussage dieses Theorems gliedert sich in zwei Teile.

1. Für jede Quelle und jede beliebige zugehörige Binär–Codierung mit Präfixeigenschaft ist die zugehörige mittlere Codewortlänge L nicht kleiner als die Entropie $H(X)$.

$$H(X) \leq L \qquad (1.14)$$

2) Für jede beliebige Quelle kann eine Binär–Codierung gefunden werden, so daß die folgende Ungleichung gilt:

$$H(X) \leq L < H(X) + 1 \qquad (1.15)$$

Beweis:

1. Schritt : $H(X) \leq L$

   Betrachtet wird allgemein ein Binärcode für eine Quelle mit N Zeichen, der die Codewortlängen $L(x_i)$ besitzt. Für jeden Binärcode, der die Präfixeigenschaft erfüllt und bei dem darüber hinaus sämtliche Endknoten besetzt sind, gilt die Gleichung:

   $$\sum_{i=1}^{N} \frac{1}{2^{L(x_i)}} = 1 \tag{1.16}$$

   Daraus folgt mit der obigen Gibbs'schen Ungleichung:

   $$H(X) \ \leq \ -\sum_{i=1}^{N} p(x_i)\,\mathrm{ld}\left(\frac{1}{2^{L(x_i)}}\right) \tag{1.17}$$

   $$= \ \sum_{i=1}^{N} p(x_i)\,L(x_i) \ = \ L$$

2. Schritt: $L < H(X) + 1$

   Die Zeichen x_i seien nach ihren Auftrittswahrscheinlichkeiten $p(x_i)$ sortiert:

   $$p(x_1) \geq p(x_2) \geq \ldots \geq p(x_N) \tag{1.18}$$

   $$H(X) = -\sum_{i=1}^{N} p(x_i) \cdot \mathrm{ld}(p(x_i)) \tag{1.19}$$

   Zum Beweis der obigen Abschätzung gibt Shannon eine konkrete Codierung an. Dazu wird jedem Zeichen x_i mit Auftrittswahrscheinlichkeit $p(x_i)$ eine Codewortlänge $L(x_i)$ zugeordnet, die aus der folgenden Ungleichung berechnet wird.

   $$\frac{1}{2^{L(x_i)}} \leq p(x_i) < \frac{1}{2^{L(x_i)-1}} \tag{1.20}$$

Durch einfache Umformung der obigen Ungleichung entsteht ein Zusammenhang zwischen der Codewortlänge $L(x_i)$ und dem Term $\mathrm{ld}(p(x_i))$.

$$\mathrm{ld}(p(x_i)) < 1 - L(x_i) \tag{1.21}$$

bzw.

$$1 - \mathrm{ld}(p(x_i)) > L(x_i)$$
$$\Leftrightarrow L(x_i) < 1 + I(x_i) \tag{1.22}$$

Die mittlere Codewortlänge L kann jetzt wie folgt abgeschätzt werden:

$$L = \sum_{i=1}^{N} p(x_i) \cdot L(x_i) < \sum_{i=1}^{N} p(x_i)[1 - \mathrm{ld}(p(x_i))] \tag{1.23}$$

$$= -\sum_{i=1}^{N} p(x_i) \cdot \mathrm{ld}(p(x_i)) + \sum_{i=1}^{N} p(x_i)$$

$$\Longrightarrow \quad L < H(X) + 1 \tag{1.24}$$

In dieser Argumentation fehlt noch der Nachweis, daß für die einzelnen Zeichen auch tatsächlich ein Binärcode mit den Codewortlängen $L(x_i)$ existiert, der zusätzlich die Präfixeigenschaft erfüllt. Im Beweis des Shannon'schen Codierungstheorems ist eine konstruktive Methode zur Codeberechnung enthalten, die anhand des folgenden Beispiels nachvollzogen und erläutert werden soll. Es wird eine Quelle betrachtet, die aus einem Zeichenvorrat von jeweils neun Elementarzeichen auswählt, deren Auftrittswahrscheinlichkeiten $p(x_i)$ in der folgenden Tabelle in sortierter Form angegeben sind.

i	$p(x_i)$	$L(x_i)$	P_i	Nachkommastellen einer Binärdarstellung von P_i
1	0,22	3	0,00	000
2	0,19	3	0,22	001
3	0,15	3	0,41	011
4	0,12	4	0,56	1000
5	0,08	4	0,68	1010
6	0,07	4	0,76	1100
7	0,07	4	0,83	1101
8	0,06	5	0,90	11100
9	0,04	5	0,96	11110
	$\sum = 1$			

Die in der obigen Tabelle angegebenen Werte P_i sind die akkumulierten Auftrittswahrscheinlichkeiten

$$P_i = \sum_{j=1}^{i-1} p(x_j) \,. \tag{1.25}$$

Zunächst ist die Codewortlänge $L(x_i)$ für jedes Zeichen nach der Ungleichung

$$\frac{1}{2^{L(x_i)}} \leq p(x_i) < \frac{1}{2^{L(x_i)-1}} \tag{1.26}$$

berechnet und in der Tabelle angegeben worden. Danach wird die summierte Auftrittswahrscheinlichkeit $P_i = \sum_{j=1}^{i-1} p(x_j)$ ermittelt und dazu eine Binärdarstellung angegeben. Diese Binärdarstellung wird jeweils bei der Länge $L(x_i)$ abgebrochen. Der konkrete Binärcode wird aus den so ermittelten Nachkommastellen der Binärdarstellung gebildet und erfüllt notwendig die Präfixeigenschaft, kann also als Binärbaum dargestellt werden. Das Ergebnis dieser Codierung ist in Bild 1.4 dargestellt. Dabei fällt auf, daß nicht sämtliche Endknoten innerhalb des Baumes belegt sind.

Die Präfixeigenschaft ist unmittelbar einzusehen: Zu der akkumulierten Wahrscheinlichkeit P_{i-1} wird die Auftrittswahrscheinlichkeit $p(x_{i-1})$ hinzuaddiert, die nach der obigen Beziehung größer als $2^{-L(x_{i-1})}$ ist. Zur Codierung des i-ten Zeichens x_i ist P_i also gegenüber P_{i-1} so stark gewachsen, daß die Zunahme bis zur Stellenzahl $L(x_i)$ sichtbar ist. Wegen der Monotonie der

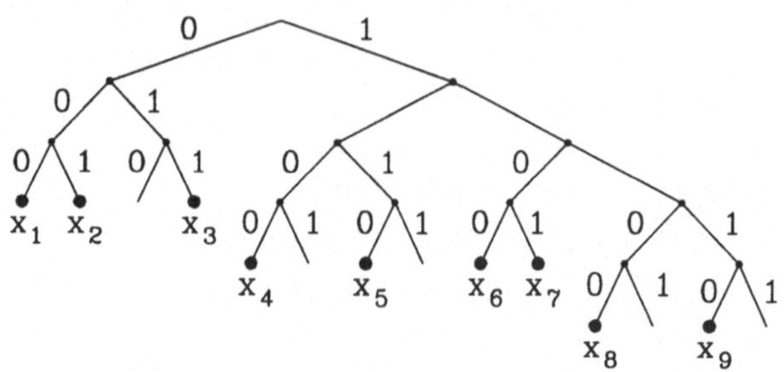

Bild 1.4: Binärcode mit Präfixeigenschaft für das Verfahren nach Shannon

Folge P_i unterscheidet sich das Codewort für ein x_i von *allen* Vorgängern und erfüllt somit die Präfixeigenschaft.

Der Entscheidungsgehalt dieser beispielhaft angenommenen Quelle ist $H_0 = \mathrm{ld}(9) = 3,17$ bit/Zeichen, die Entropie ist in diesem Beispiel $H(X) = 2,703$ bit/Zeichen, und die mittlere Codewortlänge beträgt $L = 3,54$ bit/Zeichen, erfüllt also die Aussage des Shannon'schen Codierungstheorems.

Diese von Shannon gefundene brillante Beweisidee stellt die mittlere Codewortlänge L also in einen festen Zusammenhang zur Entropie $H(X)$. Der Beweis ist zwar konstruktiv, gibt aber noch kein praktisches Verfahren an, mit dem ein tatsächlich optimaler Code, d.h. ein Code mit einer minimalen mittleren Codewortlänge, entwickelt werden kann.

Aus der obigen Beschreibung der Shannon Codierung und aus Bild 1.4 ist bereits zu erkennen, daß diese Vorschrift nicht in jedem Fall einen Binärcode liefert, dessen mittlere Codewortlänge minimal ist. Vielmehr ist an dem obigen Beispiel und dem zugehörigen Binärbaum unmittelbar zu erkennen, daß nicht alle Endknotenpunkte durch gültige Codewörter belegt sind, so daß Möglichkeiten zur Codewortlängenreduzierung unmittelbar gegeben sind.

Redundanz

Neben der Redundanz der Quelle entsteht nach einer konkreten Codierung eine Differenz zwischen den Informationsmaßen Entropie $H(X)$ und der mittleren Codewortlänge L, die als die Redundanz des Codes, R_C, bezeichnet wird.

$$R_Q \;=\; H_0 - H(X) \qquad : \qquad \text{Redundanz der Quelle}$$

$$R_C \;=\; L \;\; - H(X) \qquad : \qquad \text{Redundanz des Codes}$$

1.3.2 Huffman–Codierung

Der nach dem Verfahren von Shannon ermittelte Binärcode führt zu einer mittleren Codewortlänge L, die kleiner ist als $H(X) + 1$. Aber das obige Beispiel zeigt bereits anschaulich, daß es Codes mit kürzeren mittleren Codewortlängen für diese Quelle gibt. Die Frage nach der Konstruktion eines optimalen Codes, mit minimaler mittlerer Codewortlänge, wurde letztlich nicht von Shannon, sondern von seinem Schüler Huffman beantwortet.

Das von Huffman [7] entwickelte Verfahren löst das obige Problem zur Entwicklung eines Codes mit minimaler mittlerer Codewortlänge tatsächlich. Im Unterschied zu dem Verfahren von Shannon konstruierte Huffman den Code rekursiv, d.h. der Binärbaum wird von den Endknoten aus (sozusagen von unten) entwickelt. Zur Erläuterung dieses Codierverfahrens seien die Zeichen nach der Auftrittswahrscheinlichkeit $p(x_i)$ sortiert:

$$p(x_1) \geq \ldots \geq p(x_N) \tag{1.27}$$

Ausgangspunkt der Betrachtung ist die Tatsache, daß in einem endgültigen Binärcode die beiden Zeichen mit der kleinsten Auftrittswahrscheinlichkeit die gleiche Codewortlänge $L(x_{N-1}) = L(x_N)$ haben werden. Andernfalls wäre mindestens ein Endknoten nicht besetzt, und es würde sich unmittelbar die Möglichkeit einer Codewortlängenreduzierung ergeben. Dieser Sachverhalt ist im folgenden Bild anschaulich skizziert.

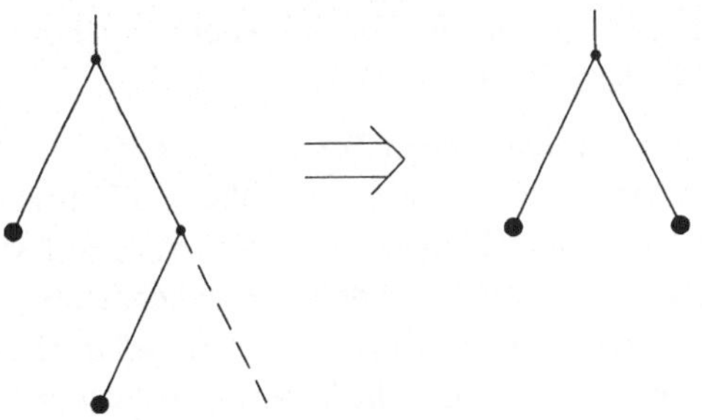

Zur Codierung dieser beiden Zeichen entsteht also ein Codieraufwand von $[p(x_{N-1}) + p(x_N)] \cdot L(x_N)$. Wenn diese beiden Zeichen bei der Codierung zu einem einzigen Zeichen zusammengefaßt (also nicht unterschieden) werden, dann ist das letzte Bit zur Unterscheidung überflüssig und es entsteht ein Codieraufwand von $[p(x_{N-1}) + p(x_N)] \cdot (L(x_N) - 1)$. Durch diese Betrachtung entsteht die folgende wichtige Gleichung, die den Codieraufwand für die Fälle, daß N Zeichen bzw. $N - 1$ Zeichen unterschieden werden müssen, zueinander in Beziehung setzt. Sei L_N die mittlere Codewortlänge für eine Quelle mit N Zeichen und L_{N-1} die mittlere Codewortlänge für den Fall, daß die beiden letzten Zeichen zu einem einzigen zusammengefaßt werden, dann gilt folgende Beziehung:

$$L_N \quad - \quad (p(x_{N-1}) + p(x_N))\, L(x_N) \tag{1.28}$$

$$= \quad L_{N-1} - (p(x_{N-1}) + p(x_N))\,(L(x_N) - 1)$$

$$\Longrightarrow L_N = L_{N-1} + p(x_{N-1}) + p(x_N) \tag{1.29}$$

Der zusätzliche Codieraufwand zur Unterscheidung der beiden letzten Zeichen ist also durch die Summe der Auftrittswahrscheinlichkeiten $p(x_{N-1}) + p(x_N)$ gegeben. In dem Huffman–Verfahren werden jeweils rekursiv die beiden Zeichen mit der kleinsten Auftrittswahrscheinlichkeit zu einem neuen Zeichen zusammengefaßt und die so entstehende Zeichenfolge wieder neu nach fallenden Auftrittswahrscheinlichkeiten sortiert. Danach ergeben sich i.a. zwei andere Zeichen mit kleinster Wahrscheinlichkeit, mit denen entsprechend verfahren wird, bis zum Schluß nur noch zwei Zeichen übrigbleiben. Insgesamt müssen bei diesem Huffman–Verfahren also N Stufen rekursiv durchgeführt werden. In Bild 1.6 sind die einzelnen Schritte für das auf Seite 18 angegebene Beispiel mit 9 Einzelzeichen dargestellt. Die mit dem Huffman–Verfahren erzielte mittlere Codewortlänge beträgt in diesem Beispiel $L = 3,01$ bit/Zeichen und ist gleichzeitig das Minimum aller möglichen Binärcodierungen mit Präfixeigenschaft für diese Quelle. In Bild 1.5 ist der zugehörige Binärbaum für den Huffman–Code dargestellt.

Die aus der Analyse von englischen Texten ermittelten Auftrittswahrscheinlichkeiten der einzelnen Buchstaben sind in Tabelle 1.1 aufgelistet. Außerdem sind in Tabelle 1.1 drei verschiedene Binärcodierungen (ASCII, Morse und Huffman) angegeben. Der ASCII–Code hat eine konstante Länge von $L = 8$. Beim Morse- und Huffman–Code ist zu erkennen, daß die Buchstaben mit der größten Auftrittswahrscheinlichkeit die kürzesten Codewortlängen aufweisen.

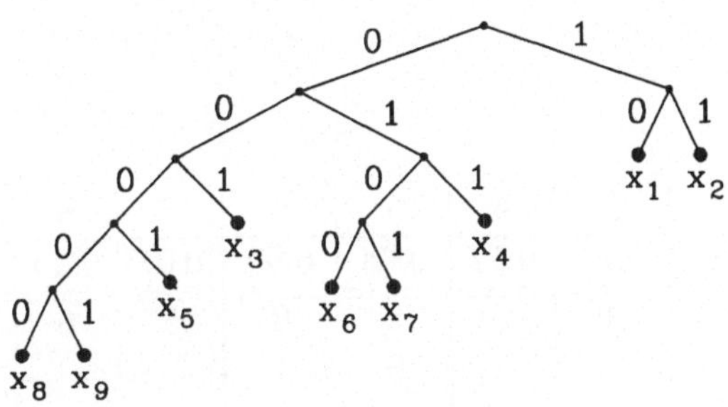

Bild 1.5: Binärbaum für den obigen Huffman–Code

Die Präfixeigenschaft (kommafreier Code) wird allerdings nur vom ASCII- und vom Huffman–Code erfüllt. Der Morse–Code hat diese Präfixeigenschaften nicht und muß das Zeichenende deshalb durch eine Pause (ein Komma) signalisieren.

1	2	3	4	5	6	7	8	9	
0.22	0.19	0.15	0.12	0.08	0.07	0.07	0.06	0.04	0.1
1	2	3	4	8	9	5	6	7	
				0	1				
0.22	0.19	0.15	0.12	0.1		0.08	0.07	0.07	0.14
1	2	3	6	7	4	8	9	5	
			0	1		0	1		
0.22	0.19	0.15	0.14		0.12	0.1		0.08	0.18
1	2	8	9	5	3	6	7	4	
		00	01	1		0	1		
0.22	0.19	0.18			0.15	0.14		0.12	0.26
6	7	4	1	2	8	9	5	3	
00	01	1			00	01	1		
	0.26		0.22	0.19	0.18			0.15	0.33
8	9	5	3	6	7	4	1	2	
000	001	01	1	00	01	1			
		0.33			0.26		0.22	0.19	0.41
1	2	8	9	5	3	6	7	4	
0	1	000	001	01	1	00	01	1	
0.41		0.33				0.26			0.59
8	9	5	3	6	7	4	1	2	
0000	0001	001	01	100	101	11	0	1	
		0.59					0.41		1.0
8	9	5	3	6	7	4	1	2	3.01
00000	00001	0001	001	0100	0101	011	10	11	$= L$

Bild 1.6: Entwicklung und Darstellung des Huffman–Codes für das obige
Beispiel. Die Akkumulation der rechten Spalte ergibt die mittlere
Codewortlänge L.

Tabelle 1.1: Vergleich der Codewortlängen von ASCII-, Morse- und Huffman–Code für Buchstabenverteilungen aus englischen Texten

Zeichen	Wahrsch.	ASCII–Code	Morse–Code	Huffman–Code
Leerz.	0.1859	00100000	space	000
A	0.0642	01000001	01	0100
B	0.0127	01000010	1000	0111111
C	0.0218	01000011	1010	11111
D	0.0317	01000100	100	01011
E	0.1031	01000101	0	101
F	0.0208	01000110	0010	001100
G	0.0152	01000111	110	011101
H	0.0467	01001000	0000	1110
I	0.0575	01001001	00	1000
J	0.0008	01001010	0111	0111001110
K	0.0049	01001011	101	01110010
L	0.0321	01001100	0100	01010
M	0.0198	01001101	11	001101
N	0.0574	01001110	10	1001
O	0.0632	01001111	111	0110
P	0.0152	01010000	0110	011110
Q	0.0008	01010001	1101	0111001101
R	0.0484	01010010	010	1101
S	0.0514	01010011	000	1100
T	0.0796	01010100	1	0010
U	0.0228	01010101	001	11110
V	0.0083	01010110	0001	0111000
W	0.0175	01010111	011	001110
X	0.0013	01011000	1001	0111001100
Y	0.0164	01011001	1011	001111
Z	0.0005	01011010	1100	0111001111

1.4 Diskrete Quelle ohne Gedächtnis

Das Huffman–Verfahren ist eine Quellencodierungsmethode, bei dem jedem Einzelzeichen ein Binärcode zugeordnet wird, so daß insgesamt ein optimaler Code mit kleinster mittlerer Codewortlänge entsteht. Bisher wurde die Quelle anhand der Auftrittswahrscheinlichkeit der Einzelzeichen betrachtet. In der praktischen Anwendung werden von der Quelle Einzelzeichen nacheinander aus dem Zeichenvorrat ausgewählt und zu *Zeichenketten* (Wörtern) zusammengesetzt.

Wenn die Einzelzeichen statistisch unabhängig voneinander ausgewählt werden, gilt für die Verbundwahrscheinlichkeit $p(x_i, y_k)$ und die Verbundentropie $H(X, Y)$:

$$p(x_i, y_k) \;=\; p(x_i) \cdot p(y_k) \tag{1.30}$$

$$H(X, Y) \;=\; -\sum_{i=1}^{N} \sum_{k=1}^{N} p(x_i, y_k)\, \mathrm{ld}(p(x_i, y_k)) \tag{1.31}$$

$$\;=\; -\sum_{i=1}^{N} \sum_{k=1}^{N} p(x_i) p(y_k)\, [\,\mathrm{ld}(p(x_i)) + \mathrm{ld}(p(y_k))\,]$$

$$\;=\; -\underbrace{\left[\sum_{k=1}^{N} p(y_k)\right]}_{1} \cdot \underbrace{\sum_{i=1}^{N} p(x_i)\mathrm{ld}(p(x_i))}_{-H(X)} \tag{1.32}$$

$$\;-\; \underbrace{\left[\sum_{i=1}^{N} p(x_i)\right]}_{1} \cdot \underbrace{\sum_{k=1}^{N} p(y_k)\, \mathrm{ld}(p(y_k))}_{-H(Y)}$$

$$\;=\; H(X) + H(Y) \tag{1.33}$$

Allgemein gilt für Worte aus M statistisch unabhängigen Einzelzeichen (identische Verteilung) :

$$H(X_1, X_2, \dots, X_M) = M \cdot H(X) \tag{1.34}$$

Dieser Zusammenhang wird im folgenden ausgenutzt, um den Codieraufwand gegenüber dem Shannon'schen Codierungstheorem weiter zu reduzieren, indem nicht Einzelzeichen, sondern Zeichenketten codiert werden.

Wenn Zeichenketten aus zum Beispiel jeweils M Einzelzeichen codiert werden, dann kann die mittlere Codewortlänge pro Zeichen weiter reduziert werden, und kommt schließlich der Entropie der Quelle beliebig nah. Diese Aussage ist eine zusätzliche Verschärfung des Shannon'schen Codierungstheorems und zeigt, daß der Codieraufwand, d.h., die mittlere Codewortlänge pro Zeichen für eine diskrete Quelle ohne Gedächtnis gleichgesetzt werden kann mit der Entropie $H(X)$ dieser Quelle.

Wir betrachten solche Zeichenketten, bestehend aus jeweils M Einzelzeichen. Auf die gesamte Folge und die dahinter stehenden Kombinationsmöglichkeiten wird eine Huffman–Codierung angewandt, mit der mittleren Codewortlänge pro Zeichenfolge von $L(X_1, \ldots, X_M)$. Der Codieraufwand pro Zeichen ist entsprechend $L = L(X_1, \ldots, X_M)/M$.

$$x_1, x_2, x_3, \ldots, x_M \quad : \quad \text{Zeichenkette}$$

$L(X_1, \ldots, X_M) = M \cdot L \quad$: mittlere Codewortlänge der Zeichenkette bestehend aus M einzelnen Zeichen. L ist nach wie vor die mittlere Codewortlänge/Zeichen.

Die mittlere Codewortlänge für die Zeichenkette kann nach dem Shannon'schen Codierungstheorem wie folgt abgeschätzt werden:

$$H(X_1, \ldots, X_M) \leq L(X_1, \ldots, X_M) < H(X_1, \ldots, X_M) + 1 \tag{1.35}$$

$$M \cdot H(X) \leq M \cdot L < M \cdot H(X) + 1 \tag{1.36}$$

$$H(X) \leq L < H(X) + 1/M \tag{1.37}$$

Die mittlere Codewortlänge L pro Einzelzeichen nähert sich mit dieser zusätzlichen Codiermethode der Entropie $H(X)$ der Quelle bis auf einen beliebig kleinen Summanden $1/M$ an. Je länger die Zeichenketten sind, um so kleiner wird der Term $1/M$, und die mittlere Codewortlänge kann beliebig nahe an die Entropie herangebracht werden. Mit dieser Aussage kann das Shannon'sche Codierungstheorem verfeinert und die Ergebnisse können wie folgt zusammengefaßt werden:

$$H(X) \leq L < H(X) + 1 \quad : \quad \text{Codierung von Einzelzeichen}$$

$$H(X) \leq L < H(X) + 1/M \quad : \quad \text{Codierung von Zeichenketten}$$

Beispiel:

Die Zusammenhänge sollen anhand einer Quelle mit 3 Zeichen und den Auftrittswahrscheinlichkeiten $p_A = 0,7$, $p_B = 0,2$ sowie $p_C = 0,1$ verdeutlicht werden:

1. Codierung von Einzelzeichen:

Zeichen	$p(x_i)$	Codierung	$L(x_i)$	$p(x_i) \cdot L(x_i)$
A	0,7	0	1	0,7
B	0,2	10	2	0,4
C	0,1	11	2	0,2
				1,3

mittlere Codewortlänge: 1,3 bit/Zeichen

2. Codierung von Zeichenpaaren:

Zeichen	$p(x_i)$	Codierung	$L(x_i)$	$p(x_i) \cdot L(x_i)$
AA	0,49	0	1	0,49
AB	0,14	100	3	0,42
BA	0,14	101	3	0,42
AC	0,07	1100	4	0,28
CA	0,07	1101	4	0,28
BB	0,04	1110	4	0,16
BC	0,02	11110	5	0,10
CB	0,02	111110	6	0,12
CC	0,01	111111	6	0,06
				2,33 / 2

mittlere Codewortlänge: 1,165 bit/Zeichen

Zum Vergleich: Die Entropie der Quelle beträgt $H(X) = 1,1571$ bit/Zeichen.

1.5 Diskrete Quelle mit Gedächtnis

Die Annahme, daß eine Quelle die Einzelzeichen statistisch unabhängig aus dem Zeichenvorrat auswählt, trifft bei vielen realen Anwendungen nicht zu. Bei geschriebenen Texten besteht beispielsweise eine hohe Korrelation zwischen den Einzelzeichen, die in der Informationstheorie durch eine bedingte Wahrscheinlichkeit modellhaft erfaßt wird. Die Verbundwahrscheinlichkeit kann in diesem Fall durch das Produkt der Auftrittswahrscheinlichkeit eines Einzelzeichens und der bedingten Wahrscheinlichkeit entsprechend der folgenden Gleichung beschrieben werden.

$$p(x_i, y_k) = p(x_i)\, p(y_k | x_i) = p(y_k)\, p(x_i | y_k) \tag{1.38}$$

Die Verbundentropie wird für eine diskrete Quelle mit Gedächtnis wie folgt berechnet:

$$
\begin{aligned}
H(X,Y) &= -\sum_{i=1}^{N} \sum_{k=1}^{N} p(x_i, y_k)\, \mathrm{ld}(p(x_i, y_k)) \tag{1.39} \\[2mm]
&= -\sum_{i=1}^{N} \sum_{k=1}^{N} p(x_i)\, p(y_k | x_i)\, [\, \mathrm{ld}(p(x_i) + \mathrm{ld}(p(y_k | x_i))\,] \\[2mm]
&= \underbrace{\left[-\sum_{i=1}^{N} \sum_{k=1}^{N} p(y_k | x_i) p(x_i)\, \mathrm{ld}(p(x_i)) \right]}_{H(X)} + \\[2mm]
&\qquad \underbrace{\left[-\sum_{i=1}^{N} \sum_{k=1}^{N} p(x_i, y_k)\, \mathrm{ld}(p(y_k | x_i)) \right]}_{H(Y|X)} \\[2mm]
&= H(X) + H(Y|X) \tag{1.40}
\end{aligned}
$$

Der Term $H(Y|X)$, mit den folgenden Darstellungsformen, wird als bedingte Entropie bezeichnet:

$$H(Y|X) \;=\; -\sum_{i=1}^{N}\sum_{k=1}^{N} p(x_i, y_k)\, \mathrm{ld}(p(y_k|x_i)) \tag{1.41}$$

$$H(Y|x_i) \;=\; -\sum_{k=1}^{N} p(y_k|x_i)\, \mathrm{ld}(p(y_k|x_i)) \tag{1.42}$$

$$H(Y|X) \;=\; -\sum_{i=1}^{N} p(x_i)\, H(Y|x_i) \tag{1.43}$$

$$H(Y|X) \;=\; -\sum_{i=1}^{N}\sum_{k=1}^{N} p(x_i)\, p(y_k|x_i)\, \mathrm{ld}(p(y_k|x_i)) \tag{1.44}$$

Unter der Voraussetzung, daß die Auftrittswahrscheinlichkeiten der Einzelzeichen in unterschiedlichen Quellen identisch sind, ist der mittlere Informationsgehalt (die Entropie) einer Quelle ohne Gedächtnis stets größer oder gleich dem mittleren Informationsgehalt (der Entropie) einer Quelle mit Gedächtnis. Die Korrelation der Zeichen untereinander verringert also den mittleren Informationsgehalt der Quelle. In der Quellencodierungseinrichtung sollten deshalb nicht Einzelzeichen, sondern Zeichenketten codiert werden, um dadurch den Codieraufwand zu minimieren.

In der folgenden Abschätzung wird formal nachgewiesen, daß die Entropie $H(Y)$ einer Quelle stets größer oder gleich der bedingten Entropie $H(Y|X)$ ist. Diese Abschätzungen werden insbesondere im folgenden Abschnitt 1.7 benötigt.

Behauptung:

$$H(Y|X) \leq H(Y) \qquad \text{bzw.} \qquad H(X,Y) \leq H(X) + H(Y) \tag{1.45}$$

Beweis:

$$H(Y|X) \;=\; \sum_{i=1}^{N}\sum_{k=1}^{N} p(x_i, y_k)\, \mathrm{ld}\left(\frac{1}{p(y_k|x_i)}\right) \tag{1.46}$$

$$H(Y) \;=\; \sum_{k=1}^{N} p(y_k)\,\mathrm{ld}\left(\frac{1}{p(y_k)}\right)$$

$$=\; \sum_{i=1}^{N}\sum_{k=1}^{N} p(x_i,y_k)\,\mathrm{ld}\left(\frac{1}{p(y_k)}\right)$$

$$H(Y|X) - H(Y) \;=\; \sum_{i=1}^{N}\sum_{k=1}^{N} p(x_i,y_k)\,\mathrm{ld}\left(\frac{p(y_k)}{p(y_k|x_i)}\right)$$

Der Quotient innerhalb der Logarithmus–Funktion kann nach der Gibbs'schen Ungleichung wie folgt abgeschätzt werden:

$$\ln(x) \;\leq\; x - 1 \qquad (1.47)$$

$$\ln(x) = \frac{\mathrm{ld}(x)}{\mathrm{ld}(e)} \;\leq\; x - 1$$

damit ergibt sich

$$H(Y|X) - H(Y) \leq \sum_{i=1}^{N}\sum_{k=1}^{N} p(x_i,y_k)\left(\frac{p(y_k)}{p(y_k|x_i)} - 1\right)\mathrm{ld}(e) \qquad (1.48)$$

weiter gilt

$$p(x_i,y_i) = p(x_i)\,p(y_k|x_i) \qquad (1.49)$$

$$H(Y|X) - H(Y) \leq \left[\underbrace{\sum_{i=1}^{N}\sum_{k=1}^{N} p(x_i)\,p(y_k)}_{=1} - \underbrace{\sum_{i=1}^{N}\sum_{k=1}^{N} p(x_i,y_k)}_{=1}\right]\mathrm{ld}(e) = 0$$

$$(1.50)$$

Ausgehend vom Entscheidungsgehalt H_0 einer Quelle entsteht folgende Relation zwischen der Entropie H(Y) und der bedingten Entropie $H(Y|X)$.

$$H_0 \geq H(Y) \geq H(Y|X) \qquad (1.51)$$

Beispiel:

Die Situation einer Quelle mit Gedächtnis wird anschaulich häufig durch das sogenannte Markoff–Diagramm 1. Ordnung dargestellt. In diesem Beispiel wird die Situation korrelierter Zeichen anschaulich verdeutlicht. Im folgenden sind das Markoffdiagramm sowie die Auftrittswahrscheinlichkeiten, die bedingten Wahrscheinlichkeiten und die Verbundwahrscheinlichkeiten für 3 Zeichen A, B und C aufgeführt.

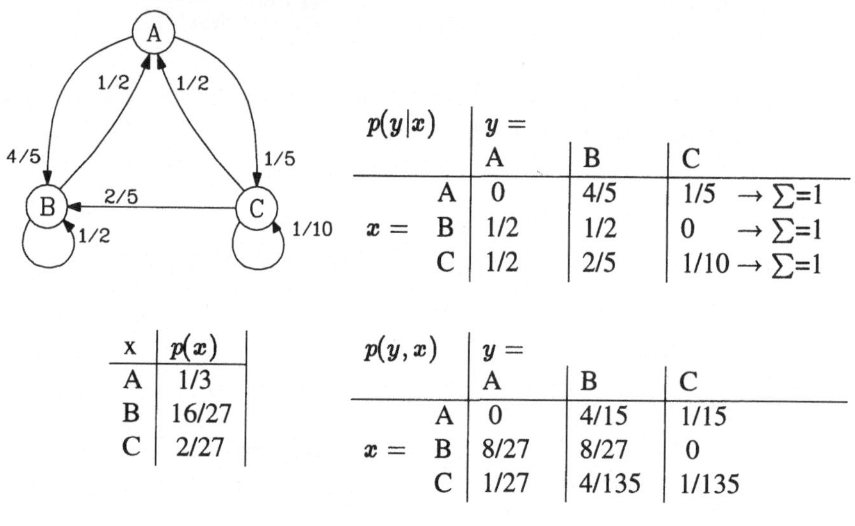

$p(y\|x)$	$y =$		
	A	B	C
A	0	4/5	1/5 $\rightarrow \sum=1$
$x =$ B	1/2	1/2	0 $\rightarrow \sum=1$
C	1/2	2/5	1/10 $\rightarrow \sum=1$

x	$p(x)$
A	1/3
B	16/27
C	2/27

$p(y,x)$	$y =$		
	A	B	C
A	0	4/15	1/15
$x =$ B	8/27	8/27	0
C	1/27	4/135	1/135

Die Entropie, bedingte Entropie und Verbundentropie dieser Markoffquelle 1. Ordnung errechnen sich wie folgt:

$$H(X) \;=\; \frac{1}{3}\,\mathrm{ld}(3) + \frac{16}{27}\,\mathrm{ld}\left(\frac{27}{16}\right) + \frac{2}{27}\,\mathrm{ld}\left(\frac{27}{2}\right) = 1,253 \quad \text{bit/Zeichen}$$

$$H(Y|X) \;=\; -\sum_{i=1}^{N}\sum_{k=1}^{N} p(x_i,y_k)\,\mathrm{ld}\left(p(y_k|x_i)\right) = 0,931 \quad \text{bit/Zeichen}$$

$$H(X,Y) \;=\; -\sum_{i=1}^{N}\sum_{k=1}^{N} p(x_i,y_k)\,\mathrm{ld}(p(x_i,y_k)) = 2,184 \quad \text{bit/Zeichenpaar}$$

Bei Markoffquellen der Ordnung m hängt der Informationsgehalt eines Zeichens y_i von den vorhergehenden Zuständen $x_{i-1}, \ldots, x_{i-m}$ ab, die im folgenden abgekürzt durch den Vektor $\vec{x}$ dargestellt werden. Man spricht in diesem

Zusammenhang von einem bedingten Informationsgehalt für das i–te Zeichen

$$I(y_i|\vec{x}) = -\text{ld}\,(p(y_i|\vec{x})) \tag{1.52}$$

Die bedingte Entropie der Quelle mit Gedächtnis unter Berücksichtigung eines die Vergangenheit beschreibenden definierten Zustandsvektors $\vec{x}$ kann in Anlehnung an Gleichung (1.42) wie folgt berechnet werden:

$$H(Y|\vec{x}) = -\sum_i p(y_i|\vec{x}) \cdot \text{ld}\,[p(y_i|\vec{x})] \tag{1.53}$$

Wenn die Markoffquelle ergodisch ist, so kann die Entropie dieser Quelle durch Mittelung über alle möglichen Zustandsvektoren $\vec{x}$, bzw. über die möglichen Kombinationen der m zeitlich unmittelbar vorausgegangenen Zeichen, wie folgt berechnet werden [9], siehe Gleichung (1.43):

$$H(Y|X) = \sum_{\vec{x}} p(\vec{x}) \cdot H(Y|\vec{x}) \tag{1.54}$$

Die Entropie einer Markoffquelle der Ordnung m wird also durch eine bedingte Entropie definiert und beschreibt gleichzeitig den mittleren Aufwand zur Codierung dieser Quelle.

Bei vorliegenden Schrifttexten handelt es sich i.a. um Quellen mit Gedächtnis, die durch Markoffquellen modelliert werden können. Die einzelnen Zeichen (Buchstaben) werden nicht statistisch unabhängig voneinander ausgewählt, sondern sind i.a. korreliert. Bei gleicher Auftrittswahrscheinlichkeit der Einzelzeichen ist die Entropie einer Quelle mit Gedächtnis stets kleiner als die Entropie einer Quelle ohne Gedächtnis. Für Quellen mit Gedächtnis kann dadurch der Codieraufwand in der Quellencodierung im Mittel gesenkt werden, indem nicht Einzelzeichen, sondern Zeichenpaare, -tripel usw. gebildet und diese z.B. durch einen Huffman–Code codiert werden.

Vor dem hier skizzierten Hintergrund sind Texte z.B. deutscher Sprache bzgl. ihrer statistischen Zusammensetzung intensiv analysiert worden. Einige Ergebnisse sind z.B. in [2] beschrieben. Für eine Quelle mit Gedächtnis, die beispielsweise über ein Alphabet mit 30 verschiedenen Buchstaben verfügt, können die folgenden informationstheoretischen Werte berechnet werden. Der Entscheidungsgehalt dieser Quelle ist zunächst:

$$H_0 = \text{ld}(30) = 4,907 \text{ bit/Zeichen} \tag{1.55}$$

Unter Berücksichtigung der tatsächlich gemessenen Auftrittswahrscheinlichkeit der 30 Elementarzeichen berechnet sich die Entropie dieser Quelle (Markoffquelle der Ordnung 0) wie folgt:

$$H(X) = 4,087 \text{ bit/Zeichen} \tag{1.56}$$

Wenn zusätzlich die Korrelation zwischen benachbarten Buchstaben berücksichtigt wird, erhält man

$$\text{für Buchstabenpaare}: \quad H(X,Y)/2 \quad = 3,26 \text{ bit/Zeichen}$$
$$\text{für Buchstabentripel}: \quad H(X,Y,Z)/3 \quad = 2,883 \text{ bit/Zeichen}$$

In Quellen mit Gedächtnis und bei der Codierung sehr langer Zeichenketten sinkt also zunächst der mittlere Informationsgehalt, die Entropie, und gleichzeitig kann der mittlere Codier- bzw. Übertragungsaufwand pro Zeichen oft erheblich reduziert werden, siehe [6].

1.6 Kontinuierliche Quelle

Die bisher betrachteten diskreten Quellen sind typisch für die modellhafte statistische Beschreibung von Texten. In vielen praktischen Anwendungen der digitalen Nachrichtenübertragung erzeugt die Quelle dagegen ein analoges Signal, z.B. ein Sprach- oder Bildsignal. Diese bandbegrenzten Signale werden zum Zwecke der Codierung und einer digitalen Übertragung zunächst abgetastet und die *amplitudenkontinuierliche* Abtastwertefolge zum Zwecke einer Datenkompression weiter verarbeitet. Durch die Abtastung entsteht kein Informationsverlust, da nach dem Abtasttheorem aus der Abtastwertefolge das ursprüngliche zeitkontinuierliche Signal fehlerfrei mit Hilfe eines Tiefpasses wiedergewonnen werden kann.

Die Abtastwertefolge selbst ist bei Sprach- und Bildsignalen i.a. sehr stark korreliert, die betrachtete Quelle besitzt also ein Gedächtnis. Diese Eigenschaft ist gleichbedeutend mit der Tatsache, daß in der Abtastwertefolge ein erheblicher Redundanzanteil enthalten ist. Eine informationstheoretische Analyse amplitudenkontinuierlicher Quellen erfordert die Definition eines neuen Entropiebegriffes, der im Abschnitt 3.5 eingeführt und erläutert wird.

Unabhängig von der informationstheoretischen Analyse dieser Quelle besteht die Aufgabe der Quellencodierung darin, Methoden zur Irrelevanz- und

Redundanzreduktion bzw. Redundanzbefreiung zu entwickeln und dadurch die zu übertragende Datenrate wesentlich zu reduzieren bzw. zu minimieren (Optimalcode). Bei der Irrelevanzreduktion wird die Wiederabequalität einer Nachricht auf ein vereinbartes Maß reduziert, z.B. durch die Bandbegrenzung eines Sprachsignals. Quellencodiermethoden sind naturgemäß sehr stark von der jeweiligen Anwendung abhängig. Dies gilt insbesondere für die Entwicklung leistungsfähiger Algorithmen mit hohen Kompressionsraten. Ein allgemeines Quellencodierverfahren zur Redundanzreduktion ist die differentielle Puls Code Modulation (DPCM), das im folgenden kurz skizziert werden soll.

1.6.1 Korrelative Codierung — die DPCM–Schleife

Die Abtastwertefolge $s(n)$, mit zunächst kontinuierlichen Amplituden, stellt das Eingangssignal der DPCM-Schleife dar. Das Prinzip der korrelativen Codierung besteht in einer Vorhersageberechnung des jeweiligen aktuellen Abtastwertes aus der Kenntnis der zeitlich zurückliegenden Abtastwerte. Aus der Vergangenheit des abgetasteten Signals wird jeweils ein Schätzwert $\hat{s}(n)$ berechnet und das Differenzsignal

$$d(n) = s(n) - \hat{s}(n) \tag{1.57}$$

nach einer Quantisierung und anschließender beispielsweise Huffman–Codierung übertragen. Das Blockschaltbild der sogenannten DPCM-Schleife ist in Bild 1.7 dargestellt.

Im Empfänger wird die im ursprünglichen Signal enthaltene Redundanz durch ein entsprechendes Vorhersagefilter wieder hinzugefügt und dadurch die amplitudenkontinuierliche Abtastwertefolge $s(n)$ berechnet, siehe Bild 1.8. Dieses Vorhersagefilter hat die gleiche Struktur und enthält dieselben Koeffizienten wie das im Sender eingesetzte Filter.

Kernstück dieser beiden Blockschaltbilder ist der Prädiktor. Das technische Ziel der Prädiktion besteht in der Berechnung eines Differenzsignals $d(n)$ mit möglichst kleiner mittlerer Leistung. Falls dies gelingt, kann bei unveränderter Quantisierungskennlinie der Codieraufwand gegenüber dem Originalsignal $s(n)$ wesentlich verringert werden, oder bei gleichem Codieraufwand die Quantisierung entsprechend verfeinert und damit die Wiedergabequalität verbessert werden.

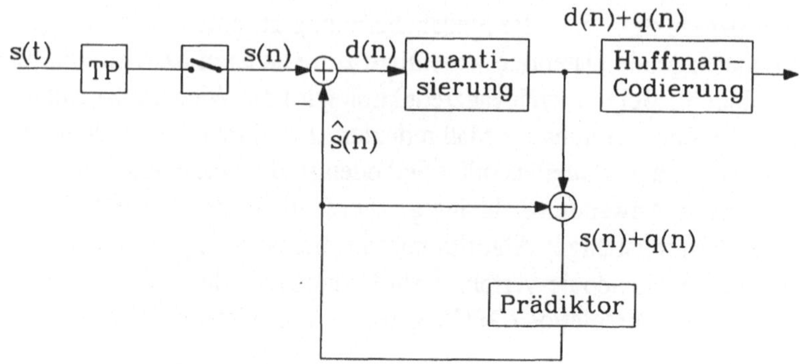

Bild 1.7: DPCM–Schleife (Sender)

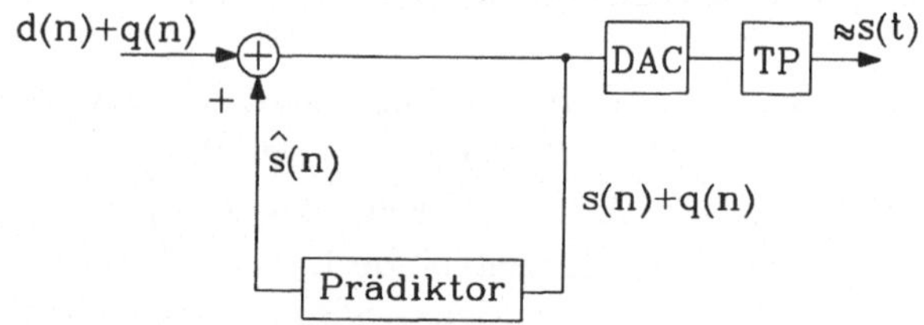

Bild 1.8: DPCM–Schleife (Empfänger)

Die mittlere Leistung im Differenzsignal beschreibt aus diesem Grund in anschaulicher Weise die Qualität des eingesetzten Vorhersageverfahrens. Für die Dimensionierung eines linearen Vorhersagefilters wird der quadratische Schätzfehler, d.h. die Leistung im Differenzsignal, deshalb minimiert. Das Verfahren der linearen Prädiktion sowie die Auslegung des Prädiktors wird im folgenden an zwei Beispielen diskutiert. Als Optimierungskriterium dient jeweils der mittlere quadratische Schätzfehler F bzw. die mittlere Leistung des Differenzsignals:

$$F = E\left\{[s(n) - \hat{s}(n)]^2\right\} \stackrel{!}{=} \min \tag{1.58}$$

Der Buchstabe E beschreibt in der obigen Gleichung den Erwartungswert einer Zufallsvariablen. Die statistischen Eigenschaften im reellen Eingangssignal werden durch die Korrelationskoeffizienten $\rho(k)$ beschrieben:

$$\rho(k) = E\left\{[s(n) \cdot s(n - k)]\right\}. \tag{1.59}$$

1. Beispiel:

Für die Vorhersage (Prädiktion) des aktuellen Abtastwertes $s(n)$ kann im einfachsten Fall der vorangegangene Signalwert $s(n-1)$ herangezogen werden. Im Falle eines linearen Prädiktors mit einem einzigen Koeffizienten hat das Vorhersagefilter eine einfache Struktur:

$$\hat{s}(n) = h \cdot s(n-1) \tag{1.60}$$

Die Dimensionierung des Prädiktors reduziert sich in diesem Fall auf die Bestimmung des einzigen Koeffizienten h. Der Optimierungsansatz zur Minimierung der mittleren Leistung im Differenzsignal lautet:

$$\begin{aligned} F &= E\left\{[s(n) - h \cdot s(n-1)]^2\right\} \\[2mm] &= E\left\{[s(n)]^2\right\} - 2h\, E\left\{s(n) \cdot s(n-1)\right\} + h^2\, E\left\{[s(n-1)]^2\right\} \overset{!}{=} \min_h \end{aligned} \tag{1.61}$$

Durch die Ableitung nach dem gesuchten Koeffizienten h entsteht folgende Gleichung:

$$\frac{\partial F}{\partial h} = -2\,E\left\{s(n) \cdot s(n-1)\right\} + 2h\,E\left\{[s(n-1)]^2\right\} \overset{!}{=} 0 \tag{1.62}$$

$$\Rightarrow h = \frac{E\left\{s(n) \cdot s(n-1)\right\}}{E\left\{[s(n-1)]^2\right\}} \tag{1.63}$$

$$\Rightarrow h = \frac{\rho(1)}{\rho(0)} \tag{1.64}$$

Im Zusammenhang mit der Qualität des Prädiktors interessiert noch die Größe des mittleren quadratischen Fehlers F, der im Differenzsignal gemessen wird:

$$\begin{aligned} F &= \rho(0) - 2\,\frac{\rho(1)}{\rho(0)}\,\rho(1) + \frac{\rho(1)^2}{\rho(0)^2}\,\rho(0) \\[2mm] &= \rho(0) - \frac{\rho(1)^2}{\rho(0)} \le \rho(0) \end{aligned} \tag{1.65}$$

In praktischen Anwendungen der Sprach- und Bildübertragung besteht in der Regel eine relativ hohe Korrelation zwischen benachbarten Abtastwerten (vgl. Bild 1.9), so daß der Korrelationskoeffizient $\rho(1)$ von Null verschiedene Werte annimmt und damit die mittlere Leistung F im Differenzsignal wesentlich reduziert werden kann.

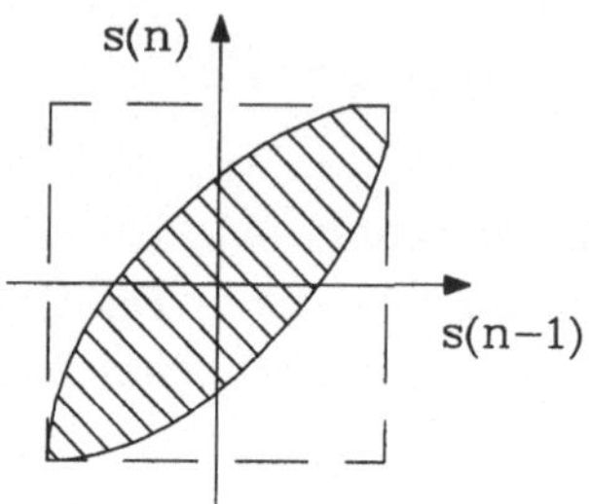

Bild 1.9: Verteilung für statistisch abhängige Abtastwertepaare $s(n)$, $s(n-1)$

2. Beispiel:

Wenn die Leistung der Vorhersage weiter gesteigert werden soll, können Vorhersagefilter mit längeren Impulsantworten (FIR– bzw. Transversalfilter) verwendet werden. Das Blockschaltbild eines allgemeinen Transversalfilters ist in Bild 1.10 dargestellt: Das Vorhersagesignal $\hat{s}(n)$ kann in diesem Fall un-

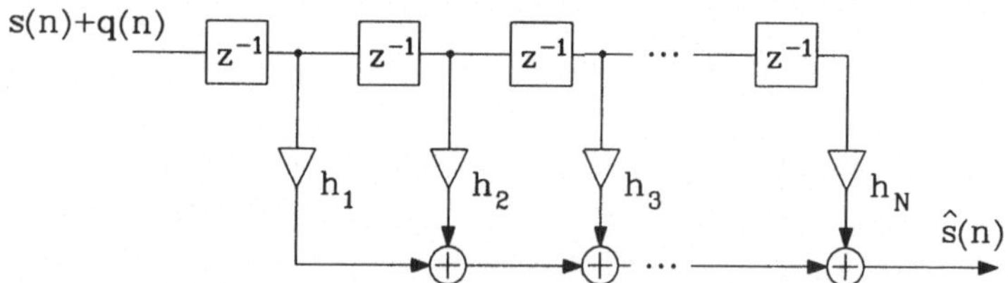

Bild 1.10: Blockschaltbild eines FIR–Filters

ter Berücksichtigung der in Bild 1.7 dargestellten Signalsituation wie folgt beschrieben werden:

$$\hat{s}(n) = \sum_{k=1}^{N} h_k \cdot [s(n-k) + q(n-k)] \qquad (1.66)$$

Wir vernachlässigen im folgenden das in Bild 1.7 angegebene Quantisierungsrauschen $q(n)$. Dadurch vereinfacht sich die Darstellung des Vorhersagefilters:

$$\hat{s}(n) = \sum_{k=1}^{N} h_k \cdot s(n-k) \tag{1.67}$$

Für die Optimierung der Koeffizienten h_k wird wiederum ein Quadratmittelansatz verfolgt.

$$F = E\left\{[s(n) - \hat{s}(n)]^2\right\} \overset{!}{=} \min_{h_1,\dots,h_N} \tag{1.68}$$

$$\Rightarrow F = E\left\{[s(n) - h_1\, s(n-1) - h_2\, s(n-2) - \dots \right. \tag{1.69}$$

$$\left. -h_N\, s(n-N)]^2\right\} \overset{!}{=} \min_{h_1,\dots,h_N}$$

Zur Berechnung des Minimums, müssen die partiellen Ableitungen nach den Koeffizienten h_k für $k = 1, \dots, N$ gebildet und zu Null gesetzt werden.

$$\frac{\partial F}{\partial h_k} = -2\,E\left\{\underbrace{[s(n) - h_1\, s(n-1) - h_2\, s(n-2) - \dots - h_N\, s(n-N)]}_{\text{äußere Ableitung}}\right.$$

$$\left. \cdot \underbrace{s(n-k)}_{\text{innere Ableitung}} \right\} \overset{!}{=} 0 \tag{1.70}$$

$$\tag{1.71}$$

Der Ausdruck innerhalb der geschweiften Klammer wird ausmultipliziert und dabei berücksichtigt, daß der Erwartungswert E ein linearer Operator ist. Die obige Gleichung kann mit den Korrelationskoeffizienten $\rho(k)$ wie folgt geschrieben werden:

$$\frac{\partial F}{\partial h_k} = -2[\rho(k) - h_1\rho(k-1) - h_2\rho(k-2) - \dots - h_N\rho(k-N)] \overset{!}{=} 0 \tag{1.72}$$

Für $k = 1, \dots, N$ muß die folgende Gleichung erfüllt sein.

$$\rho(k) = h_1\rho(k-1) + h_2\rho(k-2) + \dots + h_N\rho(k-N) \tag{1.73}$$

Die spezielle Struktur dieses Gleichungssystems wird in der Matrizenschreibweise noch deutlicher:

$$\underbrace{\begin{pmatrix} \rho(0) & \rho(1) & \cdots & \rho(N-1) \\ \rho(1) & \rho(0) & \cdots & \rho(N-2) \\ \rho(2) & \rho(1) & \cdots & \rho(N-3) \\ \vdots & & \ddots & \vdots \\ \rho(N-1) & \rho(N-2) & \cdots & \rho(0) \end{pmatrix}}_{\text{Kovarianzmatrix } [K]} \cdot \underbrace{\begin{pmatrix} h_1 \\ h_2 \\ h_3 \\ \vdots \\ h_N \end{pmatrix}}_{\vec{h}} = \underbrace{\begin{pmatrix} \rho(1) \\ \rho(2) \\ \rho(3) \\ \vdots \\ \rho(N) \end{pmatrix}}_{\vec{r}}$$

$$(1.74)$$

Die Kovarianzmatrix $[K]$ weist eine Streifenstruktur auf und wird deshalb als Streifen- oder Toeplitzmatrix bezeichnet. Die Koeffizienten des gesuchten Vorhersagefilters erhält man durch Lösung des obigen Gleichungssystems

$$\vec{h} = [K]^{-1} \cdot \vec{r} \quad . \tag{1.75}$$

Die Lösung linearer Gleichungssysteme mit Toeplitzmatrizen kann mit einem rechenökonomischen Verfahren, dem sogenannten Levinson–Algorithmus durchgeführt werden [24]. Mit dieser DPCM–Technik kann man eine erhebliche Kompression der ursprünglichen Datenrate erzielen und dadurch den Übertragungsaufwand für eine digitale Übertragungsstrecke deutlich reduzieren.

1.7 Kanalkapazität

In den vorangegangenen Abschnitten wurde in dem Nachrichtenübertragungssystem die Quelle betrachtet und mathematisch durch Informationsgehalt und Entropie beschrieben. Eine wichtige nachrichtentechnische Bedeutung dieser Theorie wird durch das Shannon'sche Codierungstheorem gegeben, das den Zusammenhang zwischen dem Informationsgehalt und der Binärcodierung dieser Quelle herstellt, indem die Begriffe Entropie und mittlere Codewortlänge zueinander in Beziehung gesetzt werden. Das Huffman–Verfahren beschreibt zusätzlich eine optimale Methode zur Quellencodierung bei bekannten Auftrittswahrscheinlichkeiten der Einzelzeichen.

In diesem Abschnitt wird die Frage aufgegriffen, wie eine praktische Nachrichtenübertragung über ungestörte und gestörte Kanäle in das Modell der

Informationstheorie und der Beschreibung des Informationsgehaltes integriert werden kann. Der Übertragungskanal kann in der Praxis z.B. ein Kabel oder eine Funkstrecke sein. Der Kanal benötigt im Mittel für die Übertragung eines Quellzeichens eine Zeit von τ, überträgt also eine Rate von $1/\tau$ (Einheit: Zeichen/s). Die charakteristischen Eigenschaften des Übertragungskanals werden durch sein noch näher zu beschreibendes Fehlerverhalten definiert und seine Leistungsfähigkeit durch die Übertragungskapazität beschrieben. Unabhängig von der Situation in Quelle und Senke wird in diesem Abschnitt zunächst ausschließlich der Übertragungskanal mit Kanalein- und -ausgabe betrachtet. Die Kanaleingabe muß hier nicht notwendig mit einer konkreten Quelle identisch sein. In der Praxis liegt zwischen Quelle und Kanaleingabe noch eine Einrichtung zur Kanalcodierung.

Als Erweiterung der Aussagen zur Quellencodierung ist die weitere Zielsetzung bei Shannon, dem realen Übertragungskanal unter Berücksichtigung seiner Fehlereigenschaften ein Informationsmaß zuzuordnen, das die Grenzen des maximal übertragbaren Informationsgehaltes angibt. Dabei soll also berücksichtigt werden, welcher Informationsanteil infolge von Übertragungsfehlern verloren gegangen ist. Als vorbereitender Schritt für dieses Informationsmaß wird zunächst die Transinformation definiert.

1.7.1 Transinformation

Die *Transinformation* $T(X, Y)$ soll angeben, welcher Informationsgehalt pro Zeichen über einen evtl. gestörten Kanal tatsächlich übertragen wird. Der am Kanaleingang vorliegende mittlere Informationsgehalt pro Zeichen wird in Analogie zur Entropie $H(X)$ der Quelle definiert.

$$K(X) = \sum_{i=1}^{N} p(x_i) \, \mathrm{ld} \left(\frac{1}{p(x_i)} \right) \tag{1.76}$$

Für eine fehlerfreie Übertragung gilt offensichtlich, daß der am Kanaleingang vorliegende mittlere Informationsgehalt $K(X)$, ohne Einschränkung auch am Kanalausgang vorliegt, also $T(X, Y) = K(X)$ ist, weil von dem erzeugten Informationsgehalt während der Übertragung nichts verloren geht und nichts hinzukommt. Im Falle eines gestörten Kanals wird der am Kanaleingang vorliegende Informationsgehalt $K(X)$ nicht vollständig übertragen. An einem Beispiel soll hier der Begriff Transinfomation veranschaulicht werden.

Beispiel:

Es wird eine binäre Kanaleingabe mit gleichverteilten Zeichen betrachtet. Die Entropie ist also $K(X) = 1$ bit/Zeichen. Während der Übertragung werden die Binärzeichen mit einer Bitfehlerwahrscheinlichkeit von $p_b = 0,01$ verfälscht und kommen unter diesen Annahmen teilweise fehlerhaft beim Empfänger an. Diese Situation ist anschaulich in Bild 1.11 dargestellt.

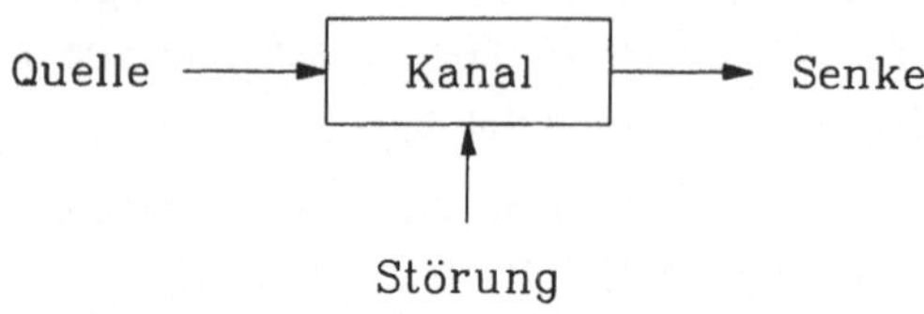

Bild 1.11: Nachrichtenübertragungsmodell mit Kanalstörung

Unter der Annahme, daß jeweils 1000 Binärzeichen pro Sekunde übertragen werden, kommen also im Mittel 990 Binärzeichen/Sekunde unverfälscht am Kanalausgang an. Da am Kanalausgang aber nicht bekannt ist, welche Binärzeichen fehlerbehaftet sind, ist der Transinformationsgehalt notwendig kleiner als 0,99 bit/Zeichen. Das folgende Bild 1.12 veranschaulicht die hier betrachtete Situation durch das Modell des sogenannten *symmetrischen Binärkanals*. Dieses Modell beschreibt gleichzeitig eine charakteristische durch Rauscheinflüsse verursachte Störung auf einem binären Datenkanal, und hat für eine vergleichende Analyse unterschiedlicher Codiermethoden eine große Bedeutung.

Zur tatsächlichen Definition des Transinformationsgehaltes muß berücksichtigt werden, daß in diesem Nachrichtenübertragungssystem mit einem gestörten Kanal zwei zufällige (stochastische) Vorgänge auftreten, nämlich einerseits die Auswahl der Zeichen am Kanaleingang (beschrieben durch die Auftrittswahrscheinlichkeit p) und andererseits die durch den Kanal erzeugte zufällige Störung (beschrieben durch die Bitfehlerwahrscheinlichkeit p_b). Die beiden Zufallsvorgänge können durch das informationstheoretische Maß der Entropie erfaßt und einheitlich beschrieben werden.

Die zwischen Kanaleingang und -ausgang vorliegende Situation wird durch die Verbundentropie $K(X, Y)$ erfaßt. Die bedingte Entropie $K(X|Y)$

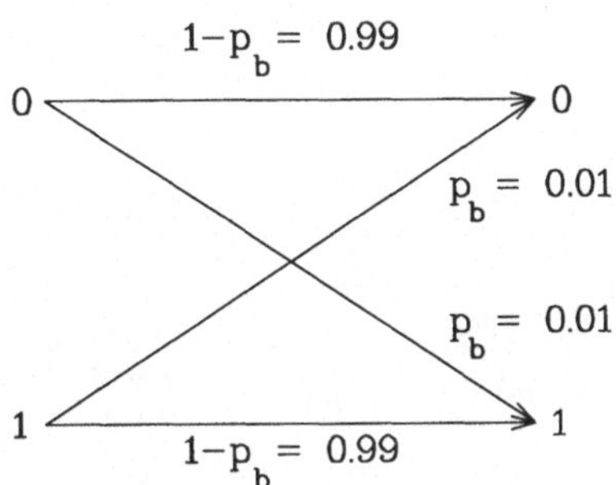

Bild 1.12: Symmetrischer Binärkanal mit $p_b = 1\%$

beschreibt die Entropie der Kanaleingabe (des Senders), unter der Voraussetzung, daß die Kanalausgabe (d.h. die empfangenen Zeichen) bekannt sind. Sie gibt also die Unsicherheit des Empfängers im Rückschluß auf das vermutlich gesendete Zeichen an und wird deshalb als *Entropie der Äquivokation* bezeichnet. Das Wort Äquivokation bedeutet Doppel- bzw. Mehrdeutigkeit. Im Mittel kommen bei der Decodierung $2^{K(X|Y)}$ verschiedene Kanaleingaben pro empfangenem Zeichen in Frage. Wenn die Entropie der Äquivokation ungleich Null ist, ist der Rückschluß auf das gesendete Zeichen also nicht mehr eindeutig.

Die bedingte Entropie $K(Y|X)$ beschreibt die Situation des Empfängers unter der Voraussetzung, daß die Sendezeichen bekannt sind. Es wird also informationstheoretisch die Tatsache erfaßt, welche Veränderungen der Kanal an einem gesendeten Zeichen infolge auftretender Fehler vornehmen kann. Die bedingte Entropie $K(Y|X)$ wird auch als *Irrelevanz* bzw. *Entropie der Irrelevanz* bezeichnet, weil der Kanal einen Informationsgehalt hinzufügt, der für den Empfänger nicht relevant, sondern auf Störungen zurückzuführen ist. Das hier beschriebene informationstheoretische Modell ist in dem folgenden Bild 1.13 anschaulich dargestellt. Es zeigt, daß aufgrund der Entropie der Äquivokation eine Rückschlußunsicherheit besteht, wenn ein Zeichen y_i empfangen wird. Verschiedene Zeichen x_i können auf dem Übertragungskanal durch Störungen so verändert werden, daß sie in der Senke als y_i empfangen und gedeutet werden.

In Abschnitt 1.5 wurde der Zusammenhang zwischen der Verbundentropie und

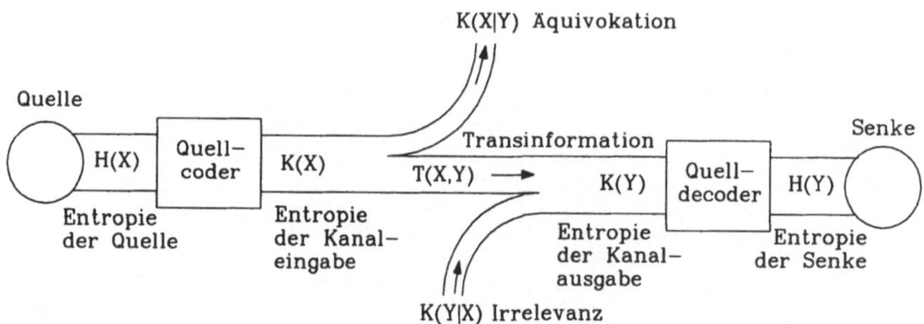

Bild 1.13: Darstellung der Übertragungssituation anhand eines Kanalmodells

den bedingten Entropien für Quellen mit Gedächtnis hergeleitet. Diese Ergebnisse können unmittelbar auf das hier betrachtete Problem der Kanaleingabe und -ausgabe übertragen werden.

$$K(X,Y) = K(X) + K(Y|X) = K(Y) + K(X|Y) \qquad (1.77)$$

Der auf der Empfängerseite fehlende Informationsgehalt bei der Decodierung wird durch die Entropie der Äquivokation ausgedrückt. Der Transinformationsgehalt wird deshalb als Differenz zwischen dem Informationsgehalt der Kanaleingabe, der Entropie $K(X)$, und der Entropie der Äquivokation $K(X|Y)$ beschrieben.

$$T(X,Y) = K(X) - K(X|Y) \qquad (1.78)$$

Der Transinformationsgehalt hängt nach dieser Definition nicht ausschließlich von den Kanaleigenschaften ab, sondern auch von den Auftrittswahrscheinlichkeiten der Kanaleingabezeichen. Aufgrund der obigen Beziehung zwischen Verbund- und bedingter Entropie kann die Transinformation alternativ wie folgt berechnet werden:

$$K(X) + K(Y|X) \;=\; K(Y) + K(X|Y) \qquad (1.79)$$

$$\Rightarrow K(X) - K(X|Y) \;=\; K(Y) - K(Y|X) \qquad (1.80)$$

Damit erhält man:

$$T(X,Y) = K(Y) - K(Y|X) = K(X) - K(X|Y) \qquad (1.81)$$

Diese beiden alternativen Darstellungen der Transinformation zeigen, daß für die Berechnung dieses Informationsgehaltes der Sachverhalt einerseits aus der Sicht der Kanaleingabe und andererseits aus der Sicht der Kanalausgabe betrachtet werden kann. Die bedingte Entropie $K(Y|X)$ (Entropie der Irrelevanz, Vorhersageunsicherheit) beschreibt den mittleren Informationsgehalt, der aus der Sicht der Kanaleingabe der Nachricht fälschlicherweise hinzugefügt wird und deshalb von der Entropie $K(Y)$ subtrahiert werden muß. Damit treten in dem betrachteten Kanalmodell die folgenden Entropiebegriffe auf:

1. $K(X)$:   Entropie der Kanaleingabe
2. $K(Y)$:   Entropie der Kanalausgabe
3. $K(X,Y)$:   Verbundentropie
4. $K(Y|X)$:   Entropie der Irrelevanz
5. $K(X|Y)$:   Entropie der Äquivokation

Diese für jeden Übertragungskanal gültige allgemeine Definition des Transinformationsgehaltes $T(X,Y)$ wenden wir speziell auf den Binärkanal an und analysieren zwei extreme Situationen, die des ungestörten und des vollständig gestörten Kanals.

Beispiel:

a) Ungestörter Kanal
$$p_b = 0$$
$$\Rightarrow K(Y|X) = 0 \text{ und}$$
$$T(X,Y) = K(Y)$$

b) Vollständig gestörter Kanal
$$p_b = \tfrac{1}{2}$$
$$\Rightarrow K(Y|X) = K(Y) \text{ und}$$
$$T(X,Y) = 0$$

Die errechneten Ergebnisse sind gleichzeitig eine anschauliche Überprüfung dafür, daß das Informationsmaß der Transinformation sinnvoll gewählt und definiert wurde. Beim vollständig gestörten Kanal wird kein Informationsgehalt übertragen, $T(X,Y) = 0$.

Die bedingte Entropie $K(Y|X)$ kann in dem ursprünglich betrachteten Beispiel mit der Bitfehlerwahrscheinlichkeit $p_b = 0,01$ und den Auftrittswahrscheinlichkeiten der Binärzeichen in der Kanaleingabe von z.B. $p_0 = p_1 = 0,5$ wie folgt berechnet werden:

$$K(Y|X) \;=\; \sum_{i=1}^{N} \sum_{k=1}^{N} p(x_i, y_k)\, \mathrm{ld}\left(\frac{1}{p(y_k|x_i)}\right) \qquad (1.82)$$

$$=\; p_b\, \mathrm{ld}\left(\frac{1}{p_b}\right) + (1 - p_b)\, \mathrm{ld}\left(\frac{1}{1 - p_b}\right)$$

$$=\; S(p_b)$$

$$=\; 0,081 \;\text{bit/Zeichen}$$

Die in der letzten Gleichung berechnete bedingte Entropie $K(Y|X)$ der Irrelevanz ist also für den Binärkanal identisch mit der Shannon–Funktion an der Stelle p_b.

Im Fall eines symmetrischen Binärkanals mit gleichverteilten Eingangszeichen sind auch die Ausgangszeichen a priori gleichwahrscheinlich. Der Transinformationsgehalt des in diesem Beispiel betrachteten symmetrischen Binärkanals errechnet sich damit wie folgt:

$$T(X,Y) = K(Y) - K(Y|X) = 1 - 0,081 = 0,919 \quad \text{bit/Zeichen}$$

Für diesen Spezialfall (symmetrischer Binärkanal *und* gleichverteilte Eingangszeichen) gilt außerdem $K(Y|X) = K(X|Y)$.

Im Falle eines gestörten Kanals ist es für den Empfänger i.a. nicht möglich, die empfangene Nachricht mit absoluter Sicherheit zu decodieren. Es ist deshalb durchaus bemerkenswert, daß einem gestörten Kanal ein Transinformationsgehalt zugeordnet werden kann, der den fehlerfrei übertragbaren Informationsgehalt einer Nachricht beschreibt, obwohl diese Nachricht nur mit einer bestimmten Wahrscheinlichkeit unverfälscht im Empfänger ankommt. Der Begriff Transinformationsgehalt ist zunächst noch rein abstrakter, modellhafter Natur und hat noch keine praktische technische Bedeutung. Es gibt jedoch *technische Möglichkeiten*, die auftretenden Fehler durch geeignete Codiermethoden (redundante Codes) möglichst umfangreich zu bekämpfen. Diese grundsätzlichen Möglichkeiten zur Codierung werden in dem Shannon'schen Satz über die Kanalkapazität erstmalig beschrieben und damit wird dem Begriff Transinformationsgehalt gleichzeitig eine technische Bedeutung zugeordnet.

1.7.2 Definition des Begriffs Kanalkapazität C

Der Transinformationsgehalt $T(X,Y)$ wird durch die Auftrittswahrscheinlichkeiten der Kanaleingabezeichen und durch das Fehlerverhalten auf dem Übertragungskanal beeinflußt. Andererseits soll aber ein Informationsmaß definiert werden, das ausschließlich von den Eigenschaften des Kanals (Übertragungsleistung und Fehlerverhalten) abhängt. Aus diesem Grund wird aus dem Transinformationsgehalt der Begriff der *Kanalkapazität* für den diskreten Kanal durch das Maß eines Informationsflusses wie folgt definiert:

$$C = \frac{1}{\tau} \max_{p(x)} T(X,Y) \tag{1.83}$$

Durch den mathematischen Trick der Maximumbildung über sämtliche möglichen Auftrittswahrscheinlichkeiten $p(x)$ der Einzelzeichen ist das Informationsmaß C unabhängig von einer konkreten Kanaleingabe und beschreibt ausschließlich die Eigenschaften des Kanals. Der Transinformationsgehalt $T(X,Y)$ hat die Dimension bit/Zeichen. Der Term $1/\tau$ hat die Dimension Zeichen/s, so daß die Kanalkapazität C die Dimension bit/s erhält.

Der Transinformationsfluß eines symmetrischen Binärkanals mit einer mittleren Übertragungsrate von $1/\tau$ Zeichen/s ist maximal, wenn die Eingangszeichen gleichwahrscheinlich sind. Damit ergibt sich die Kanalkapazität für diesen Fall wie folgt:

$$C \;=\; \max_{p(x)} \frac{T(X,Y)}{\tau} \tag{1.84}$$

$$\;=\; \frac{1}{\tau}\left(1 - S(p_b)\right) \tag{1.85}$$

Die Kanalkapazität C beschreibt also einen Transinformationsfluß, der maximal über einen gestörten Kanal übertragen werden kann. Diese mathematische Aussage hat Shannon in der folgenden Behauptung zusammengefaßt und bewiesen. In dieser Behauptung werden die Quelle und der Kanal in dem Nachrichtenübertragungsmodell gemeinsam unter informationstheoretischem Gesichtspunkt betrachtet.

Satz von der Kanalkapazität (Shannon 1948):

Wenn eine optimal codierte Quelle Q eine Bitrate $R_Q = H(X)/\tau_Q$ produziert, die über einen gestörten Kanal mit der Kanalkapazität C übertragen werden soll, dann empfängt die Senke diese Bitrate R_Q unter Berücksichtigung geeigneter Kanalcodierungsmethoden nur dann mit einer beliebig kleinen Fehlerwahrscheinlichkeit, wenn

$$R_Q = H(X)/\tau_Q < C \qquad\qquad (1.86)$$

erfüllt ist.

Bemerkungen:

1. Die Kanalkapazität C gibt also die absolute obere Grenze des im Prinzip fehlerfrei übertragbaren Informationsflusses an.

2. Der Beweis der obigen theoretischen Behauptung liefert noch kein anwendbares Verfahren zur technischen Realisierung der hierfür erforderlichen redundanten Codes in der Kanalcodierungseinrichtung.

Der Satz über die Kanalkapazität sagt aus, daß bei einer diskreten Übertragung und einer Quelle mit der Rate $R_Q = H(X)/\tau_Q < C$ im Prinzip eine Kanalcodierung gefunden werden kann, so daß die Decodierung fast fehlerlos — d.h. mit beliebig kleiner Fehlerwahrscheinlichkeit — durchgeführt werden kann.

Diese Aussage stellt die wesentliche nachrichtentechnische Bedeutung der Informationstheorie dar und ist eine wichtige Rechtfertigung des Begriffes Kanalkapazität. Allerdings wird durch den Beweis dieser Behauptung in keiner Weise eine technische Lösung des Codierungsproblems angegeben. Aus der Informationstheorie haben sich aber umfangreiche Arbeiten zur Entwicklung praktisch einsetzbarer Kanalcodiermethoden abgeleitet. Mit redundanten Codes ist der Empfänger in der Lage, auftretende Übertragungsfehler autonom zu erkennen und zu korrigieren. Dadurch kann die Äquivokation, d.h. die Rückschlußunsicherheit, wesentlich verringert bzw. vollständig behoben werden. Die Kanalkapazität C stellt also einen theoretischen Grenzwert dar, der den maximal möglichen Transinformationsfluß bzw. eine Datenrate R_Q angibt, der bzw. die über einen gegebenen Kanal fehlerfrei übertragen werden kann.

Shannon hat nachgewiesen, daß der durch die Kanalkapazität C beschriebene Informationsfluß von einer optimal an den Kanal angepaßten Quelle auch tatsächlich fast fehlerfrei übertragen werden kann, falls die Nachricht entsprechend codiert wurde. Für den mathematischen Beweis wurden sehr lange zufällig gewürfelte Binärcodes benutzt, die hinreichend gut voneinander unterschieden werden können. Diese Codiermethode ist zwar für den mathematischen Beweis gut geeignet, ist aber für eine praktische Anwendung wegen der i.a. sehr großen Codewortlänge fast völlig ungeeignet.

Beweis:

Für den Beweis der obigen Aussage wird eine Quelle betrachtet, die eine Rate $R_Q = H(X)/\tau_Q < C$ produziert, d.h. im Mittel ein Zeichen in der Zeit τ_Q an die Kanalcodierungseinrichtung abgibt. Insgesamt wird ein Zeitintervall der Länge T betrachtet, in dem die Quelle $TR_Q = T \cdot H(X)/\tau_Q$ Binärzeichen produziert und damit 2^{TR_Q} verschiedene binäre Nachrichten erzeugen kann.

$$R_Q < C = \frac{1}{\tau}\left(K(X) - K(X|Y)\right) \leq \frac{1}{\tau}K(X) \qquad (1.87)$$

Die Kanaleingabe ist dagegen in der Lage, in diesem Zeitintervall T insgesamt $R_K = \frac{1}{\tau}K(X)$ Binärzeichen bzw. 2^{TR_K} mögliche (verschiedene) Nachrichten, bzw. Kanaleingaben zu erzeugen. Damit entsteht eine mit größer werdendem T wachsende Differenz zwischen dem von der Quelle und der Kanaleingabe erzeugten Nachrichtenvolumen.

Die im Zeitintervall T von der Quelle produzierbaren 2^{TR_Q} Nachrichtenblöcke fassen wir anschaulich in einer Liste mit insgesamt 2^{TR_Q} Einträgen zusammen. Jeder Eintrag in dieser Liste kann von der Quelle belegt werden. Für die Kanaleingabe wird eine zweite Liste mit insgesamt 2^{TR_K} möglichen Einträgen angelegt. Das folgende Bild 1.14 veranschaulicht diesen Sachverhalt. Da nach der obigen Voraussetzung die auf dem Kanal übertragene Datenrate R_K größer als die von der Quelle produzierte Datenrate R_Q ist, wird auch die in der Kanaleingabe angelegte Liste i.a. wesentlich länger als die in der Quelle angelegte Liste sein.

Ein wichtiger Schritt in der Shannon'schen Beweisführung ist eine zufällige aber eindeutige Zuordnung zwischen den beiden Listen. Diese Zuordnung ist die eigentliche Kanalcodierung. Dabei werden also insgesamt nur 2^{TR_Q} Einträge in der i.a. wesentlich längeren Liste der möglichen Kanaleingaben belegt, die restlichen Plätze bleiben frei und stellen sozusagen die in dem Code enthaltene Redundanz dar.

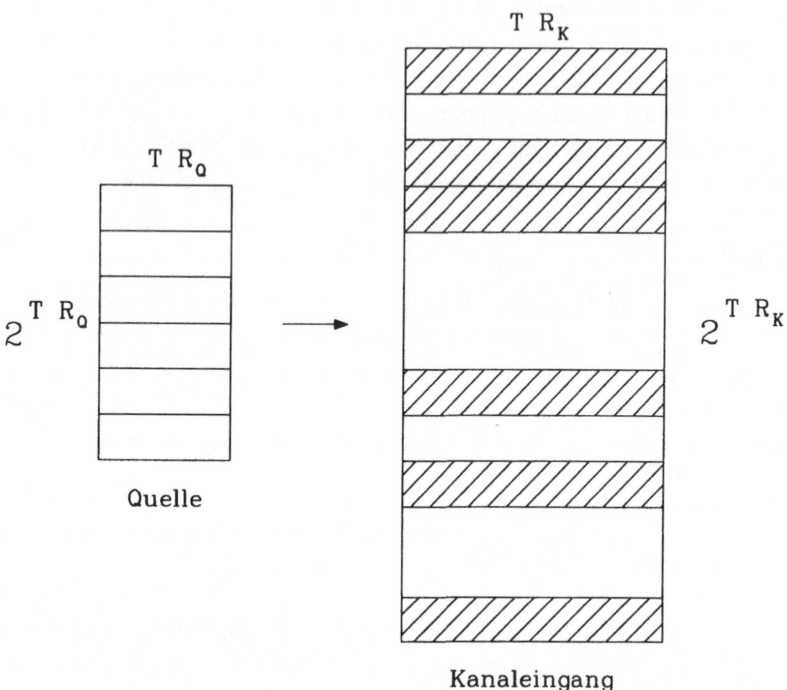

Bild 1.14: Zuordnung zwischen den Listen der Quelle und des Kanaleingangs

Wenn auf die Liste der Kanaleingaben zufällig zugegriffen wird, dann wird mit der Wahrscheinlichkeit ein gültiges Codewort gezogen, die dem Verhältnis der günstigen zu den möglichen Fällen entspricht. Diese Wahrscheinlichkeit wird durch $p_{Nachr.}$ beschrieben.

$$p_{Nachr.} = \frac{2^{TR_Q}}{2^{TR_K}} = 2^{T(R_Q - R_K)} \tag{1.88}$$

Die Wahrscheinlichkeit, daß ein zufällig gewählter Punkt in der Menge der Kanaleingaben keinen gültigen Nachrichtenblock enthält ist dann:

$$(1 - p_{\text{Nachr.}}) = 1 - 2^{T(R_Q - R_K)} \tag{1.89}$$

$$= 1 - 2^{-(T(K(X|Y)/\tau + \eta))}$$

Hierbei wurde die Differenz $R_K - R_Q$ durch $K(X|Y)/\tau + \eta$ dargestellt, mit einem u.U. sehr kleinen aber positiven Wert η (vgl. Bild 1.15).

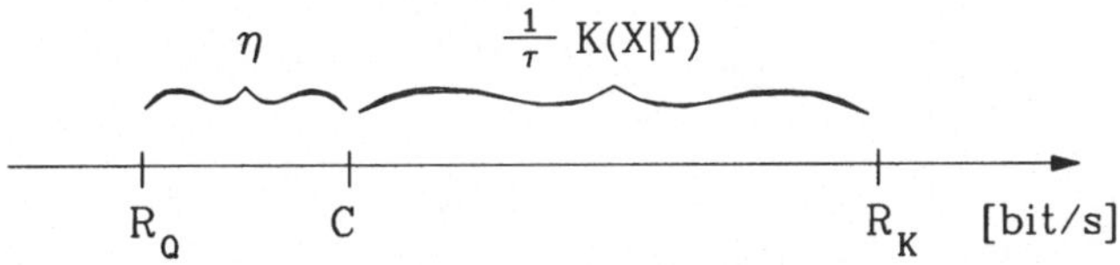

Bild 1.15: Beziehung zwischen den einzelnen Datenraten

$$R_Q \;<\; \frac{1}{\tau}\,(K(X) - K(X|Y)) \qquad (1.90)$$

$$R_Q \;=\; \frac{K(X)}{\tau} - \frac{K(X|Y)}{\tau} - \eta \qquad (1.91)$$

Bei der Decodierung im Empfänger wird für jeden empfangenen Datenblock die Menge der hiefür in Frage kommenden möglichen Ursachen (Kanaleingaben) analysiert. Nach der Bedeutung des Begriffes Äquivokation kommen insgesamt für jeden empfangenen Datenblock zusätzlich zur tatsächlich im Zeitintervall T übertragenen Nachricht im Mittel eine Anzahl von $2^{\frac{T}{\tau}K(X|Y)}$ weiterer wahrscheinlicher Kanaleingaben in Betracht. Die Decodierung wird hier modellhaft so beschrieben, daß im Empfänger und in der Menge der wahrscheinlichen Kanaleingaben nach gültigen Codewörtern gesucht wird. In dieser Menge ist zunächst das gesendete Codewort und weitere $2^{\frac{T}{\tau}K(X|Y)}$ Kanaleingaben enthalten. Die Wahrscheinlichkeit P, daß keiner dieser Punkte, außer dem gesendeten Zeichen, eine gültige Nachricht darstellt und damit bei der Decodierung kein Fehler auftritt, kann anschaulich durch ein $2^{\frac{T}{\tau}K(X|Y)}$-maliges zufälliges Ziehen eines Elementes der Kanaleingabe verdeutlicht werden. Der Wert P beschreibt also die Wahrscheinlichkeit, daß bei jedem Zugriff auf die Tabelle der Kanaleingabe ein nicht belegter Platz (bis auf den Eintrag der tatsächlich gesendeten Nachricht) angetroffen wird.

$$P = (1 - p_{Nachr.})^{2^{\frac{T}{\tau}K(X|Y)}} = (1 - 2^{T(R_Q - R_K)})^{2^{\frac{T}{\tau}K(X|Y)}} \qquad (1.92)$$

Für große Zeitintervalle T konvergiert diese Wahrscheinlichkeit P gegen 1, und damit ist nachgewiesen, daß bei der Decodierung mit hoher Wahrscheinlichkeit aus der Liste der Kanaleingaben die richtige Nachricht ausgelesen wird und damit im Empfänger kein Fehler auftritt.

$$\lim_{T\to\infty} P = \lim_{T\to\infty} \left(1 - 2^{-T(\frac{K(X|Y)}{T} + \eta)}\right)^{2^{\frac{T}{T}K(X|Y)}} \tag{1.93}$$

$$= \lim_{T\to\infty} \left(1 - \frac{2^{-(T\eta)}}{2^{T(\frac{K(X|Y)}{T})}}\right)^{2^{\frac{T}{T}K(X|Y)}}$$

$$= \lim_{T\to\infty} \exp\{-2^{-T\eta}\} = 1$$

Dabei wurde die folgende Beziehung benutzt:

$$\lim_{n\to\infty} \left(1 - \frac{x}{n}\right)^n = e^{-x} \tag{1.94}$$

In Bild 1.16 ist die Aussage des obigen Satzes anschaulich dargestellt. Falls eine Quelle Q eine Rate R_Q (Binärzeichen/s) erzeugt, mit $R_Q < C$, dann kann diese Rate über den Kanal mit einer beliebig kleinen Restfehlerwahrscheinlichkeit oder beliebig kleiner Äquivokation übertragen werden. Ist die Rate R_Q dagegen größer als C, dann liegt die Äquivokation in der Nähe von $R_Q - C$.

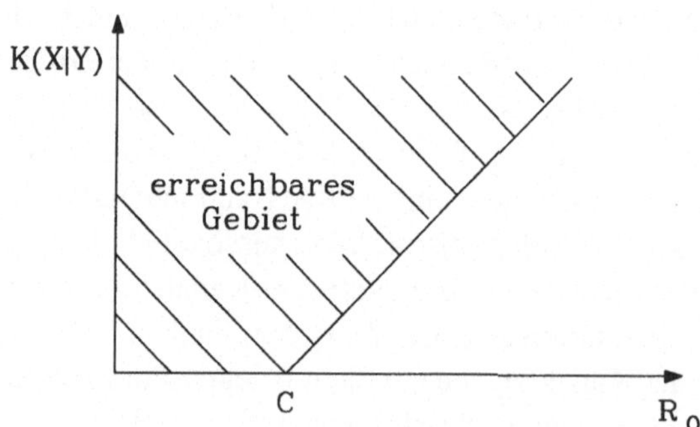

Bild 1.16: Mögliche Werte für die Äquivokation

In diesem Beweis von Shannon ist bereits die wesentliche Idee der Kanalcodierungsmethoden bzw. des Entwurfs redundanter Codes enthalten, indem den Nachrichtenstellen weitere Kontrollstellen hinzugefügt und diese längeren Blöcke über den Kanal übertragen werden. Aber die in dem Beweis benutzte zufällige Zuordnung zwischen den beiden Listen der Quelle und der Kanaleingabe ist aus einer praktischen Sicht insbesondere für große Zeitintervalle T völlig ungeeignet.

Nach wie vor bleibt die Frage unbeantwortet, wie praktisch anwendbare redundante Codes entwickelt werden können, bei deren Anwendung der Empfänger eine Fehlerkorrektur und Fehlererkennung vornehmen kann. Diese Frage wird im folgenden Kapitel beantwortet. Allerdings erreichen diese in der Praxis eingesetzten Codiermethoden die theoretische Grenze der Kanalkapazität C bei weitem nicht. Der Begriff der Kanalkapazität C ist zwar eine zunächst abstrakte Größe, beinhaltet allerdings eine hohe technische Bedeutung. Der Beweis von Shannon sagt direkt aus, daß es im Prinzip Kanalcodiermethoden geben muß, die dem Nutzsignal in geeigneter Art und Weise redundante Kontrollstellen mit einer Rate von mindestens $K(X)/\tau - C$ hinzufügen, und damit den Empfänger in die Lage versetzen, sämtliche Übertragungsfehler korrigieren zu können.

1.8 Übungsaufgaben

Aufgabe 1.1

Eine Quelle enthält einen Zeichenvorrat von 4 Zeichen (A,B,C,D). Die Auftrittswahrscheinlichkeiten der einzelnen Zeichen seien:

$$p_A = 0,8$$
$$p_B = 0,1$$
$$p_C = 0,08$$
$$p_D = 0,02$$

a) Wie groß sind die Informationsgehalte der einzelnen Zeichen?

b) Wie groß ist die Entropie der Quelle? Wie groß wäre die Entropie der Quelle bei gleicher Auftrittswahrscheinlichkeit der vier Zeichen?

c) Für die Übertragung soll ein Binärcode nach Shannon entwickelt werden.

d) Welche mittlere Codewortlänge ergibt sich aus dem erstellten Code?

Aufgabe 1.2

Für die Übertragung von 5 verschiedenen Zeichen mit den Auftrittswahrscheinlichkeiten

$$p_A = 0,3$$
$$p_B = 0,24$$
$$p_C = 0,2$$
$$p_D = 0,15$$
$$p_E = 0,11$$

soll der Huffman–Code entworfen werden. Wie groß ist die Redundanz des Codes? Es werden nun Zeichenketten betrachtet, in denen je 2 statistisch unabhängig voneinander ausgewählte Zeichen zu einem Zeichenpaar zusammengefaßt werden. Wie groß kann die Redundanz des Huffman–Codes für die vorliegenden 25 möglichen Zeichenpaare maximal werden?

Aufgabe 1.3

Ein Gerät zur automatischen Bildauswertung unterscheidet nur die Zustände 1 (Schwarz) und 0 (Weiß). Auf den verwendeten Bildern treten die Zustände mit den absoluten Wahrscheinlichkeiten $p_1 = 0,2$ sowie $p_0 = 0,8$ auf.

   a) Wie groß ist die Entropie der Quelle?

   b) Führen Sie eine Huffman–Codierung unter der Voraussetzung durch, daß jeweils 2 Bildpunkte zu einem Symbol zusammengefaßt werden! Wie groß sind die mittlere Codewortlänge und die Redundanz des Codes?

Aufgabe 1.4

Gegeben ist ein symmetrischer Binärkanal mit einer Bitrate von $R_K = 1$ kbit/s und einer Bitfehlerwahrscheinlichkeit von $p_b = 0,1$. Die Daten, die über diesen Kanal übertragen werden sollen, stammen von einer binären Quelle mit den Auftrittswahrscheinlichkeiten $p_0 = 0,3$ und $p_1 = 0,7$. Die Symbole der Quelle werden statistisch unabhängig voneinander ausgewählt.

   a) Wie groß ist die Kanalkapazität C?

   b) Wie groß ist die Entropie der Quelle?

   c) Welche maximale Symbolrate R_{max} kann im Prinzip fehlerfrei übertragen werden?

d) Die Quelle erzeugt nun *gleichverteilte* Zeichen mit einer Symbolrate von $R = 600$ Symbolen/s. Welcher Wert für die Symbolfehlerwahrscheinlichkeit p_{min} kann nach der Shannon'schen Informationstheorie prinzipiell nicht unterschritten werden? (Hinweis: Die Gleichung läßt sich analytisch nicht nach p_{min} auflösen. Geben Sie die Bestimmungsgleichung für p_{min} an und lösen Sie sie näherungsweise numerisch.)

Aufgabe 1.5

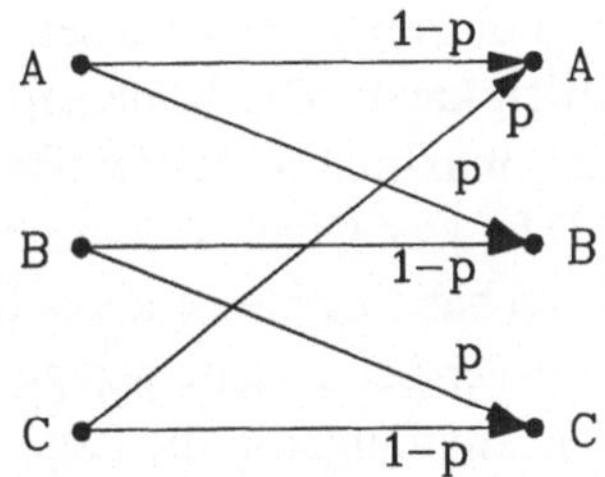

Gegeben ist der in der obigen Abbildung skizzierte Kanal. Wie groß ist die Kanalkapazität C?

2 Blockcodes

Die Shannon'sche Informationstheorie wurde mit dem wichtigen Ergebnis abgeschlossen, daß die Leistungsfähigkeit eines fehlerbehafteten Übertragungskanals durch Angabe eines einzelnen Maßes, der Kanalkapazität C, hinreichend charakterisiert werden kann. Die Kanalkapazität C beschreibt dabei einen Informationsfluß, der maximal fehlerfrei über den betrachteten Kanal übertragen werden kann. D.h., jede Quelle Q, die eine Bitrate $R_Q < C$ produziert, kann diese Rate R_Q mit beliebig kleinem Restfehler über den gegebenen Kanal übertragen, wenn auf der Senderseite geeignete Kanalcodiermethoden angewandt werden, die den Empfänger in die Lage versetzen, Übertragungsfehler zu erkennen bzw. zu korrigieren. In dem von Shannon angegebenen Beweis ist allerdings noch keine praktische Konstruktionsvorschrift enthalten, aber die wesentliche Idee für den Entwurf redundanter Codes ist bereits durch die in Bild 1.14 angegebene Transformation zwischen den Listen der Quelle und des Kanaleingangs angegeben. Diese Transformation ist bei Shannon durch eine stochastische (zufällige) Zuordnung realisiert worden.

Die praktische Umsetzung dieser Beweisidee führt auf einige Probleme, weil im Decoder sehr lange Listen abgearbeitet und viele Vergleiche durchgeführt werden müssen. Die Codierungstheorie basiert letztlich auf den Arbeiten von Shannon, hat aber andere Methoden zum Entwurf redundanter Codes entwickelt, mit denen der Empfänger in die Lage versetzt wird, Übertragungsfehler zu erkennen und gegebenenfalls zu korrigieren.

In diesem Kapitel sollen eine Einführung in die Entwicklung redundanter Codes und einige konkrete Verfahren zur Kanalcodierung angegeben werden. Eine wichtige Unterscheidung im Bereich der Kanalcodierungsmethoden ist zwischen den sogenannten Blockcodes und Faltungscodes zu treffen. Blockcodes sind älter als Faltungscodes und basieren, wie der Name bereits sagt, auf einer Einteilung der Binärfolge in voneinander unabhängige Blöcke gleicher Länge. Erste Ergebnisse über die Entwicklung von Blockcodes wurden 1949 von Golay und Hamming veröffentlicht. In der Kanalcodierungseinrichtung werden dabei den jeweils n Nachrichtenstellen weitere k Kontrollstellen hinzugefügt und der so entstehende Block der Länge $N = n+k$ an den Modulator übertragen und anschließend gesendet. Bei Faltungscodes (oder rekurrenten Codes) ergibt sich keine Einteilung in Blöcke fester Länge. Der kontinuierliche Bitstrom wird dort gleitend in eine Codiereinrichtung eingegeben, in der jeweils benachbarte Binärstellen miteinander verknüpft und auf diese Weise Kontrollstellen berechnet werden.

Der in dem Code, z.B. bei Blockcodes durch die k Kontrollstellen, enthaltene Mehraufwand wird auch durch den Begriff Redundanz charakterisiert und führt deshalb auf die Bezeichnung redundante Codes. Redundante Codes enthalten also mehr Binärstellen, als für die reine Darstellung der Nachricht erforderlich sind und ermöglichen dem Empfänger dadurch eine Korrektur von auftretenden Übertragungsfehlern. Aber nicht nur in digitalen Nachrichtenübertragungssystemen sondern z.B. auch in der Speichertechnik, Compact Disc (CD), werden fehlerkorrigierende Codes praktisch eingesetzt.

In diesem Kapitel werden zunächst Verfahren zur Entwicklung und Verarbeitung von Blockcodes angegeben. Faltungscodes werden später im Kapitel 4 diskutiert. Zur vollständigen Beschreibung einer Codiermethode muß jeweils das Verfahren zur Codierung (Erzeugung des Codes) und Decodierung (Verarbeitung im Empfänger) angegeben werden. Die Decodiereinrichtung im Empfänger trifft eine Entscheidung, welches Codewort vermutlich gesendet wurde, setzt dazu Verfahren der Fehlererkennung und -korrektur ein und ist häufig durch eine komplexe Verarbeitungsstruktur gekennzeichnet. Die Codiereinrichtung ist im Gegensatz dazu i.a. relativ einfach realisierbar. In dem ursprünglichen Nachrichtenübertragungsmodell bestehend aus Quelle, Kanal und Senke wird eine Modellverfeinerung durch das Einfügen der Kanalcodierung vorgenommen. Der physikalische Übertragungskanal ist weiterhin durch die Bitfehlerwahrscheinlichkeit p_b charakterisiert, während der Datenkanal, bestehend aus Codier-, Decodiereinrichtung (mit zusätzlicher Fehlerkorrekturmöglichkeit) sowie Übertragungskanal, in seiner Leistungsfähigkeit quantitativ durch den Begriff der Restfehlerwahrscheinlichkeit p_{Rest} erfaßt wird, siehe Bild 2.1.

Definition:

Die *Restfehlerwahrscheinlichkeit* ist die Wahrscheinlichkeit, mit der fehlerbehaftete Binärworte empfangen werden, die vom Decoder nicht auf das ursprünglich gesendete Codewort abgebildet werden können. Es ist also mit anderen Worten die Wahrscheinlichkeit, mit der Fehlersituationen im Empfänger auftreten, die vom Decoder nicht korrigiert (oder bei reiner Fehlererkennung nicht erkannt) werden können. Die Restfehlerwahrscheinlichkeit ist also eine Codewortfehlerwahrscheinlichkeit. Vielfach wird sie jedoch zur Beurteilung der Leistungsfähigkeit von Codierverfahren direkt mit der Bitfehlerwahrscheinlichkeit bei ungeschützter Übertragung verglichen.

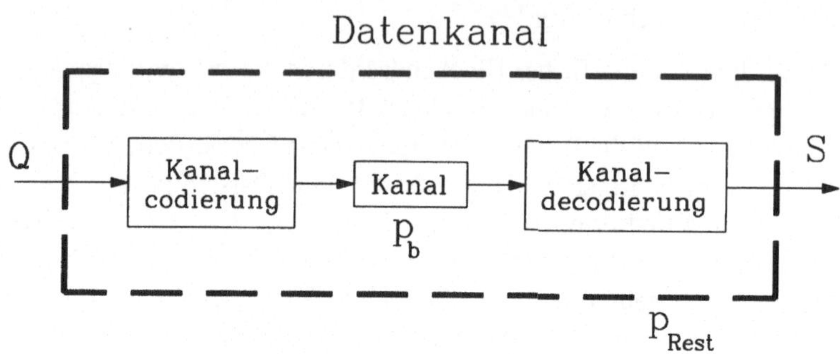

Bild 2.1: Datenübertragungskanal mit Bitfehlerwahrscheinlichkeit p_b, Kanalcodierung, sowie Restfehlerwahrscheinlichkeit p_{Rest}

Die Möglichkeit einer Fehlerkorrektur im Empfänger hat zwei praktische Bedeutungen:

- Die von der Quelle realisierte Bitrate R_Q soll für einen gegebenen Kanal soweit wie möglich an die theoretische Grenze der Shannon'schen Kanalkapazität C angepaßt und damit der Kanal optimal ausgenutzt werden,

- zufällige Übertragungsfehler (z.B. auf Rauschen zurückzuführen) oder Büschelfehler (z.B. durch Schwund bei Funkübertragungen entstanden), sollen im Empfänger soweit wie möglich erkannt und korrigiert werden.

Die grundsätzliche Vorgehensweise in der Kanalcodierung ist in dem Shannon'schen Beweis über die Kanalkapazität bereits aufgezeigt worden und wird in Bild 2.2 beispielhaft erläutert. Gegeben sei ein aus 7 Nachrichtenstellen (x_i), $i = 1, 2, \ldots, 7$, bestehender Datenblock. Daraus können insgesamt 128 verschiedene Nachrichten erzeugt werden. Diesem Datenblock werden 3 Kontrollstellen (x_8, x_9, x_{10}) hinzugefügt, die jeweils geeignet berechnet werden. Aus den insgesamt 10 Binärstellen können insgesamt 1024 verschiedene Kombinationen gebildet werden, von denen allerdings nur 128 Kombinationen gültige Codewörter darstellen. Die in jedem Codewort enthaltene Redundanz wird im Empfänger zur Fehlerkorrektur genutzt.

x_1	x_2	x_3	x_4	x_5	x_6	x_7			
$\downarrow$	$\downarrow$	$\downarrow$	$\downarrow$	$\downarrow$	$\downarrow$	$\downarrow$			
x_1	x_2	x_3	x_4	x_5	x_6	x_7	x_8	x_9	x_{10}

Bild 2.2: Nachrichten- und Kontrollstellen

In den folgenden Unterabschnitten werden praktische Verfahren der Blockcodierung entwickelt und deren Leistungsfähigkeit (insbesondere die entstehende Restfehlerwahrscheinlichkeit p_{Rest}) hergeleitet. Es wird also jeweils ein Nachrichtenblock der Länge n betrachtet, dem k Kontrollstellen hinzugefügt werden, so daß eine Codewortlänge von insgesamt $N = n + k$ Binärstellen entsteht.

$$\text{Codewortlänge} = \text{Nachrichtenstellen} + \text{Kontrollstellen}$$
$$N = n + k$$

Das Verhältnis zwischen der Anzahl Nachrichtenstellen n und der Codewortlänge N wird als *Coderate* $R = n/N$ bezeichnet.

2.1 Algebra im Restklassenkörper

In der Kanalcodierung werden die Kontrollstellen durch geeignete Verknüpfung der binären Nachrichtenstellen berechnet. Zur mathematischen Beschreibung der Kanalcodierverfahren werden zunächst die relevanten Rechenregeln beschrieben. Zwischen den Binärwerten 0 und 1 wird im folgenden eine Verknüpfung durch die sogenannte modulo 2–Addition eingeführt und durch das Zeichen $\oplus$ beschrieben. Gleichzeitig wird eine multiplikative Verknüpfung definiert und durch das Zeichen $\odot$ dargestellt. Die Verknüpfungsvorschriften der Addition und der Multiplikation sind in den folgenden Tabellen getrennt angegeben. Sie können durch ein EXOR- bzw. ein UND–Gatter praktisch realisiert werden.

$\oplus$	0	1		$\odot$	0	1
0	0	1		0	0	0
1	1	0		1	0	1

In der aus den beiden Binärzahlen 0 und 1 bestehenden Menge werden mit den Verknüpfungen $\oplus$ und $\odot$ die Axiome eines Körpers erfüllt, weshalb dieses

System im folgenden auch als Binärkörper bezeichnet wird. Für die Kanalcodierung ist insbesondere die modulo 2–Addition relevant. Gegenüber der Addition in den natürlichen Zahlen werden im Binärkörper jeweils nur die Reste bezüglich der Zahl $p = 2$ gebildet. Diese Eigenschaft wird durch die Bezeichnung Restklassenalgebra zum Ausdruck gebracht. Allgemein wird eine Menge M mit p verschiedenen Elementen, in der zwei Verknüpfungen $\oplus$ und $\odot$ definiert sind, als endlicher Körper oder Galois–Feld[1] (Kurzschreibweise: GF(p)) bezeichnet, falls die Körperaxiome erfüllt sind. Für jede Primzahl p kann ein endlicher Körper GF(p) einfach konstruiert werden, indem Addition und Multiplikation in den sogenannten Restklassen modulo der Primzahl p durchgeführt werden. Die Menge M enthält dabei die p Elemente $M = \{0, 1, \ldots, p - 1\}$, und die relevanten Verknüpfungstabellen sind im folgenden beispielhaft für $p = 5$ angegeben:

$\oplus$	0	1	2	3	4
0	0	1	2	3	4
1	1	2	3	4	0
2	2	3	4	0	1
3	3	4	0	1	2
4	4	0	1	2	3

$\odot$	0	1	2	3	4
0	0	0	0	0	0
1	0	1	2	3	4
2	0	2	4	1	3
3	0	3	1	4	2
4	0	4	3	2	1

Falls endliche Körper mit q Elementen konstruiert werden sollen, wobei q keine Primzahl ist, dann muß auf die Restklassenalgebra bezüglich eines Polynoms zurückgegriffen werden. Dieser Sachverhalt wird im Abschnitt 2.8 beschrieben und ist für die Konstruktion von zyklischen Codes relevant. Für die folgenden Abschnitte wird zunächst ausschließlich die Algebra im Binärkörper GF(2) und insbesondere die modulo 2–Addition benutzt.

2.2 Paritätskontrolle

In dem Fall der einfachen Partitätskontrolle wird den n Nachrichtenstellen jeweils ein einziges Kontrollbit hinzugefügt, $k = 1$, so daß eine Codewortlänge von $N = n+1$ entsteht. Die im folgenden jeweils durchgeführte Verknüpfung von Binärwerten wird durch die im vorigen Abschnitt beschriebene modulo 2–Addition realisiert. Die Berechnung des Kontrollbits x_{n+1} erfolgt z.B. durch

---

[1]Nach dem französischen Mathematiker Evariste Galois (1811–1832), der die Eigenschaften endlicher Körper untersucht hat.

eine modulo 2–Addition sämtlicher Nachrichtenstellen und führt damit auf eine gerade Anzahl von Einsen in jedem gültigen Codewort. Die formale Berechnungsvorschrift für das Paritätsbit x_{n+1} ist in der folgenden Gleichung angegeben.

$$x_1 \oplus x_2 \oplus x_3 \ldots \oplus x_n = x_{n+1} \tag{2.1}$$

Bei Anwendung dieser Codiermethode wird der Empfänger in die Lage versetzt, eine Fehlererkennung durchzuführen. Allerdings kann nur eine ungerade Anzahl von auftretenden Fehlern erkannt und das Verfahren bei relativ sicheren Datenstrecken praktisch eingesetzt werden. Im Empfänger liegt zunächst eine Binärfolge y_i $(i = 1, 2, \ldots, N)$ vor, von der entschieden werden muß, welcher Sendefolge x_i sie zuzuordnen ist. Die Decodierung sowie Fehlererkennung im Empfänger wird wiederum durch eine modulo 2–Verknüpfung der empfangenen Binärwerte vorgenommen. Falls

$$y_1 \oplus y_2 \oplus y_3 \ldots \oplus y_n \oplus y_{n+1} = 0 \tag{2.2}$$

erfüllt ist, wird eine fehlerfreie Übertragung angenommen und die ersten n Binärstellen als gültiger Nachrichtenblock ausgegeben. Falls aber die obige Summe den Wert 1 ergibt, und damit ein Übertragungsfehler sicher erkannt ist, erfolgt keine Ausgabe eines Nachrichtenblockes, sondern es wird in irgendeiner Form eine erneute Übertragung beantragt. Damit ist bereits die gesamte Codier- und Decodiereinrichtung beschrieben. Dieses Verfahren der Paritätskontrolle gestattet also eine Fehlererkennung, enthält aber keine Möglichkeit zur Fehlerkorrektur.

2.3 Verfahren von Hamming

Hamming hat 1950 ein Verfahren angegeben, das nicht nur eine Fehlererkennung, sondern auch die Korrektur eines einzelnen Fehlers innerhalb des Datenblockes der Länge N ermöglicht. Ähnlich wie im vorangegangenen Abschnitt werden die Nachrichtenstellen (bzw. jeweils eine Untermenge davon) über eine modulo 2–Addition miteinander verknüpft. In diesem Fall wird aber nicht nur eine einzelne, sondern es werden mehrere Kontrollstellen berechnet. In dem folgenden Beispiel werden $n = 4$ Nachrichtenstellen betrachtet und daraus jeweils $k = 3$ Kontrollstellen durch Linearkombinationen berechnet. Damit entsteht eine Codewortlänge von $N = 7$. Durch dieses relativ einfache Codierverfahren wird im Empfänger eine Fehlerkorrektur ermöglicht. Indem der Decoder einen einzelnen innerhalb des Blockes auftretenden Fehler eindeutig korrigieren kann, werden die vier Nachrichtenstellen wirkungsvoll vor möglichen Übertragungsfehlern geschützt. Die 3 Kontrollstellen x_5, x_6, x_7 werden aus den Nachrichtenstellen x_1, x_2, x_3, x_4 über das folgende lineare Gleichungssystem berechnet:

$$x_1 \oplus x_2 \oplus x_3 = x_5$$
$$x_1 \oplus x_2 \oplus x_4 = x_6 \qquad (2.3)$$
$$x_1 \oplus x_3 \oplus x_4 = x_7$$

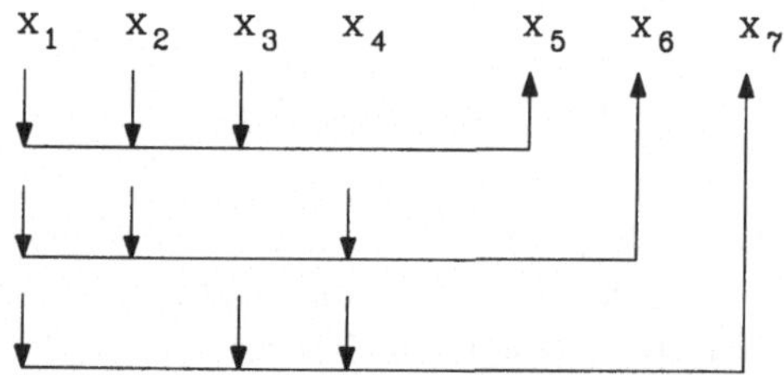

Von den insgesamt $2^N = 128$ Kombinationsmöglichkeiten sind in diesem Code also nur $2^n = 16$ gültige Codewörter enthalten. Im Gegensatz zur Beweismethode bei Shannon (siehe Bild 1.14), wird hier aber keine zufällige sondern eine systematische Zuordnung zwischen den Listen der Quellzeichen und Kanaleingabe realisiert. Dadurch wird der Empfänger in die Lage versetzt, Fehler zu erkennen und gegebenenfalls zu korrigieren. Die Coderate ist in diesem Beispiel $R = n/N = 4/7$.

Die Decodiereinrichtung ist im Vergleich mit der einfachen Paritätskontrolle etwas aufwendiger. Das empfangene Binärwort, $y_1, y_2, ..., y_7$ der Länge $N = 7$ wird anhand von drei parallel ausgewerteten Gleichungen, den sogenannten Prüfgleichungen, in Anlehnung an die Codiervorschrift wie folgt überprüft:

$$y_1 \oplus y_2 \oplus y_3 \oplus y_5 = s_1$$
$$y_1 \oplus y_2 \oplus y_4 \oplus y_6 = s_2 \qquad (2.4)$$
$$y_1 \oplus y_3 \oplus y_4 \oplus y_7 = s_3$$

Unter der Voraussetzung, daß in dem Block der Länge $N = 7$ maximal eine Binärstelle fehlerhaft ist, werden in dem obigen Gleichungsystem sieben verschiedene Bitkombinationen berechnet, wodurch eine eindeutige Fehlerkorrektur ermöglicht wird. Wenn innerhalb des Blockes kein Übertragungsfehler aufgetreten ist, dann ergeben die obigen drei Prüfgleichungen jeweils den Wert 0. Im Falle eines einzelnen Fehlers innerhalb des Blockes der Länge $N = 7$ werden die in Tabelle 2.1 dargestellten Werte berechnet. Das Ergebnis der 3 Prüfgleichungen wird zu einem Vektor $\vec{s}$ zusammengefaßt, dem sogenannten Syndrom. In ausführlicher Darstellung kann das Ergebnis der ausgewerteten Prüfgleichungen in der Tabelle 2.1 wie folgt zusammengefaßt werden.

Tabelle 2.1: Zuordnung zwischen Fehlerposition und Syndrom

	$\rightarrow$	s_1	s_2	s_3
kein Fehler	$\rightarrow$	0	0	0
1. Stelle falsch	$\rightarrow$	1	1	1
2. Stelle falsch	$\rightarrow$	1	1	0
3. Stelle falsch	$\rightarrow$	1	0	1
4. Stelle falsch	$\rightarrow$	0	1	1
5. Stelle falsch	$\rightarrow$	1	0	0
6. Stelle falsch	$\rightarrow$	0	1	0
7. Stelle falsch	$\rightarrow$	0	0	1

Für eine praktische Anwendung von Fehlerkorrekturverfahren ist es zwar selbstverständlich aber doch wichtig anzumerken, daß die Syndromvektorinhalte unabhängig von den jeweiligen Nachrichteninhalten des Codewortes sind. Aus Tabelle 2.1 ist der eineindeutige Zusammenhang zwischen der Fehlerposition eines Einzelfehlers innerhalb des Blockes und dem Ergebnis der Prüfgleichungen, dem Syndromvektor, unmittelbar zu erkennen. Dieser Zusammenhang kann in der Decodierung zur Fehlerkorrektur herangezogen werden, indem das Ergebnis der Prüfgleichung z.B. in einer Syndromtabelle aufgesucht, daraus die fehlerhafte Position eindeutig ermittelt und eine entsprechende Korrektur durchgeführt wird. Das Blockschaltbild für die Decodierung ist in Bild 2.3 dargestellt.

Falls 2 Fehler gleichzeitig innerhalb eines Blockes auftreten, dann ist zwar der berechnete Syndromvektor von Null verschieden, d.h., die vorliegende Fehlersituation wird vom Hamming–Verfahren eindeutig erkannt, aber die anhand der Syndromtabelle durchgeführte Korrektur einer einzelnen Stelle liefert nicht das ursprünglich gesendete Codewort. Die Leistungsfähigkeit des Hamming–Verfahrens für eine Fehlerkorrektur ist bei einer 2–Fehlersituation überschritten. Der Decoder gibt in diesem Fall auch keine Warnung aus, sondern wird durch eine falsche Korrektur u.U. einen weiteren Fehler im Nutzdatenteil hinzufügen. Für eine statistische Auswertung wird dann i.a. der gesamte Block als fehlerhaft angesehen.

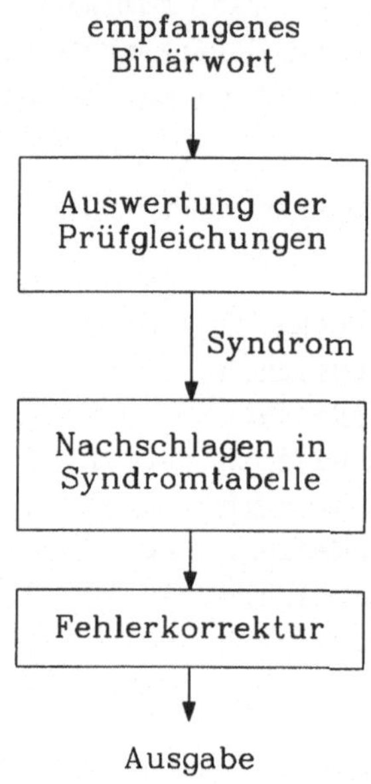

Bild 2.3: Blockschaltbild für die Decodierung eines Hamming–Codes

Für die Blocklänge $N = 7$ wurde in dem obigen Beispiel gezeigt, wie ein einzelner Übertragungsfehler innerhalb eines Blockes mit dem Hamming–Verfahren eindeutig korrigiert werden kann. Dieses Verfahren ist insbesondere deshalb interessant, weil die Codiervorschrift konstruktiv ist und einfach realisiert werden kann. Wenn mehr als $k = 3$ Kontrollstellen zur Verfügung stehen, dann können damit generell 2^k verschiedene Binärkombinationen (Syndrome für N Fehlerpositionen und der Nullvektor für den fehlerfreien Fall) gebildet und somit Blöcke der Länge

$$N = 2^k - 1 \tag{2.5}$$

vor einem Übertragungsfehler geschützt werden. Aus dieser Betrachtung ergeben sich folgende Zusammenhänge zwischen den Parametern eines Blockcodes, nämlich der Blocklänge N, der Anzahl Nachrichten- und Kontrollstellen, n und k. Einige für das Hamming–Verfahren relevante Parameterkombinationen sind in Tabelle 2.2 dargestellt.

Tabelle 2.2: Parameter von Hamming–Codes

k	N	n
2	3	1
3	7	4
4	15	11
5	31	26
6	63	57
7	127	120
8	255	247

Die Konstruktionsvorschrift zur Berechnung der k Kontrollstellen für eine der obigen Parameterkombinationen sei anhand eines Beispiels für $k = 4$ und $N = 15$ dargestellt. Aus diesem Beispiel kann das Hamming–Codierverfahren leicht auf andere Parameterwerte k verallgemeinert und die Systematik des Konstruktionsverfahrens erkannt werden.

x_1	x_2	x_3	x_4	x_5	x_6	x_7	x_8	x_9	x_{10}	x_{11}	x_{12}	x_{13}	x_{14}	x_{15}
1	1	1	1	0	1	1	1	0	0	0	$\uparrow$			
1	1	1	0	1	1	0	0	1	1	0		$\uparrow$		
1	1	0	1	1	0	1	0	1	0	1			$\uparrow$	
1	0	1	1	1	0	0	1	0	1	1				$\uparrow$

$$1 \qquad \binom{4}{3} \qquad\qquad \binom{4}{2} \qquad\qquad \binom{4}{1}$$

Für eine beliebige Anzahl von k Kontrollstellen kann die Codewortlänge N nach dem obigen Schema berechnet werden. Die Syndromtabelle für das Hamming–Verfahren enthält neben dem Nullvektor jeweils N verschiedene Einträge, die eindeutig auf die einzige fehlerhafte Position hinweisen. Der Inhalt der Syndromvektoren ist dabei direkt aus den N verschiedenen Spalten der Codiervorschrift abzulesen. Abschließend kann anhand der obigen Konstruktionsvorschrift für das Hamming–Verfahren und für den Fall der allgemeinen

Codewortlänge $N = 2^k - 1$ noch überprüft werden, daß diese Codiervorschrift tatsächlich auf eine Codewortlänge von N Binärwerten führt, und daß dabei N verschiedene Spalten, bzw. verschiedene Syndromvektoren entstehen.

$$\binom{k}{k} + \binom{k}{k-1} + \ldots + \binom{k}{1} = \sum_{\nu=1}^{k} \binom{k}{\nu} = 2^k - 1 = N \qquad (2.6)$$

Das Hamming–Verfahren mit der Fähigkeit, einen einzigen Fehler innerhalb eines Blockes der Länge N korrigieren zu können, findet seine Anwendungsgrenze bei langen Codewörtern. Für sehr große Blocklängen $N = 2^k - 1$ reicht i.a. die Fähigkeit, einen einzelnen Fehler korrigieren zu können nicht mehr aus, weil dann mit hoher Wahrscheinlichkeit mehrere Fehler innerhalb eines Blockes entstehen. Die nach der Fehlerkorrektur resultierende Restfehlerwahrscheinlichkeit p_{Rest} wird bei bekannter Bitfehlerwahrscheinlichkeit p_b mit Hilfe der Binomialverteilung berechnet, siehe Abschnitt 2.4.

Erweiterter Hamming–Code

Hamming–Codes lassen sich durch ein zusätzliches Paritätsbit erweitern, so daß sie in der Lage sind, einen einzelnen Fehler eindeutig zu korrigieren und gleichzeitig solche Situationen zu erkennen, in denen zwei Fehler innerhalb des Blockes vorliegen. Diese Zwei–Fehlersituationen können allerdings von dem Hamming–Verfahren nicht korrigiert werden. Die obige Eigenschaft wird erreicht, wenn dem eigentlichen Hamming–Code ein zusätzliches Paritätsbit angehängt wird, so daß jedes Codewort eine gerade Anzahl von Einsen enthält. Die Codewortlänge ist in diesem Fall $N = 2^k$ und das Codewort ist wie folgt aufgebaut:

$$\underbrace{\boxed{n = 2^k - k - 1 \mid k \mid 1}}_{N=2^k}$$

Die Decodierung geschieht durch getrennte Auswertung der k Prüfgleichungen sowie des Paritätsbits. In Abhängigkeit von der Fehlerzahl treten folgende Fälle auf:

Anzahl Fehler	Prüfgleichungen	Paritätskontrolle
0	$0\,0\,0\ldots0$	0
1	$x\,x\,x\ldots x$	1
2	$x\,x\,x\ldots x \neq \vec{0}$	0

Eine Zwei–Fehlersituation ist dadurch gekennzeichnet, daß mindestens eine der insgesamt k Prüfgleichungen $\neq 0$ und die Paritätskontrolle $= 0$ ist. In diesem Fall wird ein nicht korrigierbares Fehlermuster erkannt und das Codewort entweder verworfen (d.h. nicht ausgewertet) oder alternativ kann bei einer bidirektionalen Übertragung eine Rückfrage eingeleitet werden.

Ein wesentlicher Vorteil für das Hamming–Verfahren liegt in der einfachen und übersichtlichen Codier- und auch Decodiervorschrift mit Hilfe der Syndromtabelle. Allerdings reicht die Fähigkeit, einen einzigen Fehler innerhalb des Codewortblockes korrigieren zu können für viele praktische Anwendungen nicht aus, insbesondere bei langen Codeworten und bei hoher Bitfehlerwahrscheinlichkeit p_b.

2.4 Berechnung der Restfehlerwahrscheinlichkeit

Nachdem im vorigen Abschnitt mit den Hamming–Codes eine erste Klasse fehlerkorrigierender Codes vorgestellt wurde, sollen hier zunächst die Grundlagen für eine wahrscheinlichkeitstheoretische Analyse der Leistungsfähigkeit fehlererkennender und fehlerkorrigierender Codes dargestellt werden. Zur Veranschaulichung greifen wir dabei beispielhaft auf die Hamming–Codes und deren Leistungsfähigkeit zurück.

2.4.1 Binomialverteilung

Es wird ein Codewort der Länge N betrachtet, in dem die einzelnen Binärstellen mit der Bitfehlerwahrscheinlichkeit p_b in statistisch unabhängiger Weise, also zufällig, durch den Übertragungskanal verfälscht werden. Die Situation auf dem Übertragungskanal kann als ein binäres Zufallsexperiment mit N–maliger statistisch unabhängiger Wiederholung und einer Auftrittswahrscheinlichkeit von p_b angesehen werden. Die mittlere Fehleranzahl $E(\text{Anzahl Fehler})$ pro Block der Länge N ist

$$E(\text{Anzahl Fehler}) = N \cdot p_b \tag{2.7}$$

Die Wahrscheinlichkeit, daß unter diesen Voraussetzungen in einem Block der Länge N genau l statistisch unabhängige Fehler auftreten, wird durch die Binomialverteilung beschrieben. Für ein *bestimmtes Bit*, d.h., eine definierte Position innerhalb des Codewortes, ist die Wahrscheinlichkeit eines Fehlers durch p_b gegeben, und die Wahrscheinlichkeit eines korrekten Empfangs ist $(1 - p_b)$. Damit erhält man für ein *bestimmtes Fehlermuster* innerhalb des Codewortes mit insgesamt genau l Fehlern die Auftrittswahrscheinlichkeit

$$P = p_b^l \cdot (1 - p_b)^{N-l} \tag{2.8}$$

Es gibt in einem Codewort der Länge N genau $\binom{N}{l}$ verschiedene Kombinationen in denen l Fehler pro Block auftreten. Damit erhält man für die Wahrscheinlichkeit P_l, daß ein Codewort genau l Fehler an beliebigen Positionen enthält:

$$P_l = \binom{N}{l} p_b^l \cdot (1 - p_b)^{N-l} \tag{2.9}$$

Für eine Bitfehlerwahrscheinlichkeit von $p_b = 0,01$ und für eine Blocklänge von $N = 7$ sind die Auftrittswahrscheinlichkeiten P_l, $l = 0, 1, 2, 3$, in der folgenden Liste dargestellt:

$$
\begin{array}{llll}
0\,\text{Fehler}: & P_0 = (1 - p_b)^7 & = 0,93207 \\[4pt]
1\,\text{Fehler}: & P_1 = 7 \cdot p_b \cdot (1 - p_b)^6 & = 0,06590 \\[4pt]
2\,\text{Fehler}: & P_2 = \binom{7}{2} \cdot p_b^2 \cdot (1 - p_b)^5 & = 0,00200 \\[4pt]
3\,\text{Fehler}: & P_3 = \binom{7}{3} \cdot p_b^3 \cdot (1 - p_b)^4 & = 0,00003
\end{array}
$$

Bild 2.4 zeigt den prinzipiellen Verlauf der Wahrscheinlichkeiten P_l über der Fehleranzahl l für verschiedene Bitfehlerwahrscheinlichkeiten p_b.

Das Hamming–Verfahren gestattet die Korrektur eines einzelnen Fehlers an einer beliebigen Position innerhalb des Codewortes. Jeder Block, in dem mehr als ein Fehler auftritt, wird am Ausgang der Decodierschaltung für die statistische Analyse als vollständig fehlerhaft angesehen. Die Restfehlerwahrscheinlichkeit p_{Rest} berechnet sich in diesem Fall aus der Summe sämtlicher Wahrscheinlichkeiten P_l, summiert von $l = 2$ bis N:

$$p_{Rest} = \sum_{l=2}^{N} \binom{N}{l} p_b^l \cdot (1 - p_b)^{N-l} \tag{2.10}$$

$$= 1 - (1 - p_b)^N - N \cdot p_b \cdot (1 - p_b)^{N-1}$$

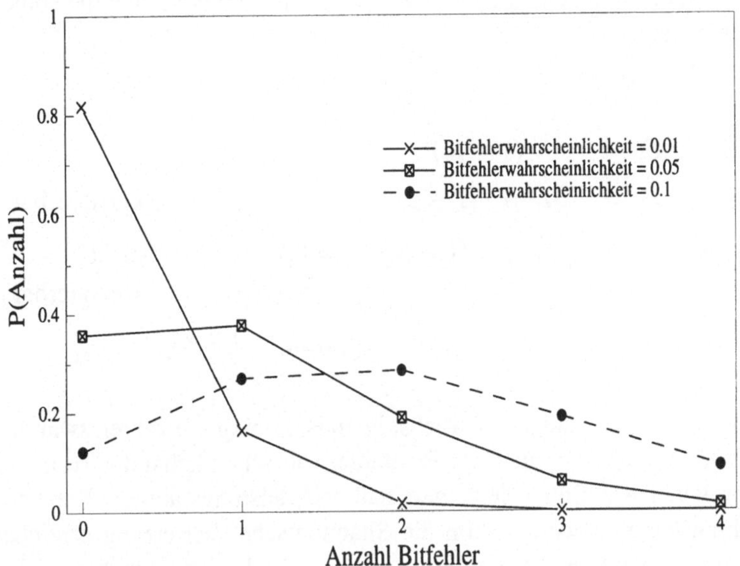

Bild 2.4: Binomialverteilung für unterschiedliche Bitfehlerwahrscheinlichkeiten p_b

Beispiel:

Gegeben sei ein Hamming–Code der Länge $N = 31$ mit $k = 5$ Kontrollstellen.
Die Bitfehlerwahrscheinlichkeit p_b betrage 10^{-6}. Die mit dem Hamming–
Verfahren erreichbare Restfehlerwahrscheinlichkeit p_{Rest} berechnet sich in
diesem Fall wie folgt:

$$0 \text{ Fehler}: P_0 = \quad (1 - p_b)^{31} \quad = 0{,}99997$$

$$1 \text{ Fehler}: P_1 = \quad 31 \cdot p_b \cdot (1 - p_b)^{30} \quad \approx 3 \cdot 10^{-5} \qquad \text{korrigierbar}$$

$$2 \text{ Fehler}: P_2 = \quad \binom{31}{2} \cdot p_b^2 \cdot (1 - p_b)^{29} \quad \approx 5 \cdot 10^{-10} \qquad \text{nicht}$$
$$\text{korrigierbar}$$

$$p_{Rest} \approx 5 \cdot 10^{-10}$$

Für die im Beispiel angenommene geringe Bitfehlerwahrscheinlichkeit $p_b =$
10^{-6} reicht die Leistungsfähigkeit des Hamming–Verfahrens aus. Für denselben Hamming–Code ist die Grenze der Leistungsfähigkeit aber bereits bei

einer Bitfehlerwahrscheinlichkeit von $p_b = 10^{-2}$ erreicht, wie die folgenden Zahlen zeigen:

$$
\begin{array}{lllll}
0 \text{ Fehler}: & P_0 = & (1-p_b)^{31} & = 0,7323 & \\
1 \text{ Fehler}: & P_1 = & 31 \cdot p_b \cdot (1-p_b)^{30} & = 0,2293 & \text{korrigierbar} \\
2 \text{ Fehler}: & P_2 = & \binom{31}{2} \cdot p_b^2 \cdot (1-p_b)^{29} & = 0,0348 & \text{nicht} \\
& & & & \text{korrigierbar}
\end{array}
$$

$$p_{Rest} \approx 0,0384$$

Für große Codewortlängen N wächst beim Hamming–Verfahren zwar die Coderate $R = n/N$, aber auch die Restfehlerwahrscheinlichkeit wird in diesem Fall größer. Diese Beispiele zeigen, daß noch leistungsfähigere Kanalcodierverfahren benötigt werden, um die Shannon'sche Zielsetzung erreichen zu können. Insbesondere müssen in sehr langen Codewörtern mehrere Übertragungsfehler korrigiert werden können.

Für ein Kanalcodierverfahren, mit dem mehrere — allgemein f_k — statistisch unabhängig auftretende Fehler innerhalb eines Codewortes korrigiert werden können, berechnet sich die Restfehlerwahrscheinlichkeit wie folgt:

$$
p_{Rest} = \sum_{l=f_k+1}^{N} \binom{N}{l} p_b^l \cdot (1-p_b)^{N-l} \tag{2.11}
$$

$$
= 1 - \sum_{l=0}^{f_k} \binom{N}{l} p_b^l \cdot (1-p_b)^{N-l}
$$

Näherung für kleine Bitfehlerwahrscheinlichkeiten

Für kleine Bitfehlerwahrscheinlichkeiten gibt es eine praktische Näherungsformel zur Berechnung der Restfehlerwahrscheinlichkeit p_{Rest}. Sie kann aus der allgemeinen Gleichung für die Restfehlerwahrscheinlichkeit unter der Voraussetzun $N \cdot p_b \ll 1$ hergeleitet werden, indem der Ausdruck für p_{Rest} in eine Potenzreihe nach p_b entwickelt wird.

$$p_{Rest} = \sum_{\nu=f_k+1}^{N} \binom{N}{\nu} p_b^{\nu} (1 - p_b)^{N-\nu} \qquad (2.12)$$

$$= \binom{N}{f_k + 1} p_b^{f_k+1} (1 - p_b)^{N-f_k-1}$$

$$+ \binom{N}{f_k + 2} p_b^{f_k+2} (1 - p_b)^{N-f_k-2} + \ldots$$

$$= \binom{N}{f_k + 1} p_b^{f_k+1} [1 - (N - f_k - 1)p_b \pm \ldots]$$

$$+ \binom{N}{f_k + 2} p_b^{f_k+2} [1 \mp \ldots] + \ldots$$

$$= \binom{N}{f_k + 1} p_b^{f_k+1}$$

$$- \left[\binom{N}{f_k + 1} (N - f_k - 1) - \binom{N}{f_k + 2} \right] p_b^{f_k+2} + \ldots$$

$$\approx \binom{N}{f_k + 1} p_b^{f_k+1} \qquad \text{für} \quad N p_b \ll 1$$

2.4.2 Hamming–Distanz

Fehlererkennende und fehlerkorrigierende Codes wurden bisher ausschließlich konstruktiv beschrieben und die Berechnung der Restfehlerwahrscheinlichkeit allgemein hergeleitet. Bei wachsender Codewortlänge N reicht das Hamming–Verfahren und die Möglichkeit einen einzelnen Fehler innerhalb eines Codewortes korrigieren zu können i.a. für praktische Anwendungen nicht mehr aus, weil dann die Restfehlerwahrscheinlichkeiten zu groß werden. In diesem Fall müssen andere Kanalcodiermethoden entwickelt werden, die mehr als einen Übertragungsfehler je Codewort korrigieren können. Diese gewünschte Fähigkeit wird nur durch Hinzufügen weiterer Kontrollstellen erreicht.

Allerdings ist die Entwicklung und der konstruktive Entwurf von Codes, mit dem zwei und mehr auftretende Fehler innerhalb eines Codewortes korrigiert werden können, keine triviale Aufgabe. So gesehen wurde das hier gesteckte Ziel, einen Code mit größerer Leistungsfähigkeit als das Hamming–Verfahren zu entwickeln, noch nicht erreicht. Wir verfolgen zwar dieselbe Zielsetzung auch weiterhin, stellen aber eine alternative Betrachtung an, in der die gesuchten Codes zunächst nicht konstruktiv hergeleitet, sondern die Codeeigenschaften abstrakt beschrieben werden.

Die Codierungsaufgabe wird im folgenden alternativ aus einer allgemeinen abstrakten Sicht beschrieben, bei der nicht die konkrete Codierung, d.h. die Transformation, im Vordergrund steht, sondern zunächst die Beziehung der gültigen Codewörter untereinander bezüglich ihrer Abstände beschrieben und analysiert wird. Aus dieser Analyse werden notwendige Forderungen hergeleitet, die Codes bzw. Codierverfahren erfüllen müssen, wenn eine hohe Leistungsfähigkeit gefordert wird. Im Anschluß an diese abstrakte Betrachtung werden wiederum konkrete konstruktive Codierverfahren beschrieben.

Redundante Codes zeichnen sich dadurch aus, daß die gültigen Codewörter im N–dimensionalen Vektorraum einen gewissen Abstand zueinander haben. Für eine gegebene Codewortlänge N werden die gültigen Codewörter (unabhängig von der dahinterstehenden Konstruktionsvorschrift) zu einer Menge C, dem sogenannten Code, zusammengefaßt. Außerdem werden die einzelnen gültigen Codewörter durch einen Spaltenvektor $\vec{c}_j$ der Länge N dargestellt:

$$\vec{c}_j = \begin{pmatrix} c_{j,1} \\ c_{j,2} \\ \vdots \\ c_{j,N} \end{pmatrix} \tag{2.13}$$

Im folgenden wird eine *Abstandsfunktion* definiert, mit der der Abstand zwischen jeweils zwei Codewörtern berechnet werden kann:

$$d(\vec{c}_i, \vec{c}_j) = \sum_{l=1}^{N} |c_{i,l} - c_{j,l}| = \sum_{l=1}^{N} c_{i,l} \oplus c_{j,l} \tag{2.14}$$

Die Eigenschaften dieser Funktion sind vergleichbar mit der des euklidischen Abstandes. Die Abstandsfunktion heißt *Hamming–Abstand* und erfüllt die

Axiome einer Metrik:

$$1) \quad d(\vec{c}_i, \vec{c}_j) \geq 0$$

$$2) \quad d(\vec{c}_i, \vec{c}_j) = 0 \Leftrightarrow \vec{c}_i = \vec{c}_j$$

$$3) \quad d(\vec{c}_i, \vec{c}_j) = d(\vec{c}_j, \vec{c}_i) \qquad \text{Symmetrie}$$

$$4) \quad d(\vec{c}_i, \vec{c}_j) \leq d(\vec{c}_i, \vec{z}) + d(\vec{z}, \vec{c}_j) \quad \text{Dreiecksungleichung}$$

Beispiel:

Anwendung der Abstandsfunktion auf 3 beliebige Vektoren

$$\vec{c}_1 = \begin{pmatrix} 0 \\ 0 \\ 0 \\ 1 \end{pmatrix} \qquad \vec{c}_2 = \begin{pmatrix} 1 \\ 0 \\ 0 \\ 0 \end{pmatrix} \qquad \vec{c}_3 = \begin{pmatrix} 1 \\ 1 \\ 1 \\ 1 \end{pmatrix}$$

$$d(\vec{c}_1, \vec{c}_2) = 2$$

$$d(\vec{c}_1, \vec{c}_3) = 3$$

$$d(\vec{c}_2, \vec{c}_3) = 3$$

Aus dieser Abstandsfunktion wird eine für die Entwicklung von Binärcodes wichtige Größe, die sogenannte *Hamming–Distanz* $d(C)$, hergeleitet, die den minimalen Abstand zwischen zwei gültigen Codewörtern angibt:

$$d(C) = Min\{d(\vec{c}_i, \vec{c}_j) \,|\, \vec{c}_i \neq \vec{c}_j \in C\} \tag{2.15}$$

Die Leistungsfähigkeit eines Codes bezüglich der Fehlererkennungs- und Fehlerkorrekturfähigkeit kann bereits durch Angabe eines einzigen Wertes, d.h. der Hamming–Distanz $d(C)$, bzw. des minimalen Abstandes innerhalb des Codes C beschrieben werden.

Beispiel:

$d(C) = 1$:   In diesem Fall existieren mindestens 2 gültige Codewörter, die sich nur in einer einzigen Binärstelle unterscheiden. Falls diese Stelle fehlerhaft übertragen wird, ist der Fehler weder erkennbar noch korrigierbar.

$d(C) = 3$:   In diesem Fall unterscheiden sich sämtliche gültigen Codewörter in mindestens 3 Stellen. Damit kann ein einziger Übertragunsfehler innerhalb eines Codewortes eindeutig korrigiert werden.

Die Bedeutung der Hamming–Distanz $d(C)$ zur Charakterisierung der Leistungsfähigkeit von Codierverfahren wird durch den Beweis der folgenden Behauptung zusätzlich verdeutlicht, in der ein Zusammenhang zwischen der Fähigkeit zur Fehlerkorrektur und dem Wert der Hamming–Distanz $d(C)$ hergestellt wird.

Behauptung:

In dem Code C, bestehend aus den Codewörtern $\vec{c}_j$, sei die Hamming–Distanz mit dem Wert $d(C)$ bekannt. Unter dieser Voraussetzung können

1. bis zu f_e Fehler erkannt werden, falls $d(C) = f_e + 1$ bzw. $f_e = d(C) - 1$ ist.

2. bis zu f_k Fehler korrigiert werden, falls:

$$d(C) = \begin{cases} 2f_k + 2 \; ; & d(C) \text{ gerade} \\ 2f_k + 1 \; ; & d(C) \text{ ungerade} \end{cases} \tag{2.16}$$

bzw.

$$f_k = \begin{cases} \frac{d(C)-2}{2} \; ; & d(C) \text{ gerade} \\ \frac{d(C)-1}{2} \; ; & d(C) \text{ ungerade} \end{cases} \tag{2.17}$$

Beweis :

Der Beweis wird ausschließlich für den Fehlerkorrekturfall und für eine Hamming–Distanz angegeben, die einen ungeraden Wert hat. Für einen geraden Wert der Hamming–Distanz verläuft der Beweis entsprechend. Es gilt also:

$$d(C) = 2f_k + 1 \tag{2.18}$$

Zu einem gesendeten gültigen Codewort $\vec{c_i}$ sei ein Binärvektor $\vec{y}$ empfangen worden. Nach der obigen Behauptung kann der Vektor $\vec{y}$ fehlerfrei decodiert werden, falls der Abstand zum gültigen Codewort $\vec{c_i}$ nicht größer ist als f_k, d.h., $d(\vec{c_i},\vec{y}) \leq f_k$. Die Decodierung gelingt fehlerfrei, falls für alle anderen gültigen Codewörter $\vec{c_j} \in C$, $\vec{c_j} \neq \vec{c_i}$ gilt $d(\vec{y},\vec{c_j}) > f_k$.

Annahme:

Im Gegensatz zu der obigen Aussage nehmen wir an, daß ein anderes gültiges Codewort $\vec{c_j}$ existiere, das ebenfalls zum Binärvektor $\vec{y}$ einen kleinen Abstand habe. Es existiere also ein $\vec{c_j} \in C$, für das gilt $d(\vec{y},\vec{c_j}) \leq f_k$. Diese Annahme wird im folgenden zu einem Widerspruch geführt und damit die obige Behauptung bewiesen.

Unter der obigen Annahme kann der Abstand zwischen den gültigen Codewörtern $\vec{c_i}$ und $\vec{c_j}$ mit Hilfe der Dreiecksungleichung wie folgt abgeschätzt werden.

$$d(\vec{c_i},\vec{c_j}) \leq \underbrace{d(\vec{c_i},\vec{y})}_{\leq f_k} + \underbrace{d(\vec{y},\vec{c_j})}_{\leq f_k} \leq 2f_k \qquad (2.19)$$

Dies ist ein Widerspruch zum Wert der Hamming–Distanz $d(C) = 2f_k + 1$, d.h. ein solches Codewort $\vec{c_j}$ kann in C nicht existieren!

2.4.3 Decodiervorschrift

Unabhängig von der genauen Kenntnis der Codiervorschrift wird durch die Einführung einer Abstandsfunktion und bei Kenntnis der Hamming–Distanz $d(C) = 2f_k + 1$ eine Decodiervorschrift motiviert, in der für ein empfangenes Binärwort $\vec{y}$, das im Coderaum am nächsten benachbarte gültige Codewort $\vec{c_j}$ gesucht wird. Anschaulich werden dazu um alle gültigen Codewörter Korrigierkugeln mit dem Radius f_k gezogen, die sich in keinem Fall überlappen. Bei der Decodierung wird dem empfangenen Binärvektor $\vec{y}$ also das gültige Codewort zugeordnet, in dessen Korrigierkugel $\vec{y}$ liegt. Man spricht auch von einer Decodierung bis zur halben Hamming–Distanz. Zur Veranschaulichung ist in Bild 2.5 eine Situation mit $f_k = 2$ und $d(C) = 5$ für einen eindimensionalen Raum skizziert. Damit kann man sich die obigen Aussagen zur Korrigierbarkeit sowie zur Fehlererkennung im Decoder auch anschaulich verdeutlichen.

Im Decodiervorgang wird im Prinzip zu einem empfangenen Binärvektor $\vec{y}$ der Abstand zu jedem gültigen Codewort $\vec{c_j}$ berechnet und aus den einzelnen

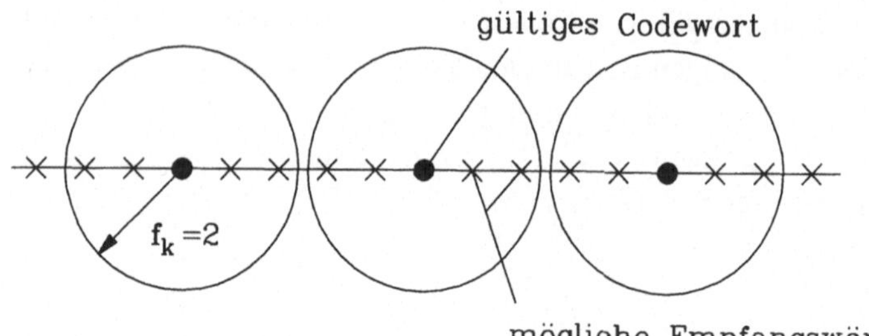

Bild 2.5: Eindimensionales Beispiel für Korrigierkugeln

Werten $d(\vec{y}, \vec{c_j})$ das Minimum ermittelt:

$$d(\vec{y}, \vec{c}^{\,*}) = \min_{\vec{c_j} \in C} d(\vec{y}, \vec{c_j}) \tag{2.20}$$

Bei der Decodierung wird das empfangene Binärwort $\vec{y}$ dem im N–dimensionalen Raum nächstgelegenen gültigen Codewort $\vec{c}^{\,*}$ zugeordnet, sofern der Abstand $d(\vec{y}, \vec{c}^{\,*})$ zwischen den beiden Binärvektoren nicht größer ist als f_k. Formal betrachtet ist dieser Entscheidungsvorgang vergleichbar mit einem Maximum Likelihood–Ansatz, d.h. der Decoder entscheidet sich für das Codewort $\vec{c}^{\,*}$, für das die bedingte a priori Wahrscheinlichkeit

$$p(\vec{y}|\vec{c}^{\,*}) = p_b^d \cdot (1 - p_b)^{N-d} \tag{2.21}$$

maximal ist[2]. Eine ausführlichere Darstellung zur statistischen Entscheidungstheorie und zum Maximum Likelihood–Ansatz ist in den Abschnitten 3.3.1 und 4.2.1 zu finden.

Die Leistungsfähigkeit eines Codes bezüglich seiner Fehlerkorrektureigenschaften ist ganz wesentlich durch die Hamming–Distanz $d(C)$ charakterisiert. Durch Angabe der Hamming–Distanz liegt bereits die Anzahl der korrigierbaren Fehler f_k innerhalb eines Codewortes fest. Andererseits kann mit dieser Vorstellung des Coderaumes um jedes gültige Codewort $\vec{c_i}$ eine Korrigierkugel mit Radius f_k gebildet werden, in der sämtliche Binärvektoren $\vec{y}$ enthalten sind, die einen Abstand kleiner als f_k zu diesem Codewort $\vec{c_i}$ aufweisen. Damit wird der gesamte Coderaum in einzelne Korrigierkugeln eingeteilt, die sich nicht überschneiden, also disjunkt sind.

---

[2]Es wird $p_b < 1/2$ vorausgesetzt.

Ein definierter Code C, bestehend aus einer Menge von 2^n gültigen Codewörtern, wird durch die Codewortlänge N, die Anzahl der Nachrichtenstellen n und seine Hamming–Distanz $d(C)$ charakterisiert. Obwohl die Codierverfahren an dieser Stelle nicht explizit bekannt sind, verwenden wir im folgenden zur Charakterisierung verschiedener Codierverfahren die Kurzschreibweise bestehend aus drei Parametern.

$$(N, n, d(C)), \text{ mit } \quad N \quad : \text{Codewortlänge}$$
$$n \quad : \text{Anzahl der Nachrichtenstellen}$$
$$d(C) \; : \text{Hamming–Distanz}$$

Neben der Hamming–Distanz spielt bei den Gruppencodes (siehe Abschnitt 2.5) der Begriff des Codewortgewichtes eine wichtige Rolle.

Definition:

Das Gewicht eines Codewortes $\vec{c_i}$ ist die Anzahl der Einsen im Vektor $\vec{c_i}$.

$$w(\vec{c_i}) = \sum_{l=1}^{N} c_{i,l} \tag{2.22}$$

Der Abstand zwischen zwei Codewörtern ist anschaulich durch die Anzahl der in den beiden Vektoren unterschiedlichen Binärstellen definiert. Dieser Abstand kann alternativ folgendermaßen durch das Gewicht eines Codewortes ausgedrückt werden:

$$d(\vec{c_i}, \vec{c_j}) = w(\vec{c_i} \oplus \vec{c_j}) \tag{2.23}$$

2.4.4 Dichtgepackte Codes

Die anschauliche Vorstellung der Anordnung von Korrigierkugeln um jedes gültige Codewort soll in diesem Abschnitt auch formal erläutert werden. Für einen gegebenen Code C mit einer Hamming–Distanz $d(C) = 2f_k + 1$, wird um jedes gültige Codewort $\vec{c_i}$ eine Korrigierkugel $K_{\vec{c_i}}$ mit dem Radius f_k gelegt.

$$K_{\vec{c_i}} = \{\vec{y} \mid d(\vec{c_i}, \vec{y}) \leq f_k\} \tag{2.24}$$

Aufgrund der obigen Annahmen überschneiden sich die einzelnen Korrigierkugeln nicht, d.h. jeder N–dimensionale Binärvektor $\vec{y}$ ist maximal in einer der Korrigierkugeln enthalten.

$$K_{\vec{c_i}} \bigcap K_{\vec{c_j}} = \emptyset \tag{2.25}$$

Dadurch wird bereits anschaulich eine Decodiervorschrift für die in den Korrigierkugeln befindlichen Binärvektoren $\vec{y}$ motiviert. Mit dieser Decodiervorschrift können bis zu f_k auftretende Übertragungsfehler eindeutig korrigiert werden. Der Verarbeitungsaufwand in einer praktischen Realisierung ist allerdings relativ groß. Die Effizienz des Codierverfahrens erhöht sich ganz wesentlich, wenn jeder empfangene Binärvektor $\vec{y}$ innerhalb einer der Korrigierkugel liegt, d.h. keine Binärvektoren $\vec{y}$ zwischen den Korrigierkugeln verbleiben. Falls diese Forderung erfüllt ist, spricht man von einem dichtgepackten oder perfekten Code. Diese Situation beschreibt den für Codierverfahren günstigsten Fall, in dem sozusagen sämtliche Möglichkeiten bei der Decodierung ausgenutzt werden. Es muß aber erwähnt werden, daß nur relativ wenige Lösungen für dichtgepackte Codes existieren und der Grad der Dichtgepacktheit für lange Codes mit großer Hamming–Distanz $d(C)$ abnimmt.

Für einen dichtgepackten Blockcode mit n Nachrichten-, k Kontrollstellen und einer Hamming–Distanz von $d(C) = 2f_k + 1$, existieren zunächst insgesamt 2^n verschiedene Codewörter und damit die gleiche Anzahl von Korrigierkugeln. In jeder einzelnen Korrigierkugel ist die folgende Anzahl von Empfangsvektoren $\vec{y}$ enthalten, die zum jeweiligen Codewort keinen größeren Abstand als f_k haben:

$$1 + N + \binom{N}{2} + \ldots + \binom{N}{f_k} = \sum_{i=0}^{f_k} \binom{N}{i}$$

In sämtlichen 2^n Korrigierkugeln ist also die folgende Anzahl von Binärwörtern enthalten, die nicht größer sein kann als die Anzahl der möglichen Binärfolgen der Länge N:

$$2^n \sum_{i=0}^{f_k} \binom{N}{i} \leq 2^N$$

Wenn in der obigen Beziehung das Gleichheitszeichen gilt, also keine weiteren Binärvektoren zwischen den Korrigierkugeln verbleiben, dann ist die Eigenschaft eines dichtgepackten Codes erfüllt. Unabhängig von der Eigenschaft der Dichtgepacktheit kann aus der obigen Beziehung für beliebige Codierverfahren bereits aus der Kenntnis der Blocklänge N und der von einer praktischen Anwendung geforderten Fehlerkorrekturanzahl f_k die minimale Anzahl notwendiger Kontrollstellen k wie folgt hergeleitet und berechnet werden:

$$2^n \sum_{i=0}^{f_k} \binom{N}{i} \;\leq\; 2^N \tag{2.26}$$

$$\Rightarrow \sum_{i=0}^{f_k} \binom{N}{i} \;\leq\; 2^{N-n} = 2^k$$

$$\Rightarrow k \;\geq\; \underbrace{\mathrm{ld}\left(\sum_{i=0}^{f_k} \binom{N}{i}\right)}_{\text{Hamming–Grenze}} \tag{2.27}$$

Diese minimale Anzahl von Kontrollstellen k wird auch als *Hamming–Grenze* bezeichnet und gibt bereits einen ersten wichtigen Anhaltspunkt für den Codeentwurf.

Anhand des folgenden Beispiels soll anschaulich gezeigt werden, daß sämtliche Codes, die nach dem Hamming–Verfahren konstruiert wurden, die Eigenschaft der Dichtgepacktheit erfüllen[3]. Der Grad der Dichtgepacktheit wird für lange Codes mit großer Hamming–Distanz $d(C)$ geringer.

Beispiel:

Gegeben sei ein Hamming–Code mit $n = 4$ Nachrichtenstellen und $k = 3$ Kontrollstellen. Die 16 verschiedenen Codewörter der Länge $N = 7$ sind im folgenden angegeben.

$$
\begin{array}{l}
\quad\; \vec{c}_1 \qquad\quad \cdots \qquad\quad \vec{c}_{16} \\[2pt]
x_1 \;\; 0\,0\,0\,0\,0\,0\,0\,0\,1\,1\,1\,1\,1\,1\,1\,1 \\
x_2 \;\; 0\,0\,0\,0\,1\,1\,1\,1\,0\,0\,0\,0\,1\,1\,1\,1 \\
x_3 \;\; 0\,0\,1\,1\,0\,0\,1\,1\,0\,0\,1\,1\,0\,0\,1\,1 \\
x_4 \;\; 0\,1\,0\,1\,0\,1\,0\,1\,0\,1\,0\,1\,0\,1\,0\,1 \\ \hline
x_5 \;\; 0\,0\,1\,1\,1\,1\,0\,0\,1\,1\,0\,0\,0\,0\,1\,1 \\
x_6 \;\; 0\,1\,0\,1\,1\,0\,1\,0\,1\,0\,1\,0\,0\,1\,0\,1 \\
x_7 \;\; 0\,1\,1\,0\,0\,1\,1\,0\,1\,0\,0\,1\,1\,0\,0\,1
\end{array}
\quad \Bigg\} \; C \text{ mit } d(C) = 3
$$

---

[3]Außer den Hamming–Codes und Wiederholungscodes ($n = 1$) mit ungerader Codewortlänge ist nur noch ein weiterer dichtgepackter Binärcode bekannt: der (23,12,7) Golay–Code [13].

Jeder nach dem Hamming–Verfahren berechnete Code hat die Hamming–
Distanz $d(C) = 3$ und ist damit in der Lage, einen Übertragungsfehler zu
korrigieren. Um jedes gültige Codewort wird also eine Korrigierkugel mit
Radius $f_k = 1$ gebildet. Zu dem in der obigen Liste mit einem Pfeil gekennzeichneten Codewort gehört also eine Korrigierkugel mit insgesamt 8
verschiedenen Binärvektoren. In der Korrigierkugel sind das Codewort selbst
und 7 weitere Binärvektoren enthalten, bei denen jeweils ein Bit fehlerhaft
übertragen wurde. Diese 7 Binärvektoren sind für das gekennzeichnete Codewort explizit angegeben:

$$
\begin{array}{ccccccccc}
x_1 & \underline{1} & 0 & 0 & 0 & 0 & 0 & 0 \\
x_2 & 1 & \underline{0} & 1 & 1 & 1 & 1 & 1 \\
x_3 & 1 & 1 & \underline{0} & 1 & 1 & 1 & 1 \\
x_4 & 0 & 0 & 0 & \underline{1} & 0 & 0 & 0 \\
\hline
x_5 & 0 & 0 & 0 & 0 & \underline{1} & 0 & 0 \\
x_6 & 1 & 1 & 1 & 1 & 1 & \underline{0} & 1 \\
x_7 & 1 & 1 & 1 & 1 & 1 & 1 & \underline{0} \\
\end{array}
$$

Insgesamt befinden sich $16 \cdot 7 = 112$ Binärwörter, neben den 16 gültigen
Codewörtern, in den einzelnen Korrigierkugeln. Damit handelt es sich in
diesem Beispiel um einen dichtgepackten Code.

2.5 Binäre Gruppencodes (Lineare Codes)

Das Hamming–Verfahren beinhaltet unmittelbar die Konstruktionsvorschrift
zur Berechnung der einzelnen Codewörter. In diesem Abschnitt wird zunächst
keine explizite Konstruktionsvorschrift erläutert, sondern die Beziehung der
einzelnen gültigen Codewörter zueinander in den Vordergrund der Betrachtung
gestellt. Es geht also primär um die in dem Code vorliegende mathematische
oder logische Struktur und um die Beschreibung von Codeklassen mit einer
solchen Struktur.

Es wird von einem *binären Gruppencode* gesprochen, wenn jede modulo
2–Addition von zwei gültigen Codewörtern wieder zu einem gültigen Codewort führt.

Definition:

Der Code C heißt Gruppencode, falls für alle $\vec{c_i}, \vec{c_j} \in C$ gilt:

$$\vec{c_i} \oplus \vec{c_j} \in C$$

Die Bezeichnung Gruppencode ergibt sich aus den Eigenschaften einer Gruppe, die für den oben definierten Code C und eine additive Verknüpfung erfüllt sind:

$$(C, \oplus) \qquad G1 : \quad \vec{a} \oplus \vec{b} \in C$$

$$G2 : \quad \text{es gilt das Assoziativgesetz}$$

$$G3 : \quad \text{es existiert das Nullelement}$$

$$G4 : \quad \text{es existiert das inverse Element}$$

Insbesondere folgt aus $G3$ (oder $G1$), daß der Nullvektor bei einem Gruppencode stets ein gültiges Codewort ist.

2.5.1 Konstruktion von Gruppencodes

Gruppencodes können aus vorgegebenen Generatorvektoren erzeugt werden. Gegeben seien n linear unabhängige Generatorvektoren $\vec{g_1}, \vec{g_2}, \cdots, \vec{g_n}$ der Dimension N. Die einzelnen Codewörter $\vec{c}$ des Codes C berechnen sich aus den n Nachrichtenstellen x_i wie folgt:

$$\vec{c} = x_1 \cdot \vec{g_1} \oplus x_2 \cdot \vec{g_2} \oplus \ldots \oplus x_n \cdot \vec{g_n} \qquad (2.28)$$

Die Codewörter $\vec{c}$ haben also die Länge N. Der Nachweis, daß diese Konstruktionsvorschrift zu einem binären Gruppencode führt, soll durch die folgende modulo 2–Addition von zwei gültigen Codewörtern erbracht werden.

$$
\begin{array}{rclclcl}
\vec{c_1} & = & x_1\vec{g_1} & \oplus & x_2\vec{g_2} & \oplus\cdots\oplus & x_n\vec{g_n} \\
\vec{c_2} & = & y_1\vec{g_1} & \oplus & y_2\vec{g_2} & \oplus\cdots\oplus & y_n\vec{g_n} \\
\hline
\vec{c_1} \oplus \vec{c_2} & = & (x_1 \oplus y_1)\vec{g_1} & \oplus & (x_2 \oplus y_2)\vec{g_2} & \oplus\cdots\oplus & (x_n \oplus y_n)\vec{g_n}
\end{array}
$$

In einer etwas kompakteren Schreibweise werden die Generatorvektoren zu einer Matrix zusammengefaßt und das jeweilige Codewort durch eine Matrixmultiplikation berechnet. Ein Gruppencode kann also durch Multiplikation der Generatormatrix $[G]$ mit dem Nachrichtenvektor $\vec{x}$ berechnet werden:

$$\vec{c} = [G] \cdot \vec{x}. \tag{2.29}$$

Für $n = 5$ Nachrichtenstellen enthält die Generatormatrix 5 linear unabhängige Generatorvektoren der Länge N und der Nachrichtenvektor enthält jeweils $n = 5$ Binärwerte:

$$[G] = (\vec{g}_1, \vec{g}_2, \vec{g}_3, \vec{g}_4, \vec{g}_5) \quad , \qquad \vec{x} = \begin{pmatrix} x_1 \\ x_2 \\ x_3 \\ x_4 \\ x_5 \end{pmatrix} \tag{2.30}$$

Die Frage des konkreten Entwurfs eines binären Gruppencodes hat sich damit auf die Konstruktion der Generatormatrix verlagert. Die Matrizenmultiplikation zur Codierung kann unmittelbar in eine Schaltung umgesetzt werden. In Bild 2.6 (siehe Seite 83) ist das Prinzip einer allgemeinen Codierschaltung für Gruppencodes dargestellt. Die einzelnen Generatorvektoren $\vec{g}_i$ werden in dem Blockschaltbild mit den Nachrichtenstellen x_i multipliziert.

Im vorangegangenen Abschnitt wurde das Gewicht eines Codewortes eingeführt. Für Gruppencodes definieren wir jetzt den Begriff des Gewichtes für einen Code C. Mit dieser Definition vereinfacht sich die Berechnung der Hamming–Distanz für Gruppencodes wesentlich. Bereits bei Kenntnis sämtlicher Codewörter kann in diesem Fall die Hamming–Distanz $d(C)$ einfach berechnet werden.

Definition:

Das *Gewicht eines Codes* ist das Minimum sämtlicher Codewortgewichte außer dem Gewicht des Nullvektors.

$$w(C) = \mathrm{Min}\{w(\vec{c}_i) \,|\, \vec{c}_i \in C, \vec{c}_i \neq \vec{0}\}$$

Der Nullvektor ist in jedem Gruppencode ein gültiges Codewort und hat das Gewicht Null. Das Gewicht eines Codes ist also durch die geringste Zahl von

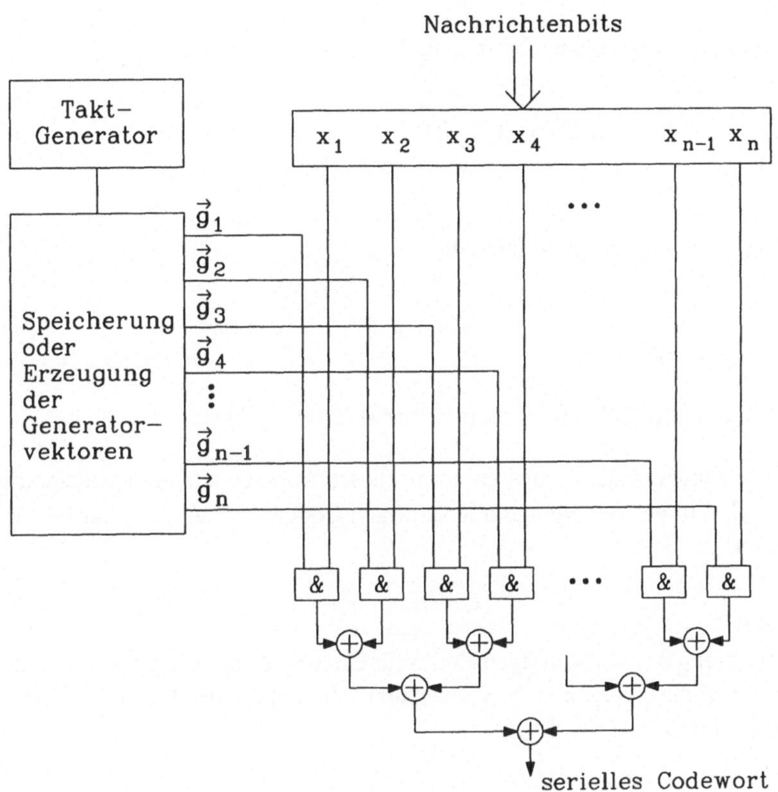

Bild 2.6: Prinzip der Codierschaltung für lineare Codes

Einsen in einem der gültigen Codeworte außer dem Nullvektor definiert. Für binäre Gruppencodes gilt die wichtige Aussage, daß die Hamming–Distanz bereits vollständig aus dem Gewicht des Codes berechnet werden kann.

Behauptung:

Das Gewicht $w(C)$ des Codes ist bei einem Gruppencode mit der Hamming–Distanz identisch.

$$d(C) = w(C) \qquad (2.31)$$

Beweis:

Es existieren zwei Codewörter $\vec{c}_i, \vec{c}_j \in C$ und $\vec{c}_i \neq \vec{c}_j$, so daß gilt:

$$d(C) = d(\vec{c}_i, \vec{c}_j) = \underbrace{w(\vec{c}_i \oplus \vec{c}_j)}_{\neq 0} \geq w(C) \tag{2.32}$$

Es existiert ein $\vec{c}_i \in C$ für das gilt:

$$w(C) = w(\vec{c}_i) = d(0, \vec{c}_i) \geq d(C) \tag{2.33}$$

Aus (2.32) und (2.33) folgt unmittelbar $d(C) = w(C)$.

Das Gewicht des Codes kann mit dieser Aussage aus dem vollständigen Code C, d.h. aus der Menge aller gültigen Codewörter unmittelbar bestimmt werden.

Beispiel:

Bestimmung des vollständigen Codes für einen Code der Länge $N = 7$ mit der Generatormatrix $[G]$, $n = 3$ Nachrichtenstellen und einer Hamming–Distanz von $d(C) = 4$:

$$[G] = \begin{pmatrix} 1 & 1 & 1 \\ 1 & 0 & 1 \\ 0 & 1 & 1 \\ 1 & 0 & 0 \\ 0 & 0 & 1 \\ 0 & 1 & 0 \\ 1 & 1 & 0 \end{pmatrix} \Rightarrow \quad \begin{array}{c|c} & [x] \\ \hline [G] & C \end{array} \quad \rightarrow$$

$$
\begin{array}{ccc|cccccccc}
 &   &   & 0 & 0 & 0 & 0 & 1 & 1 & 1 & 1 \\
 &   &   & 0 & 0 & 1 & 1 & 0 & 0 & 1 & 1 \\
 &   &   & 0 & 1 & 0 & 1 & 0 & 1 & 0 & 1 \\
\hline
1 & 1 & 1 & 0 & 1 & 1 & 0 & 1 & 0 & 0 & 1 \\
1 & 0 & 1 & 0 & 1 & 0 & 1 & 1 & 0 & 1 & 0 \\
0 & 1 & 1 & 0 & 1 & 1 & 0 & 0 & 1 & 1 & 0 \\
1 & 0 & 0 & 0 & 0 & 0 & 0 & 1 & 1 & 1 & 1 \\
0 & 0 & 1 & 0 & 1 & 0 & 1 & 0 & 1 & 0 & 1 \\
0 & 1 & 0 & 0 & 0 & 1 & 1 & 0 & 0 & 1 & 1 \\
1 & 1 & 0 & 0 & 0 & 1 & 1 & 1 & 1 & 0 & 0 \\
\end{array}
$$

$$w(\vec{c}) = 0 \ 4 \ 4 \ 4 \ 4 \ 4 \ 4 \ 4$$

$$\longrightarrow (N, n, d(C)) = (7, 3, 4)$$

2.5.2 Erzeugung eines separierbaren Codes

Das im Abschnitt 2.3 erläuterte Hamming–Verfahren führt jeweils zu einem Gruppencode, mit der Besonderheit, daß es sich um einen dichtgepackten Code handelt und daß die Nachrichtenstellen unverändert im oberen Teil des Codewortes enthalten sind. Solche Codes werden als *systematische* oder *separierbare Codes* bezeichnet. In der Generatormatrix ist in diesem Fall im oberen Teil eine Einheitsmatrix der Dimension (n, n) enthalten. Die k Kontrollstellen für das Hamming–Verfahren berechnen sich ausschließlich aus dem unteren Teil der Generatormatrix.

Weil separierbare Gruppencodes eine einfach aufzubauende Prüfgleichung haben, ist die folgende Aussage von Bedeutung. Jeder vorgegebene Gruppencode mit Generatormatrix $[G]$ kann unter vollständiger Beibehaltung der Codeeigenschaften in einen separierbaren Code transformiert werden, indem eine neue Generatormatrix $[G]'$ durch Linearkombination der bisherigen Generatorvektoren erzeugt wird[4].

Beispiel:

Aus der Generatormatrix $[G]$ des obigen Beispiels wird die folgende Generatormatix $[G]'$ für einen separierbaren Code berechnet.

$$
[G] = \left(\begin{array}{ccc}
1 & 1 & 1 \\
1 & 0 & 1 \\
0 & 1 & 1 \\ \hline
1 & 0 & 0 \\
0 & 0 & 1 \\
0 & 1 & 0 \\
1 & 1 & 0
\end{array}\right)
\implies
[G]' = \left(\begin{array}{ccc}
1 & 0 & 0 \\
0 & 1 & 0 \\
0 & 0 & 1 \\ \hline
1 & 0 & 1 \\
1 & 1 & 1 \\
1 & 1 & 0 \\
0 & 1 & 1
\end{array}\right)
= \left(\begin{array}{c}
I \\ \hline
\varrho
\end{array}\right)
$$

Die Generatorvektoren $\vec{g_i}'$ von $[G]'$ sind durch die folgenden Linearkombinationen der Vektoren $\vec{g_j}$ gebildet worden:

$$\vec{g_1}' = \vec{g_1} \oplus \vec{g_2} \oplus \vec{g_3}$$

$$\vec{g_2}' = \vec{g_2} \oplus \vec{g_3}$$

$$\vec{g_3}' = \vec{g_1} \oplus \vec{g_3}$$

---

[4]Es können auch Zeilen der Generatormatrix vertauscht werden, ohne daß der Code seine Hamming–Distanz und damit seine Korrektureigenschaften ändert.

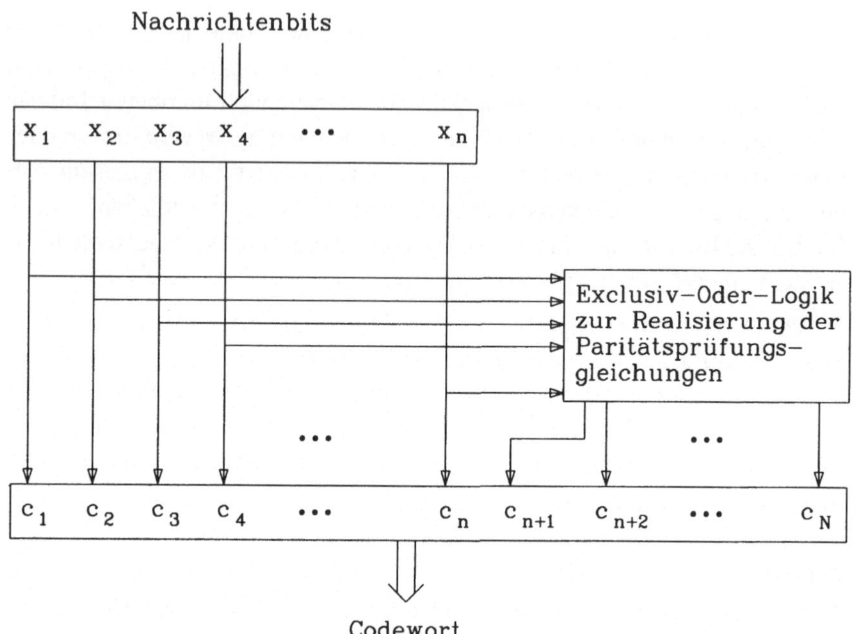

Bild 2.7: Parallele Coderschaltung für einen separierbaren Code

Der so erzeugte separierbare Code hat die gleichen Eigenschaften wie der ursprüngliche Code C, insbesondere die gleiche Hamming–Distanz $d(C)$ und damit dieselben Fehlerkorrekturmöglichkeiten. Dies erklärt sich aus der Tatsache, daß die Menge der Codewörter unverändert bleibt. Es verändert sich lediglich die Zuordnung der Nachrichtenvektoren zu den Codewörtern. Auch ein separierbarer Gruppencode kann mit einer einfachen Logikschaltung erzeugt werden (siehe Bild 2.7).

Das Hamming–Verfahren (siehe Abschnitt 2.3) führt unmittelbar zu einem separierbaren Code. Für die Parameter $N = 7, n = 4$ erhält man z.B. die folgende Generatormatrix, vergleiche Abschnitt 2.3.

$$[G]' = \begin{pmatrix} 1 & 0 & 0 & 0 \\ 0 & 1 & 0 & 0 \\ 0 & 0 & 1 & 0 \\ 0 & 0 & 0 & 1 \\ \hline 1 & 1 & 1 & 0 \\ 1 & 1 & 0 & 1 \\ 1 & 0 & 1 & 1 \end{pmatrix} = \left(\begin{array}{c} I \\ \hline \\ \varrho \end{array} \right)$$

2.5.3 Decodierung eines separierbaren Codes

Für separierbare Gruppencodes kann die Decodiervorschrift in Form der Prüfgleichungen sehr einfach hergeleitet werden. Das Verfahren zur Decodierung eines separierbaren Codes wird durch eine Matrixmultiplikation realisiert. Dazu wird das empfangene Binärwort $\vec{y}$ mit der folgenden *Kontroll-* bzw. *Prüfmatrix* $[H]$ multipliziert, deren Koeffizienten unmittelbar aus der Generatormatrix $[G]'$ des separierbaren Codes abgelesen werden können.

$$[H] = [\quad \overset{\overset{n}{\longleftrightarrow}}{\varrho} \quad | \quad \overset{\overset{k}{\longleftrightarrow}}{I} \quad] \updownarrow k \qquad (2.34)$$

Die obige Prüfmatrix $[H]$ ist orthogonal zu sämtlichen Generatorvektoren $\vec{g}$. Diese Eigenschaft kann aus der Multiplikation der Prüf- mit der Generatormatrix nachgewiesen werden.

$$[H] \cdot [G] = \left[\varrho \, | \, I \right] \cdot \left[\frac{I}{\varrho} \right] \qquad (2.35)$$

$$= [\varrho] \oplus [\varrho] = [0]$$

Da jedes gültige Codewort eine Linearkombination der Generatorvektoren $\vec{g}$ ist, muß auch jedes gültige Codewort $\vec{c}$ orthogonal zur Prüfmatrix $[H]$ sein.

$$\vec{c} = x_1 \vec{g_1} \oplus \cdots \oplus x_n \vec{g_n} \qquad (2.36)$$

$$\Rightarrow [H] \cdot \vec{c} = [H] \cdot (x_1 \vec{g_1} \oplus \cdots \oplus x_n \vec{g_n}) \qquad (2.37)$$

$$= x_1 \underbrace{[H]\vec{g_1}}_{\vec{0}} \oplus \cdots \oplus x_n \underbrace{[H]\vec{g_n}}_{\vec{0}} = \vec{0}$$

Der Decodiervorgang wurde bisher ausschließlich durch die Anordnung der Korrigierkugeln beschrieben. Dazu mußte der Abstand des empfangenen Vektors $\vec{y}$ zu jedem gültigen Codewort $\vec{c_j}$ berechnet werden. Im Falle der separierbaren Gruppencodes vereinfacht sich die Decodierung wesentlich. Ein empfangener Binärvektor $\vec{y}$ wird in der Decodiereinrichtung mit der Prüfmatrix $[H]$ multipliziert. Der resultierende Vektor $\vec{s}$ hat die Dimension k

$$\vec{s} = [H] \cdot \vec{y} \tag{2.38}$$

und wird wie bereits in den vorangegangenen Abschnitten als Syndrom bezeichnet. Im fehlerfreien Übertragungsfall ist das Produkt aus Prüfmatrix $[H]$ und empfangenem Binärvektor $\vec{c}$ mit dem Nullvektor der Länge k identisch. Falls Übertragungsfehler auftreten, entsteht ein von Null verschiedenes Syndrom. Das so berechnete Syndrom $\vec{s}$ ist unabhängig vom Nachrichteninhalt und hängt nur von der auftretenden Fehlersituation innerhalb des empfangenen Binärvektors $\vec{y}$ ab. Diese Eigenschaft ist mit der folgenden Beziehung unmittelbar einzusehen. Die jeweils im Empfangsvektor auftretende Fehlersituation wird formal durch einen Fehlervektor $\vec{f}$ beschrieben.

$$\vec{y} = \vec{c} \oplus \vec{f} \tag{2.39}$$

$$[H] \cdot \vec{y} = [H]\,(\vec{c} \oplus \vec{f}) = \underbrace{[H] \cdot \vec{c}}_{= \vec{0}} \oplus [H] \cdot \vec{f} \tag{2.40}$$

$$= [H]\vec{f} = \vec{s}$$

Die Prüfmatrix kann für das obige im Abschnitt 2.5.2 beschriebene Beispiel mit den Parametern (N=7, n=3, $d(C)$=4) wie folgt angegeben werden:

$$[H] = \begin{pmatrix} 1 & 0 & 1 & 1 & 0 & 0 & 0 \\ 1 & 1 & 1 & 0 & 1 & 0 & 0 \\ 1 & 1 & 0 & 0 & 0 & 1 & 0 \\ 0 & 1 & 1 & 0 & 0 & 0 & 1 \end{pmatrix} \implies [H] \cdot \vec{y} = \begin{pmatrix} s_1 \\ \vdots \\ s_4 \end{pmatrix}$$

Aus der Hamming Distanz $d(C)$ ergibt sich die Anzahl korrigierbarer Fehler innerhalb eines Blockes und damit die Anzahl verschiedener Fehlervektoren. In einer tabellarischen Anordnung mit den verschiedenen Fehlervektoren $\vec{f}$ auf der einen und den resultierenden Syndromen $\vec{s}$ auf der anderen Seite wird die gegenseitige Abhängigkeit zwischen Fehlervektor und Syndrom festgehalten. Dadurch entsteht eine eindeutige Beziehung zwischen dem innerhalb eines Blockes auftretenden Fehlermuster und dem damit verbundenen Syndrom, sofern die Anzahl f_k der korrigierbaren Fehler nicht überschritten wird. Im Falle eines 1–fehlerkorrigierenden Codes werden genau N Einträge in der Syndromtabelle vorgenommen. Im Falle eines 2–fehlerkorrigierenden Codes wächst die Anzahl der Einträge in der Syndromtabelle auf $N + \binom{N}{2}$. Bei Codes, die sehr viele Fehler korrigieren können, kann die Syndromtabelle sehr lang werden. Als Alternative kommen in diesem Fall algebraische Decodierverfahren [10, 13] in Frage. Diese benötigen keinen Syndromspeicher, erfordern dafür allerdings einen höheren Rechenaufwand.

In der Decodierschaltung wird die Fehlerkorrektur durchgeführt, indem das berechnete Syndrom $[H] \cdot \vec{y}$ in der Tabelle aufgesucht, das zugehörige Fehlermuster $\vec{f}$ ausgelesen und mit $\vec{y}$ additiv verknüpft wird. Damit ist bereits die gesamte Fehlerkorrektur realisiert.

2.6 Reed–Muller–Code

In den bisherigen Abschnitten wurden Codierverfahren angegeben, mit denen maximal ein auftretender Übertragungsfehler korrigiert werden kann. Die hier diskutierte und nach Reed–Muller benannte Codeklasse gehört zu den Gruppencodes, kann also aus einer Generatormatrix erzeugt werden. Der Reed–Muller–Code wird i.a. als nicht separierbarer Code eingesetzt, d.h. die Nachrichtenstellen treten im Codewort $\vec{c}$ nicht explizit auf. Allerdings können mit diesem Code mehrere innnerhalb eines Codewortes auftretende Übertragungsfehler korrigiert werden. Der Reed–Muller–Code enthält zwei Parameter, m und r (wobei r jeweils kleiner ist als m), mit denen die Codewortlänge $N = 2^m$ und die Hamming Distanz $d(C) = 2^{m-r}$ ausgewählt bzw. eingestellt werden kann. Für die Parameterwahl $m = 4$ und $r = 1$ ist im folgenden Beispiel die zugehörige Generatormatrix $[G]$ des Reed–Muller–Codes mit $n = 5$ Generatorvektoren der Länge $N = 16$ explizit angegeben. Dabei entsteht die Hamming-Distanz $d(C) = 8$, so daß mit diesem Code bis zu 3 Fehler eindeutig korrigiert werden können.

Die Generatorvektoren des Reed–Muller–Codes gehorchen einem einfachen Konstruktionsprinzip. Der erste Generatorvektor $\vec{g_1}$ enthält an jeder Stelle eine 1. Die folgenden m Vektoren enthalten sämtliche m–stelligen

$$
[G] = \begin{pmatrix}
1 & 0 & 0 & 0 & 0 \\
1 & 0 & 0 & 0 & 1 \\
1 & 0 & 0 & 1 & 0 \\
1 & 0 & 0 & 1 & 1 \\
1 & 0 & 1 & 0 & 0 \\
1 & 0 & 1 & 0 & 1 \\
1 & 0 & 1 & 1 & 0 \\
1 & 0 & 1 & 1 & 1 \\
1 & 1 & 0 & 0 & 0 \\
1 & 1 & 0 & 0 & 1 \\
1 & 1 & 0 & 1 & 0 \\
1 & 1 & 0 & 1 & 1 \\
1 & 1 & 1 & 0 & 0 \\
1 & 1 & 1 & 0 & 1 \\
1 & 1 & 1 & 1 & 0 \\
1 & 1 & 1 & 1 & 1
\end{pmatrix}
$$

Bild 2.8: Generatormatrix des (16, 5, 8) Reed–Muller–Codes

Binärkombinationen und können durch einen m–stelligen Binärzähler systematisch erzeugt werden (siehe Bild 2.9).

Die Decodierung des Reed–Muller–Codes wird im Gegensatz zum vorangegangenen Abschnitt nicht über eine Prüfmatrix $[H]$ und anschließender Auswertung der Syndromtabelle sondern anhand einer sogenannten *Mehrheitsentscheidung* (Mehrheitsdecoder) durchgeführt. Das Prinzip der Mehrheitsdecodierung ist charakteristisch für Reed–Muller–Codes. Zum anschaulichen Verständnis des Decodiervorgangs wird zunächst die Codierung anhand des Produktes zwischen der obigen Generatormatrix $[G]$ und dem Nachrichtenvektor $\vec{x}$ ausführlich erläutert und analytisch dargestellt. Die einzelnen Nachrichtenstellen x_i werden im Coder mit den obigen Generatorvektoren $\vec{g_i}$ multipliziert und die gültigen Codewörter $\vec{c}$ durch eine modulo 2–Addition berechnet. Die einzelnen Komponenten der gültigen Codewörter werden also durch Linearkombination der Nachrichtenstellen wie folgt ermittelt.

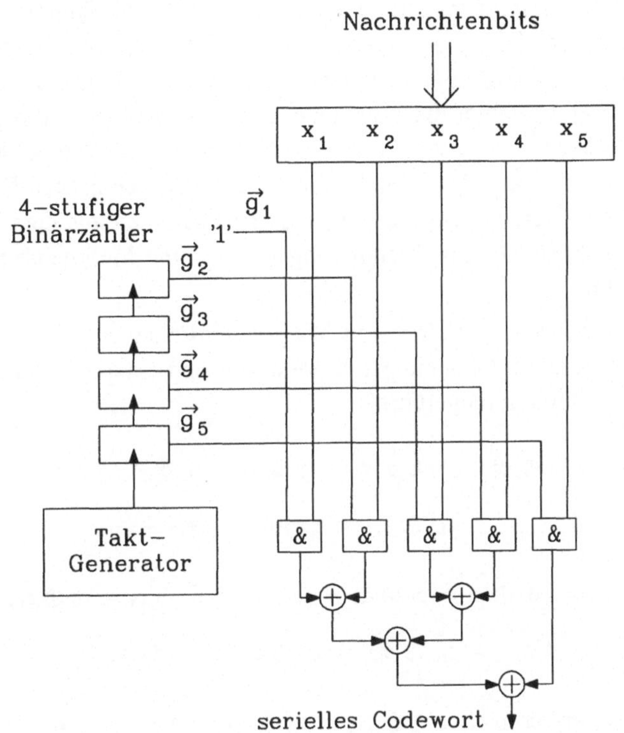

Bild 2.9: Coderschaltung für einen $(16, 5, 8)$ Reed–Muller–Code

$$
\begin{aligned}
c_1 &= x_1 & & & & & &\left.\vphantom{\begin{matrix}a\\b\end{matrix}}\right\} & x_5 &= c_1 \oplus c_2\\
c_2 &= x_1 & & & & &\oplus\ x_5 &
\end{aligned}
$$

$$
\begin{aligned}
c_3 &= x_1 & & &\oplus\ x_4 & & &\left.\vphantom{\begin{matrix}a\\b\end{matrix}}\right\} & x_5 &= c_3 \oplus c_4\\
c_4 &= x_1 & & &\oplus\ x_4 &\oplus\ x_5 &
\end{aligned}
$$

$$
\begin{aligned}
c_5 &= x_1 &\oplus\ x_3 & & & &\left.\vphantom{\begin{matrix}a\\b\end{matrix}}\right\} & x_5 &= c_5 \oplus c_6\\
c_6 &= x_1 &\oplus\ x_3 & &\oplus\ x_5 &
\end{aligned}
$$

$$\vdots$$

$$
\begin{aligned}
c_{15} &= x_1 \oplus x_2 \oplus x_3 \oplus x_4 & &\left.\vphantom{\begin{matrix}a\\b\end{matrix}}\right\} & x_5 &= c_{15} \oplus c_{16}\\
c_{16} &= x_1 \oplus x_2 \oplus x_3 \oplus x_4 \oplus x_5 &
\end{aligned}
$$

Aus dieser Darstellung ist unmittelbar erkennbar, daß im Empfänger der Wert der Nachrichtenstelle x_5 aus 8 unabhängigen Gleichungen mit jeweils unterschiedlichen Codewortkomponenten berechnet werden kann. Selbst wenn bis zu 3 Übertragungsfehler innerhalb eines Blockes auftreten, kann der Wert x_5 durch eine Mehrheitsentscheidung richtig decodiert und zusätzlich eine 4–Fehlersituation eindeutig erkannt werden. Bei der technischen Realisierung des Decoders werden also die obigen 8 Binärsummen aus dem Empfangsvektor berechnet und zur Decodierung von x_5 eine Mehrheitsentscheidung durchgeführt.

Zur Decodierung der weiteren Nachrichtenstellen x_4, x_3, x_2 werden die jeweils folgenden 8 Gleichungen ausgewertet und entsprechend eine Mehrheitsentscheidung durchgeführt.

$$x_4 \;=\; c_1 \oplus c_3 = c_2 \oplus c_4 = c_5 \oplus c_7 = c_6 \oplus c_8 = c_9 \oplus c_{11} \qquad (2.41)$$

$$= c_{10} \oplus c_{12} = c_{13} \oplus c_{15} = c_{14} \oplus c_{16}$$

$$x_3 \;=\; c_1 \oplus c_5 = c_2 \oplus c_6 = c_3 \oplus c_7 = c_4 \oplus c_8 = c_9 \oplus c_{13} \qquad (2.42)$$

$$= c_{10} \oplus c_{14} = c_{11} \oplus c_{15} = c_{12} \oplus c_{16}$$

$$x_2 \;=\; c_1 \oplus c_9 = c_2 \oplus c_{10} = c_3 \oplus c_{11} = c_4 \oplus c_{12} = c_5 \oplus c_{13} \qquad (2.43)$$

$$= c_5 \oplus c_{13} = c_6 \oplus c_{14} = c_7 \oplus c_{15} = c_8 \oplus c_{16}$$

Die Nachrichtenstelle x_1 wird aus der Differenz

$$\vec{c} \oplus x_2 \vec{g_2} \oplus \ldots \oplus x_5 \vec{g_5} \qquad (2.44)$$

und anschließender Mehrheitsentscheidung decodiert.

Die jeweilige Anzahl n der eingesetzten Generatorvektoren (bzw. Nachrichtenstellen) sowie die Anzahl k der Kontrollstellen berechnen sich beim Reed–Muller–Code aus den Parametern m und r wie folgt:

$$n \;=\; 1 + \binom{m}{1} + \binom{m}{2} + \cdots + \binom{m}{r} \qquad \text{Anzahl der Generatorvektoren (Nachrichtenstellen)}$$

$$k \;=\; 1 + \binom{m}{1} + \binom{m}{2} + \cdots + \binom{m}{m-r-1} \qquad \text{Anzahl der Kontrollstellen}$$

$$N \;=\; 2^m \qquad \text{Codewortlänge}$$

$$d(C) \;=\; 2^{m-r} \qquad \text{Hamming–Distanz}$$

In der folgenden Tabelle 2.3 sind für einige Parameterwerte m und r die zugehörigen Codeparameter (Codewortlänge, Anzahl Nachrichtenstellen und Hamming–Distanz) angegeben. Mit diesen Reed–Muller–Codes können also

Tabelle 2.3: Reed–Muller–Codes für verschiedene Parameterwerte m und r

m	r	N	n	k	d(C)
2	1	4	3	1	2
3	1	8	4	4	4
3	2	8	7	1	2
4	1	16	5	11	8
4	2	16	11	5	4
4	3	16	15	1	2
5	1	32	6	26	16
5	2	32	16	16	8
5	3	32	26	6	4
5	4	32	31	1	2
6	1	64	7	57	32
6	2	64	22	42	16
6	3	64	42	22	8

mehrere Fehler innerhalb eines Codewortes korrigiert werden. Allerdings nimmt der Grad der Dichtgepacktheit dieser Codes mit wachsender Codewortlänge und Hamming–Distanz weiter ab. Für das Beispiel aus Tabelle 2.3 mit den Parametern $m = 4$, $r = 2$ und der Hamming–Distanz $d(C) = 4$ ist im folgenden die Generatormatrix bestehend aus 11 Generatorvektoren dargestellt. Die gegenüber der obigen Generatormatrix hinzukommenden $\binom{m}{2}$ Generatorvektoren werden über eine nichtlineare Operation gebildet. Die m Vektoren des Binärzählers $\vec{g}_2 \ldots \vec{g}_{m+1}$ werden paarweise verknüpft, indem ihre Komponenten multipliziert, bzw. in einer logischen UND–Schaltung miteinander verarbeitet werden. Falls der Parameter r des Reed–Muller Codes größer ist als 2, müssen weitere linear unabhängige Generatorvektoren berechnet werden. Aus den m Generatorvektoren $\vec{g}_2 \ldots \vec{g}_{m+1}$ werden in diesem Fall sämtliche Kombinationen aus jeweils $\nu = 3, \ldots, r$ Vektoren gebildet und multiplikativ miteinander verknüpft. In jedem Schritt sind insgesamt $\binom{m}{\nu}$ Kombinationen möglich, die jeweils zu einem neuen linear unabhängigen Generatorvektor führen. Mit dieser Konstruktionsvorschrift kann auch nachträglich die Anzahl der insgesamt eingesetzten Generatorvektoren für die

Parameter r und m begründet werden.

$$[G] = \begin{pmatrix}
1 & 0 & 0 & 0 & 0 & 0 & 0 & 0 & 0 & 0 & 0 \\
1 & 0 & 0 & 0 & 1 & 0 & 0 & 0 & 0 & 0 & 0 \\
1 & 0 & 0 & 1 & 0 & 0 & 0 & 0 & 0 & 0 & 0 \\
1 & 0 & 0 & 1 & 1 & 0 & 0 & 0 & 0 & 0 & 1 \\
1 & 0 & 1 & 0 & 0 & 0 & 0 & 0 & 0 & 0 & 0 \\
1 & 0 & 1 & 0 & 1 & 0 & 0 & 0 & 0 & 1 & 0 \\
1 & 0 & 1 & 1 & 0 & 0 & 0 & 0 & 1 & 0 & 0 \\
1 & 0 & 1 & 1 & 1 & 0 & 0 & 0 & 1 & 1 & 1 \\
1 & 1 & 0 & 0 & 0 & 0 & 0 & 0 & 0 & 0 & 0 \\
1 & 1 & 0 & 0 & 1 & 0 & 0 & 1 & 0 & 0 & 0 \\
1 & 1 & 0 & 1 & 0 & 0 & 1 & 0 & 0 & 0 & 0 \\
1 & 1 & 0 & 1 & 1 & 0 & 1 & 1 & 0 & 0 & 1 \\
1 & 1 & 1 & 0 & 0 & 1 & 0 & 0 & 0 & 0 & 0 \\
1 & 1 & 1 & 0 & 1 & 1 & 0 & 1 & 0 & 1 & 0 \\
1 & 1 & 1 & 1 & 0 & 1 & 1 & 0 & 1 & 0 & 0 \\
1 & 1 & 1 & 1 & 1 & 1 & 1 & 1 & 1 & 1 & 1
\end{pmatrix}$$

Die Coderschaltung für $m = 4, r = 1$ (siehe Bild 2.9) kann verhältnismäßig einfach durch Hinzufügung zusätzlicher UND–Gatter auf den Fall $r = 2$ erweitert werden. Dieser Sachverhalt ist in Bild 2.10 dargestellt.

Die Reed–Muller–Codes sind relativ leistungsfähig und kommen der Hamming–Grenze bereits sehr nahe, was am Beispiel mit den Parametern $m = 5$, $r = 2 \Rightarrow N = 32$, $d(C) = 8$ verdeutlicht werden soll. Mit diesem Code können bis zu $f_k = 3$ Fehler korrigiert werden. Die Hamming–Grenze ist in diesem Fall

$$k \geq \mathrm{ld}\left(\sum_{l=0}^{f_k=3} \binom{N}{l}\right) = \mathrm{ld}(1 + 32 + 496 + 4960) > 12.$$

Es müssen also mindestens 13 Kontrollstellen in einem Code der Länge $N = 32$ vorgesehen sein, wenn bis zu 3 Fehler pro Block korrigiert werden sollen. Der Reed–Muller–Code weist 16 Kontrollstellen auf, liegt also nur wenig über der Hamming Grenze. Gleichzeitig zeigt die Abweichung zur Hamming–Grenze anschaulich, wie weit der Code noch von der Eigenschaft der Dichtgepacktheit entfernt ist. Bei einer angenommenen Bitfehlerwahrscheinlichkeit von $p_b = 0{,}01$ bzw. $0{,}001$ ergeben sich für einen (32, 16, 8)

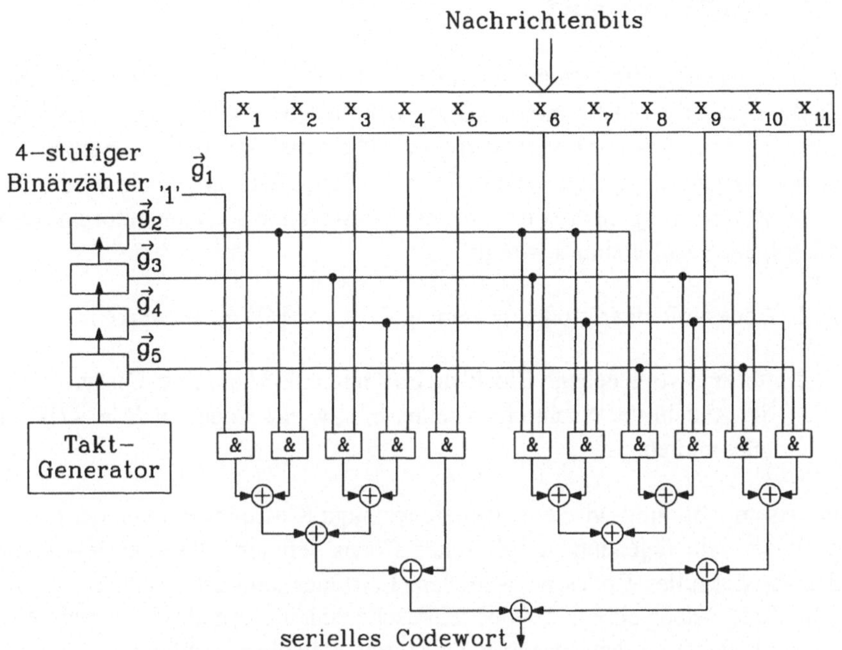

Bild 2.10: Coderschaltung für einen (16, 11, 3) Reed–Muller–Code

Reed–Muller–Code Restfehlerwahrscheinlichkeiten von:

$$p_{Rest} = 3 \cdot 10^{-4} \text{ bzw. } 1 \cdot 10^{-8} .$$

Die Rate des Codes $R = n/N$ ist in diesem Beispiel 1/2 und damit noch weit von der Shannon'schen Grenze des maximalen Transinformationsgehaltes $T(X,Y) = 0{,}919$ für eine Bitfehlerwahrscheinlichkeit von $p_b = 0{,}01$ entfernt.

2.7 Zyklische Codes

Im vorangegangenen Abschnitt wurde der Reed–Muller–Code als erste Methode vorgestellt, mit der im Empfänger mehrere Übertragungsfehler innerhalb eines Blockes korrigiert werden können. Die Vorschrift für den Aufbau der Generatormatrix war in diesem Fall sehr einfach. Ganz allgemein wird beim Entwurf von Gruppencodes bzw. bei der Konstruktion von Generatormatrizen die folgende Zielsetzung verfolgt:

1. Codes mit einer großen Hamming–Distanz $d(C)$ zu entwickeln

2. für eine vorgegebene Blocklänge N und eine Hamming–Distanz $d(C)$ die Anzahl der Nachrichtenstellen n, bzw. die Coderate $R = n/N$ zu maximieren.

In diesem Abschnitt wird eine weitere wichtige Klasse im Bereich der Gruppencodes, die sogenannten zyklischen Codes definiert, die eine gegenüber den Reed–Muller–Codes noch größere Leistungsfähigkeit besitzen. Zyklische Codes haben eine sehr große praktische Bedeutung und sind in mehreren nachrichtentechnischen Systemen eingesetzt. Beispiele hierfür sind:

1. Digitale Mobilfunksysteme, D–Netz
2. Compact Disc (CD)
3. Digitale Kompaktkassette (DCC)
4. Radio Daten System (RDS)
5. Sekundärradar (SSR Mode S)

Definition:

Ein Code C heißt zyklisch, falls er zwei Eigenschaften erfüllt:

- C ist ein Gruppencode   ($\rightarrow$ Erzeugung durch Generatorvektoren)

- sämtliche zyklische Verschiebungen eines Codewortes $\vec{c} \in C$ sind wieder in dem Code, d.h., in der Menge C enthalten

$$\begin{pmatrix} c_1 \\ c_2 \\ \vdots \\ c_N \end{pmatrix} \in C \implies \begin{pmatrix} c_2 \\ \vdots \\ c_N \\ c_1 \end{pmatrix} \in C$$

Zunächst ist diese Definition und die Forderung, daß zyklische Verschiebungen eines Codewortes wieder gültige Codes sein sollen, noch wenig plausibel, wird aber später in diesem Abschnitt anschaulich begründet. Da es sich aber um einen Gruppencode handelt, müssen zyklische Codes auch aus einer Generatormatrix erzeugbar sein. Die Generatormatrix hat folgende Form, bzw. sie läßt sich durch Linearkombinationen der Generatorenvektoren auf diese Form bringen:

$$[G] = \begin{pmatrix} g_1 & 0 & 0 & 0 \\ g_2 & g_1 & | & | \\ \vdots & g_2 & 0 & | \\ g_k & \vdots & g_1 & 0 \\ g_{k+1} & g_k & g_2 & g_1 \\ 0 & g_{k+1} & \vdots & g_2 \\ | & 0 & g_k & \vdots \\ | & | & g_{k+1} & g_k \\ 0 & 0 & 0 & g_{k+1} \end{pmatrix} \qquad (2.45)$$

Allerdings ist diese Streifenstruktur der Generatormatrix für zyklische Codes weder hinreichend noch notwendig. Das heißt, es gibt zyklische Codes mit einer Generatormatrix, die keine Streifenstruktur aufweist, und es gibt Streifenstrukturen, die nicht zu einem zyklischen Code führen. Es kann lediglich behauptet werden, daß es für jeden zyklischen Code auch eine Generatormatrix mit der obigen Streifenstruktur gibt. Die expliziten Parameter und die Dimension der Matrix $[G]$ werden später erläutert und hergeleitet.

In dieser Generatormatrix treten also im Gegensatz zur Beschreibung allgemeiner Gruppencodes insgesamt lediglich $k+1$ verschiedene Koeffizienten auf. Die gültigen Codewörter werden in Übereinstimmung mit Abschnitt 2.5 aus dem Matrizenprodukt

$$[G] \cdot \vec{x} = \vec{c} \qquad (2.46)$$

bzw. über das folgende ausführlich geschriebene Gleichungssystem berechnet.

$$
\begin{array}{rcl}
g_1\,x_1 & = & c_1 \\
g_2\,x_1 \ \oplus\ g_1\,x_2 & = & c_2 \\
g_3\,x_1 \ \oplus\ g_2\,x_2 \ \oplus\ g_1\,x_3 & = & c_3 \\
\ \vdots \qquad\quad \vdots \qquad\qquad \ddots \qquad\quad \vdots & & \vdots \\
g_{k+1}\,x_{n-1} \ \oplus\ g_k\,x_n & = & c_{N-1} \\
g_{k+1}\,x_n & = & c_N
\end{array}
\tag{2.47}
$$

Nach diesem Gleichungssystem entsteht zunächst ein i.a. nichtseparierbarer zyklischer Code. Der zugehörige separierbare Code kann nach Abschnitt 2.5.2 durch entsprechende Linearkombinationen der Generatorvektoren gebildet werden. Die resultierende Generatormatrix $[G]$ weist dann selbstverständlich keine Streifenstruktur auf.

2.7.1 Polynomdarstellung

Für zyklische Codes ist eine zur Generatormatrix alternative Darstellung über Polynome sinnvoll. Bei dieser Darstellung werden die $k + 1$ verschiedenen binären Koeffizienten der obigen Generatormatrix, die Koeffizienten des Nachrichtenvektors und des Codevektors als Koeffizienten für die folgenden Generator-, Nachrichten- und Codewortpolynome eingesetzt. Anstelle der bisherigen Matrizen- und Vektorschreibweise wird in diesem Abschnitt ausschließlich die zwar zunächst ungewohnte aber einfachere und elegantere Polynomschreibweise benutzt.

$$
\begin{array}{ll}
\text{Generatorpolynom} & G(z) = g_1\,z^k + g_2\,z^{k-1} + \cdots + g_k\,z + g_{k+1} \\[4pt]
\text{Nachrichtenpolynom} & N(z) = x_1\,z^{n-1} + x_2\,z^{n-2} + \cdots + x_{n-1}\,z + x_n \\[4pt]
\text{Codewortpolynom} & C(z) = c_1\,z^{N-1} + c_2\,z^{N-2} + \cdots + c_{N-1}\,z + c_N
\end{array}
$$

Der Grad k des Generatorpolynoms bestimmt unmittelbar die Anzahl der Kontrollstellen. Sämtliche Codewortpolynome haben den maximalen Grad $N - 1$ und enthalten somit N binäre Koeffizienten, die mit den Binärwerten in den bisherigen Codewortvektoren übereinstimmen.

Die Koeffizienten dieser Polynome entstammen jeweils dem Binärkörper GF(2) (siehe Seite 59). Außerdem ist für die obigen Polynome die übliche

Addition und Multiplikation definiert, wobei die Koeffizienten der Polynome bei diesen Operationen allerdings jeweils nach den Verknüpfungsgesetzen des endlichen Körpers berechnet werden. Zwischen der bisherigen Vektorschreibweise und der hier eingeführten Polynomschreibweise besteht also ein eineindeutiger Zusammenhang. Jedem Vektor ist das Polynom mit den entsprechenden Koeffizienten zugeordnet und umgekehrt. Wir verwenden deshalb im folgenden beide Darstellungsmöglichkeiten parallel, indem einerseits Polynome und andererseits die zugehörigen Binärvektoren betrachtet werden.

2.7.2 Codiermethode für nichtseparierbare zyklische Codes

Das Generatorpolynom $G(z)$ hat in der obigen Darstellung den maximalen Grad k und das Nachrichtenpolynom $N(z)$ den maximalen Grad $n - 1$. Der durch die Matrizenmultiplikation durchgeführte Codierungsvorgang kann mit dieser Polynomschreibweise alternativ durch eine einfache Polynommultiplikation wie folgt dargestellt werden:

$$C(z) = G(z) \cdot N(z) \qquad (2.48)$$

Durch die Multiplikation von Generator- und Nachrichtenpolynom wächst der Polynomgrad des Produktes $C(z)$ auf maximal $n + k - 1 = N - 1$. Das Polynom $C(z)$ enthält also N verschiedene Binärkoeffizienten. Durch das Polynomprodukt $C(z) = G(z) \cdot N(z)$ werden sämtliche gültigen Codewörter des nichtseparierbaren Codes berechnet, und nach dieser Berechnungsvorschrift ist jedes gültige Codewortpolynom $C(z)$ ohne Rest durch das Generatorpolynom $G(z)$ teilbar. Diese Eigenschaft ist für die folgenden Betrachtungen von hoher Bedeutung.

Die bisherige Berechnung der Codewörter $\vec{c}$ mit Hilfe der Generatormatrix $[G]$, bzw. durch die Generatorvektoren $\vec{g_i}$

$$\vec{c} = x_1 \cdot \vec{g_1} \oplus x_2 \cdot \vec{g_2} \oplus \ \ldots \ \oplus x_{n-2} \cdot \vec{g}_{n-2} \oplus x_{n-1} \cdot \vec{g}_{n-1} \oplus x_n \cdot \vec{g_n} \qquad (2.49)$$

ist mit der obigen Berechnung über Polynomprodukte gleichwertig. Diese Behauptung ist aus der folgenden Beziehung unmittelbar einzusehen. Die Generatormatrix für zyklische Codes hat die obige spezielle Streifenstruktur. Deshalb werden die einzelnen Generatorvektoren $\vec{g_i}$, $i = 1, .., n$ zunächst in Polynomschreibweise dargestellt. Dazu wird das Generatorpolynom $G(z)$

jeweils mit z^{n-i} multipliziert, was einer Verschiebung der Koeffizienten im Polynom um $n-i$ Stellen gleichkommt. Der erste Generatorvektor des zyklischen Codes $\vec{g}_1$ wird in der neuen Schreibweise durch das Polynom $(G(z)z^{n-1})$ dargestellt. Der zweite Generatorvektor des zyklischen Codes $\vec{g}_2$ entspricht dem Polynom $(G(z)z^{n-2})$ usw.. Die Generatorvektoren bzw. die zugehörigen Polynome werden mit den Nachrichtenstellen x_i multipliziert und die resultierenden Produkte addiert.

Mit diesen Erläuterungen kann die obige Vektordarstellung wie folgt auf eine Polynomdarstellung übertragen werden:

$$C(z) = (G(z)z^{n-1}) \cdot x_1 + (G(z)z^{n-2}) \cdot x_2 + \dots \qquad (2.50)$$

$$+(G(z)z) \cdot x_{n-1} + G(z) \cdot x_n \qquad (2.51)$$

$$= G(z) \cdot (x_1 z^{n-1} + x_2 z^{n-2} + \dots + x_{n-1} z + x_n)$$

$$= G(z) \cdot N(z).$$

Beispiel:

$$G(z) = z^3 + z + 1 \qquad (g_1 = 1, g_2 = 0, g_3 = 1, g_4 = 1)$$

$$N(z) = x_1 z^3 + x_2 z^2 + x_3 z^1 + x_4 z^0 = z^3 + 1$$

$$(x_1 = 1, x_2 = 0, x_3 = 0, x_4 = 1)$$

$$C(z) = x_1 z^6 + x_2 z^5 + (x_3 \oplus x_1)z^4 + (x_4 \oplus x_2 \oplus x_1)z^3$$

$$+(x_3 \oplus x_2)z^2 + (x_4 \oplus x_3)z^1 + x_4$$

$$= z^6 + z^4 + z + 1$$

Das Polynom $C(z)$ repräsentiert den Codewortvektor $\vec{c} = (1010011)^T$.

2.7.3 Codiermethode für separierbare zyklische Codes

Durch die Codiervorschrift $C(z) = G(z) \cdot N(z)$ entsteht eine wesentliche, die zyklischen Codes charakterisierende Eigenschaft, daß jedes gültige Codewortpolynom $C(z)$ ohne Rest durch das Generatorpolynom $G(z)$ teilbar ist (s.o.). Daher kann ein *separierbarer* zyklischer Code wie folgt konstruiert werden:

- Zunächst wird das Nachrichtenpolynom $N(z)$ an die vorderste Position im Codewortpolynom $C(z)$ geschoben, wobei die binären Koeffizienten unverändert gelassen werden. Dieser Verschiebevorgang entspricht einer Multiplikation des Nachrichtenpolynoms $N(z)$ mit dem Polynom z^k

$$N(z) \longrightarrow N(z) \cdot z^k$$

- Dieses Polynomprodukt ist zunächst nicht ohne Rest durch $G(z)$ teilbar. Allerdings kann diese Eigenschaft erzwungen werden, wenn das Polynomprodukt anschließend durch $G(z)$ dividiert und der dabei entstehende Rest

$$R(z) = (N(z) \cdot z^k) \bmod G(z) \tag{2.52}$$

zu $N(z) \cdot z^k$ hinzuaddiert wird.

Die Schreibweise $R(z) = (N(z) \cdot z^k) \bmod G(z)$ bedeutet, daß beide Seiten der Gleichung modulo $G(z)$ betrachtet identisch sind, also derselben Polynomrestklasse angehören, bzw. daß $N(z) \cdot z^k + R(z)$ ohne Rest durch $G(z)$ teilbar ist.

Jedes so gebildete Codewortpolynom

$$C(z) = N(z) \cdot z^k + R(z) \tag{2.53}$$

ist also ohne Rest durch $G(z)$ teilbar, enthält die Koeffizienten des Nachrichtenpolynoms in unveränderter Form und erfüllt damit die Eigenschaft eines separierbaren zyklischen Codes.

Beispiel:

Mit dem folgenden Beispiel wird die obige Konstruktionsvorschrift für separierbare zyklische Codes erläutert. Das Generatorpolynom $G(z)$ habe den Grad $k = 3$ und das Nachrichtenpolynom $N(z)$ enthalte $n = 4$ Koeffizienten. Es werden dieselben Polynome wie in dem vorangegangenen Beispiel wie folgt gewählt.

$$G(z) = z^3 + z + 1$$

$$N(z) = 1 \cdot z^3 + 0 \cdot z^2 + 0 \cdot z^1 + 1 \cdot z^0 = z^3 + 1 \longleftrightarrow \begin{pmatrix} 1 \\ 0 \\ 0 \\ 1 \end{pmatrix}$$

Zunächst wird das Nachrichtenpolynom $N(z)$ um $k = 3$ Stellen nach links verschoben, indem das folgende Produkt gebildet wird:

$$N(z) \cdot z^k = (z^3 + 1) \cdot z^3 = z^6 + z^3$$

Das Produkt $N(z) \cdot z^k$ wird anschließend durch $G(z)$ dividiert (Polynomdivision), und der resultierende Divisionsrest $R(z)$ zum Produkt $N(z) \cdot z^k$ hinzuaddiert.

$$\frac{N(z) \cdot z^k}{G(z)} \quad \Longrightarrow \quad R(z)$$

$$\Longrightarrow \quad C(z) = \underbrace{N(z) \cdot z^k}_{\text{Grad} < N} + \underbrace{R(z)}$$

$$C(z) = x_1 z^{N-1} + x_2 z^{N-2} + \cdots + x_n z^{N-n} + R(z)$$

Der Divisionsrest $R(z)$ hat den maximalen Grad $k - 1$ und verändert deshalb die ersten n Koeffizienten im Codewortpolynom $C(z)$ nicht. Damit führt diese Konstruktionsvorschrift zu einem separierbaren Code. Der Divisionsrest $R(z)$ kann mit Hilfe des Gauß'schen[5] Divisionsalgorithmus berechnet werden. Das Berechnungsverfahren wird im folgenden beispielhaft für die obigen Polynome $N(z) \cdot z^k = z^6 + z^3$ und $G(z) = z^3 + z + 1$ in Binärschreibweise erläutert:

$$
\begin{array}{r}
1 \;\; 0 \;\; 0 \;\; 1 \;\; 0 \;\; 0 \;\; 0 \; : 1011 = 1010 \\
\oplus \;\; 1 \;\; 0 \;\; 1 \;\; 1 \\
\hline
1 \;\; 0 \;\; 0 \;\; 0 \\
\oplus 1 \;\; 0 \;\; 1 \;\; 1 \\
\hline
1 \;\; 1 \;\; 0 \;\; \longrightarrow \;\; R(z) = z^2 + z
\end{array}
$$

Das Codewortpolynom $C(z)$ berechnet sich mit diesem Ergebnis wie folgt:

$$C(z) = \underbrace{z^6 + z^3}_{N(z)\cdot z^k} + \underbrace{z^2 + z}_{R(z)} \; \hat{=} \; 1001110$$

---

[5]Nach dem in Braunschweig geborenen Mathematiker und Physiker Carl Friedrich Gauß, 30.4.1777 - 23.2.1855, benannt

Die beiden hier vorgestellten Codiermethoden für nichtseparierbare und separierbare zyklische Codes sind mit den allgemeinen Gruppencodeverfahren und der Erzeugung über Generatormatrizen vergleichbar. Diese Aussage soll abschließend mit dem folgenden Beispiel erläutert werden, siehe dazu Abschnitt 2.5.2. Das in dem obigen Beispiel angenommene Generatorpolynom $G(z) = z^3 + z + 1$ führt zu der folgenden Generatormatrix $[G]$, die wiederum durch Linearkombination in eine Generatormatrix $[G]'$ zur Erzeugung eines separierbaren Codes transformiert wird:

$$[G] = \begin{pmatrix} 1 & 0 & 0 & 0 \\ 0 & 1 & 0 & 0 \\ 1 & 0 & 1 & 0 \\ 1 & 1 & 0 & 1 \\ 0 & 1 & 1 & 0 \\ 0 & 0 & 1 & 1 \\ 0 & 0 & 0 & 1 \end{pmatrix} \implies [G]' = \begin{pmatrix} 1 & 0 & 0 & 0 \\ 0 & 1 & 0 & 0 \\ 0 & 0 & 1 & 0 \\ 0 & 0 & 0 & 1 \\ 1 & 1 & 1 & 0 \\ 0 & 1 & 1 & 1 \\ 1 & 1 & 0 & 1 \end{pmatrix}$$

Beide Codiermethoden haben dieselben Eigenschaften, insbesondere entstehen dadurch lineare zyklische Codes mit derselben Hamming–Distanz $d(C)$. Aus den obigen Generatormatrizen läßt sich allerdings noch nicht unmittelbar die Eigenschaft eines zyklischen Codes ablesen. Deshalb berechnen wir beispielhaft sämtliche gültigen Codeworte und stellen sie in der Menge C explizit dar. Der Leser kann an diesem Beispiel die zyklische Eigenschaft dieses Codes unmittelbar überprüfen.

$$[C] = [G] \cdot [x] = \left\{ \begin{array}{cccccccccccccccc} 0 & 0 & 0 & 0 & 0 & 0 & 0 & 0 & 1 & 1 & 1 & 1 & 1 & 1 & 1 & 1 \\ 0 & 0 & 0 & 0 & 1 & 1 & 1 & 1 & 0 & 0 & 0 & 0 & 1 & 1 & 1 & 1 \\ 0 & 0 & 1 & 1 & 0 & 0 & 1 & 1 & 1 & 1 & 0 & 0 & 1 & 1 & 0 & 0 \\ 0 & 1 & 0 & 1 & 1 & 0 & 1 & 0 & 1 & 0 & 1 & 0 & 0 & 1 & 0 & 1 \\ 0 & 0 & 1 & 1 & 1 & 1 & 0 & 0 & 0 & 0 & 1 & 1 & 1 & 1 & 0 & 0 \\ 0 & 1 & 1 & 0 & 0 & 1 & 1 & 0 & 0 & 1 & 1 & 0 & 0 & 1 & 1 & 0 \\ 0 & 1 & 0 & 1 & 0 & 1 & 0 & 1 & 0 & 1 & 0 & 1 & 0 & 1 & 0 & 1 \end{array} \right\}$$

Dieses Beispiel zeigt die zyklische Eigenschaft des berechneten Codes. Außerdem sind die Gewichte der einzelnen gültigen Codewörter und das Gewicht des Codes $w(C) = 3$ unmittelbar abzulesen. Da der zyklische Code ein spezieller Gruppencode ist, kann die Hamming–Distanz nach der Behauptung im Abschnitt 2.5.1 direkt aus dem Gewicht des Codes berechnet werden, $d(C) = w(C) = 3$.

2.7.4 Decodierung

Für die Decodierung eines zyklischen Codes wird die Eigenschaft ausgenutzt, daß jedes gültige Codewortpolynom $C(z)$ ohne Rest durch das Generatorpolynom $G(z)$ teilbar sein muß. Im Empfänger wird deshalb überprüft, ob bei der Division durch das Generatorpolynom $G(z)$ der Divisionsrest gleich Null ist und damit eine fehlerfreie Übertragung angenommen werden kann. Eine erforderliche Fehlerkorrektur wird durch eine Syndromtabelle durchgeführt, in Analogie zu dem im Abschnitt 2.5.3 beschriebenen Verfahren.

Der im Empfänger vorliegende Binärvektor der Länge N wird zunächst in Polynomschreibweise $E(z)$ dargestellt und kann allgemein durch eine additive Überlagerung des ursprünglich gesendeten gültigen Codewortes $C(z)$ und eines Fehlerpolynoms $F(z)$, das ausschließlich an den Fehlerstellen eine 1 aufweist, beschrieben werden:

$$E(z) = C(z) + F(z) \tag{2.54}$$

Da jedes gültige Codewortpolynom $C(z)$ ohne Rest durch $G(z)$ teilbar ist, sind die bei der Division von $E(z)$ durch $G(z)$ enstehenden Restpolynome, die wir hier als Syndrome $S(z)$ bezeichnen, nur von dem auftretenden Fehlermuster bzw. dem Fehlerpolynom $F(z)$, nicht aber von dem Codewortpolynom $C(z)$ selbst, abhängig. Für sämtliche in Frage kommenden Fehlerpolynome $F(z)$ können also durch Division mit G(z) die Syndrome $S(z)$ gebildet und in einer Syndromtabelle zusammengefaßt werden. Die Syndrompolynome $S(z)$ haben den maximalen Grad $k-1$, und beschreiben damit k binäre Koeffizienten. Zwischen der Fehlerposition und dem resultierenden Syndrom $S(z)$ entsteht ein eineindeutiger Zusammenhang, der durch die Syndromtabelle beschrieben und hergestellt wird.

In der praktischen Anwendung enthält die Decodiereinrichtung eine Polynomdivision z.B. nach dem Gauß–Algorithmus, indem das Empfangspolynom $E(z)$ durch das Generatorpolynom $G(z)$ geteilt und der Divisionsrest weiter analysiert wird. Ist die Übertragung fehlerfrei, dann entsteht bei der Polynomdivision der Rest Null. Falls bei der Division ein von Null verschiedener Rest entsteht, dann ist damit einerseits ein Übertragungsfehler eindeutig erkannt worden und andererseits kann eine Fehlerkorrektur mit Hilfe einer Syndromtabelle durchgeführt werden. Verfahren zur reinen Fehlererkennung bei zyklischen Codes werden in der englischsprachigen Literatur als cyclic redundancy check (CRC) und Verfahren zur Fehlerkorrektur als forward error correction (FEC) bezeichnet. Im Abschnitt 2.7.7 wird gezeigt, daß das Verfahren zur Polynomdivision (Gauß–Algorithmus) durch eine einfache Schieberegisterschaltung realisiert werden kann. Dieser Sachverhalt ist für praktische Implementierungen außerordentlich wichtig, denn die anschauliche Vorstellung eines Maximum–Likelihood–Decodierverfahrens, oder das Aufsuchen der jeweils zugehörigen Korrigierkugel, stößt sehr schnell an die Grenzen des realisierbaren Verarbeitungsaufwands.

2.7.5 Periode eines Generatorpolynoms

Die Verfahren zur Codierung und Decodierung zyklischer Codes sind in den vorangegangenen Abschnitten bereits erläutert worden. In diesem Abschnitt soll der Zusammenhang zwischen dem Generatorpolynom und der Codewortlänge N hergeleitet werden. Dazu wird der Begriff der Periode eines Generatorpolynoms $G(z)$ benötigt.

Definition:

Jedem Generatorpolynom $G(z)$ ist eine *Periode* r zugeordnet, die durch den kleinsten Exponenten r bestimmt ist, so daß

$$z^r + 1 = 0 \quad \mod G(z) \tag{2.55}$$

erfüllt wird. In diesem Fall ist das Polynom $z^r + 1$ ohne Rest durch $G(z)$ teilbar.

Die wesentliche Bedeutung der Periode r besteht für zyklische Codes darin, daß die Codewortlänge N fest an die Periode r des Polynoms $G(z)$ geknüpft ist und nicht überschritten werden kann, bzw. aus Gründen einer leistungsfähigen Fehlerkorrektur nicht überschritten werden sollte. Erst mit dieser Eigenschaft, daß die Periode r des Generatorpolynoms mit der Codewortlänge N identisch ist, kann auch formal die zyklische Eigenschaft des aus dem Generatorpolynom $G(z)$ berechneten Codes nachgewiesen werden.

Behauptung:

Wenn die Codewortlänge N mit der Periode r des Generatorpolynoms $G(z)$ übereinstimmt, dann entsteht aus den obigen Konstruktionsvorschriften ein zyklischer Code.

Beweis:

Es gilt mit $N = r$:

$$z^N + 1 = 0 \bmod G(z).$$

Das Polynom $z^N + 1$ ist also ohne Rest durch $G(z)$ teilbar. Aus dieser Voraussetzung soll die folgende Eigenschaft für einen zyklischen Code gefolgert werden:

$$\begin{pmatrix} c_1 \\ c_2 \\ \vdots \\ c_N \end{pmatrix} \in C \quad \Longrightarrow \quad \begin{pmatrix} c_2 \\ \vdots \\ c_N \\ c_1 \end{pmatrix} \in C$$

Zum Nachweis dieser zyklischen Eigenschaft fassen wir die Codevektoren als Codewortpolynome $C(z)$ auf und berücksichtigen, daß jedes gültige Codewortpolynom $C(z)$ ohne Rest durch das Generatorpolynom $G(z)$ teilbar ist. Das Polynom $z \cdot C(z)$ ist dann ebenfalls ohne Rest durch $G(z)$ teilbar.

$$C(z) = c_1 z^{N-1} + c_2 z^{N-2} + \cdots + c_N = 0 \quad \bmod G(z) \quad (2.56)$$

$$\Rightarrow z \cdot C(z) = 0 \quad \bmod G(z)$$

Die obige zyklische Verschiebung des Codevektors beschreiben wir durch das Polynom $D(z)$, und leiten die Beschreibung dieses Polynoms aus dem Codewortpolynom $C(z)$ wie folgt her:

$$D(z) = c_2 z^{N-1} + \cdots + c_N z + c_1 \qquad (2.57)$$

$$= c_1 z^N + z \cdot C(z) + c_1 \qquad (2.58)$$

$$= z \cdot C(z) + c_1 \cdot \underbrace{(z^N + 1)}_{= 0 \bmod G(z)} = 0 \quad \bmod G(z)$$

Damit ist gezeigt, daß auch das Polynom $D(z)$ ohne Rest durch $G(z)$ teilbar ist, also ein gültiges Codewort repräsentiert.

$$\implies \begin{pmatrix} c_2 \\ \cdot \\ \cdot \\ \cdot \\ c_N \\ c_1 \end{pmatrix} \cdot \; \in \; C$$

Falls die Codewortlänge N kleiner ist als die Periode r des Generatorpolynoms, dann entsteht kein zyklischer Code. Man spricht allerdings in diesem Fall von einem *verkürzten* zyklischen Code (vgl. Abschnitt 2.10.1, Seite 133). Verkürzte zyklische Codes werden in der Praxis häufig eingesetzt. Codewortlängen $N > r$ haben andererseits für Fehlerkorrekturverfahren keine praktische Bedeutung. In diesem Fall wäre das Polynom $z^r + 1$ ohne Rest durch $G(z)$ teilbar und stellt damit ein gültiges Codewortpolynom dar. Dieses Codewort hätte aber das Gewicht $w(\vec{c}) = 2$ und damit wäre in dem resultierenden Code die Hamming–Distanz nicht größer als 2, was zwar noch eine einfache Fehlererkennung aber keine Fehlerkorrektur ermöglicht.

Die quantitative Berechnung der Periode r für ein gegebenes Generatorpolynom $G(z)$ kann durch Umkehrung des Gauß'schen Divisionsalgorithmus einfach durchgeführt werden. Der Algorithmus wird solange weitergeführt, bis durch Verschiebung und additive Überlagerung des Generatorpolynoms ein Polynom $z^N + 1$ entsteht. Für das Generatorpolynom $G(z) = z^4 + z + 1$ wird das Verfahren zur Berechnung der Periode r im folgenden Beispiel anschaulich erläutert:

```
                                        1 0 0 1 1
                                      1 0 0 1 1
                                    1 0 0 1 1
                                  1 0 0 1 1
                                1 0 0 1 1
                              1 0 0 1 1
                            1 0 0 1 1
                          1 0 0 1 1
                        ─────────────────────────────────────
                          1 0 0 0 0 0 0 0 0 0 0 0 0 0 0 1
                         z¹⁵ . .                      . . z⁰
```

Die Periode dieses Generatorpolynoms ist also $r = N = 15$ und somit kann ein Code mit der Codewortlänge $N = 15$ konstruiert werden. Der höchste

Exponent im Codewortpolynom ist $N - 1$. Jedes Codewort enthält in diesem Fall $k = 4$ Kontrollstellen und $n = 11$ Nachrichtenstellen.

Um zyklische Codes mit geringer Redundanz bzw. großer Coderate $R = n/N$ zu konstruieren, werden Generatorpolynome gesucht, die bei gegebenem Grad k eine möglichst große Periode r besitzen. Die Coderate $R = n/r = n/N$ ist in diesen Fällen maximal. In diesem Zusammenhang ist der Begriff des primitiven Polynoms von Interesse.

Definition:

Ein Polynom $G(z)$ mit Grad $= k$ wird als *primitives* Polynome bezeichnet, falls die Periode r den folgenden maximalen Wert annimmt:

$$N = r = 2^k - 1$$

Aufgrund der algebraischen Struktur im Polynomrestklassenkörper zu $G(z)$ können größere Perioden r für den Polynomgrad k nicht auftreten. Primitive Polynome sind stets irreduzibel, d.h. sie lassen sich nicht als Produkt von zwei oder mehreren Polynomen darstellen[6]. Die Umkehrung gilt jedoch nicht, d.h. ein irreduzibles Polynom muß nicht notwendig primitiv sein. Im Abschnitt 2.9 werden zyklische Hamming–Codes durch Vorgabe eines primitiven Polynoms konstruiert. Außerdem sind im Abschnitt 2.9 einige primitive Generatorpolynome $G(z)$ angegeben und darüberhinaus sind irreduzible Polynome in der Literatur (z.B. in [10]) tabelliert.

2.7.6 Fehlererkennbarkeit bei zyklischen Codes

Ganz allgemein gilt für die Fehlererkennung bei zyklischen Codes die folgende Aussage: Es können die Fehler erkannt werden, deren Fehlerpolynome $F(z)$ nicht ohne Rest durch $G(z)$ teilbar sind. Dies sind alle Fehlermuster, die keine gültigen Codeworte darstellen. In der letztgenannten Form ist diese Aussage für alle linearen Codes gültig. Speziell für zyklische Codes ist eine weitergehende Aussage zutreffend, die den Begriff des Büschelfehlers verwendet.

---

[6]Diese Eigenschaft entspricht den Primzahlen im Bereich der natürlichen Zahlen. Der Nachweis, daß ein Polynom irreduzibel ist kann i.a. nur durch systematisches Probieren oder durch das Sieb des Eratosthenes erreicht werden

Definition:

Ein Büschelfehler der Länge b ist ein Fehlermuster, bei dem die Bitfehler innerhalb des Codewortes lokal konzentriert auftreten. Ausgehend vom ersten auftretenden Bitfehler innerhalb des Codewortes, ist auf jeden Fall das um $b - 1$ Binärstellen verschobene Bit fehlerbehaftet. Die dazwischenliegenden Binärstellen können entweder fehlerfrei oder fehlerhaft sein.

Büschelfehler treten z.B. bei Funkübertragungsstrecken infolge von Fadingeinflüssen auf. Für Büschelfehler mit $b = 4$ Bit sind also die folgenden vier Muster relevant: 1001, 1011, 1101 und 1111.

Für die folgende Aussage zur Fehlererkennbarkeit bei zyklischen Codes wird das Fehlermuster als Büschelfehler der Länge b aufgefaßt:

- Büschelfehler mit $b \leq k$, können durch zyklische Codes immer erkannt werden, da bei der Division von $F(z)$ durch $G(z)$ stets ein von Null verschiedener Rest entsteht.

$$
\begin{aligned}
F(z) \;&=\; f_i z^{N-i} + \cdots + f_{i+b-1} z^{N-i-b+1} \qquad\qquad (2.59)\\[2mm]
&=\; \underbrace{z^{N-i-b+1}}_{\substack{\text{teilerfremd}\\ \text{zu } G(z)}} \; \underbrace{\left(f_i z^{b-1} + \cdots + f_{i+b-1} \right)}_{\text{teilerfremd zu } G(z)}
\end{aligned}
$$

- Falls die Länge b des Fehlerbüschels den Grad k des Generatorpolynoms übersteigt, so gilt für die Wahrscheinlichkeit p_u, daß dieser Fehler bei der Decodierung nicht erkannt wird:

$$
p_u = \begin{cases} 2^{-(k-1)} & \text{für} \quad b = k + 1 \\ 2^{-k} & \text{für} \quad b > k + 1 \end{cases} \qquad\qquad (2.60)
$$

Die Wahrscheinlichkeit der Büschelfehlererkennung hängt also nur vom Grad k des Generatorpolynoms ab[7], nicht aber von der Wahl des speziellen Codes, bzw. des speziellen Generatorpolynoms $G(z)$. Durch geeignete Wahl des Generatorpolynomgrades k kann die Wahrscheinlichkeit p_u, mit der Büschelfehler nicht erkannt werden können, entsprechend unterhalb einer vorgegebenen Schwelle gehalten werden.

---

[7]Für verkürzte zyklische Codes ist diese Aussage nicht mehr zutreffend, siehe [14]

2.7.7 Technische Realisierung von Polynomberechnungen durch Schieberegisterschaltungen

Die in den Abschnitten 2.7.2 bis 2.7.4 beschriebenen Multiplikationen und Divisionen von Polynomen mit Koeffizienten aus dem Binärkörper GF(2) können technisch durch einfache Schieberegisterschaltungen realisiert werden. Die binären Koeffizienten der Polynome werden dabei seriell ein- und ausgelesen — beginnend jeweils mit dem Binärkoeffizienten der höchsten Potenz. Zu Beginn sind alle Schieberegister auf Null gesetzt. Die Funktionsweise der Schaltungen kann unmittelbar durch Vergleich mit der schriftlichen Rechnung nachvollzogen werden.

Polynommultiplikation

Es gibt zwei alternative Schaltungen zur Multiplikation des Nachrichtenpolynoms $N(z)$ mit dem Generatorpolynom $G(z)$. Die Schieberegister–Schaltungen sind in der folgenden Abbildung für das Generatorpolynom $G(z) = z^5 + z^4 + z^2 + 1$ skizziert:

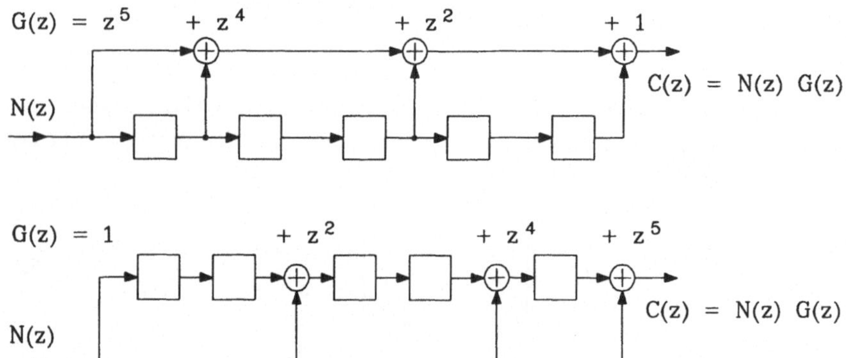

Bild 2.11: Zwei alternative Schaltungen zur Polynommultiplikation

Am Beispiel des Nachrichtenpolynoms $N(z) = z^4 + z^2 + z + 1$ wird im folgenden die schriftliche Multiplikation angegeben, die der Rechentechnik in der obigen ersten Schaltung entspricht.

$$
\begin{array}{r}
1\ 0\ 1\ 1\ 1\ \times\ 1\ 1\ 0\ 1\ 0\ 1 \\
\hline
1\ 0\ 1\ 1\ 1 \\
1\ 0\ 1\ 1\ 1 \\
1\ 0\ 1\ 1\ 1 \\
\hline
1\ 1\ 1\ 1\ 0\ 1\ 1\ 0\ 1\ 1
\end{array}
$$

Die Schieberegisterschaltungen führen im Prinzip dieselbe Operation wie in der schriftlichen Multiplikation aus. Allerdings wird in jedem Schritt eine Zwischensumme der Addition gebildet. Außerdem wird mit dem Binärkoeffizienten der höchsten Potenz (im Beispiel $z^5 \cdot N(z)$) begonnen und ensprechend das Codewortpolynom $C(z)$ beginnend mit dem Binärkoeffizienten der höchsten Potenz seriell ausgelesen.

Polynomdivision

Eine Polynomdivision ist einerseits zur Erzeugung eines separierbaren zyklischen Codes und andererseits allgemein für die Decodierschaltung erforderlich. Für die Division des Empfangspolynoms $E(z)$ durch das Generatorpolynom $G(z)$ wird ein rückgekoppeltes Schieberegister mit $k = \mathrm{Grad}(G(z))$ Registerelementen eingesetzt. Das folgende Bild zeigt eine Schaltung zur Division durch $G(z) = z^3 + z^2 + 1$:

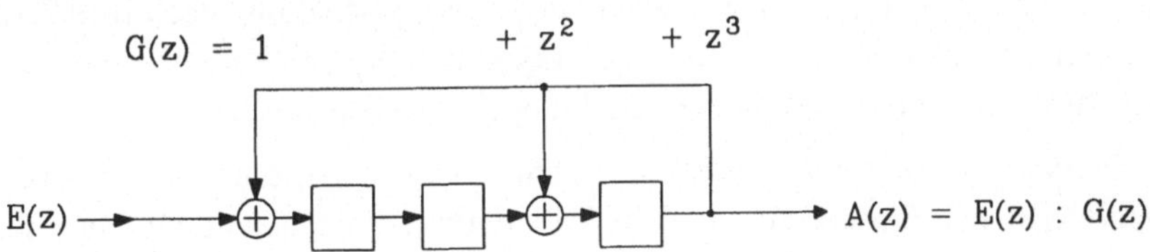

Bild 2.12: Schaltung zur Polynomdivision

Der Verarbeitungsablauf im rückgekoppelten Schieberegister kann anhand der Funktionsweise im Gauß'schen Divisionsalgorithmus verdeutlicht werden.

Beispiel:

$$E(z) = z^5 + z^4 + z^3 + z + 1$$

```
1 1 1 0 1 1 : 1 1 0 1 = 1 0 1     Divisionsrest  0 1 0
1 1 0 1
─────────
  0 1 1 1 1
    1 1 0 1
  ─────────
      0 1 0
```

Im Divisionsalgorithmus wird zunächst geprüft, ob die führende Stelle im jeweils verbleibenden Rest eine 1 enthält. Wenn dies der Fall ist, wird der Divisor zum Dividenden hinzuaddiert. In der obigen Schieberegisterschaltung wird die Addition im Schieberegister selbst vorgenommen. Nachdem der Dividend $E(z)$ vollständig in die Schaltung eingelesen wurde, steht der Divisionsrest $R(z) = S(z) = E(z) \bmod G(z)$ in der Schieberegisterkette, der entweder für die Codierung durch Berechnung des Codewortes $C(z) = N(z) \cdot z^k + R(z)$ oder bei der Decodierung zum Nachschlagen in der Syndromtabelle eingesetzt wird.

Codierung

Für praktische Anwendungen kann zur Berechnung eines nichtseparierbaren Codes eine der oben dargestellten Multiplikationsschaltungen verwendet werden. Für die Erzeugung eines separierbaren Codes ist dagegen der obige Divisionsalgorithmus einzusetzen. Das Nachrichtenpolynom $N(z)$ wird zunächst mit dem Faktor z^k multipliziert. Wenn die Divisionsschaltung nach Bild 2.12 verwendet wird, so muß das gesamte Polynom $N(z) \cdot z^k$ einschließlich der insgesamt k letzten Nullen in die Schaltung eingegeben werden.

Der Verarbeitungsaufwand zur Berechnung eines separierbaren Codes verringert sich bei Einsatz der in Bild 2.13 dargestellten Schaltung, die hier für einen separierbaren Hamming–Code mit dem Generatorpolynom $G(z) = z^3 + z + 1$ und $n = 4$ Nachrichtenstellen erläutert wird. Während der ersten $n = 4$ Takte ist der Schalter S1 geschlossen und S2 in der unteren Stellung. Das Nachrichtenpolynom wird beginnend mit dem Koeffizienten der höchsten Potenz eingelesen und der Divisionsrest $(N(z) \cdot z^k) \bmod G(z)$ gebildet. Gleichzeitig werden die Nachrichtenstellen an den Ausgang gelegt. Nach dem 4. Takt wird die Rückkopplungsschleife durch Öffnen des Schalters S1 unterbrochen und S2 in die obere Stellung gebracht. In den folgenden $k = 3$

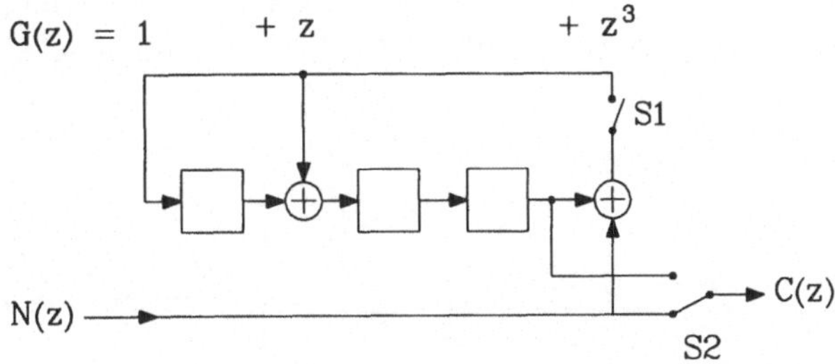

Bild 2.13: Schaltung zur Erzeugung eines separierbaren zyklischen Codes

Takten wird der Divisionsrest aus der Schieberegisterkette (SR1, SR2, SR3) ausgelesen.

In der nachfolgenden Tabelle ist der Ablauf innerhalb der Codierschaltung für das Nachrichtenwort $N(z) = z^3 + z$ beispielhaft angegeben.

Takt	Eingang	SR1	SR2	SR3	S1	S2	Ausgang
—	—	0	0	0	geschl.	unten	—
1	1	1	1	0	″	″	1
2	0	0	1	1	″	″	0
3	1	0	0	1	″	″	1
4	0	1	1	0	″	″	0
5	—	0	1	1	offen	oben	0
6	—	0	0	1	″	″	1
7	—	0	0	0	″	″	1

Decodierung

Das Herzstück einer Decoderschaltung für zyklische Codes bildet eine Schieberegisterschaltung, in der das Syndrom $S(z) = E(z) \bmod G(z)$ berechnet wird. Das dem Syndrom $S(z)$ zugehörige Fehlermuster kann z.B. durch Nachschlagen in einer Syndromtabelle ermittelt werden. Dieses Nachschlagen kann z.B. mit einem Halbleiterspeicher realisiert werden, an dessen Adressleitungen das jeweils berechnete Syndrom angelegt wird. Der Syndromspeicher hat für einen separierbaren einfehlerkorrigierenden Code die Größe $2^k \times n$ Bit, weil Fehler im Kontrollstellenbereich physikalisch nicht korrigiert werden müssen. Das gefundene Fehlerpolynom wird binär (modulo 2) mit dem (zwischengespeicherten) Empfangspolynom addiert. Abbildung 2.14 zeigt die Decoderschaltung für einen zyklischen (7,4,3) Hamming–Code.

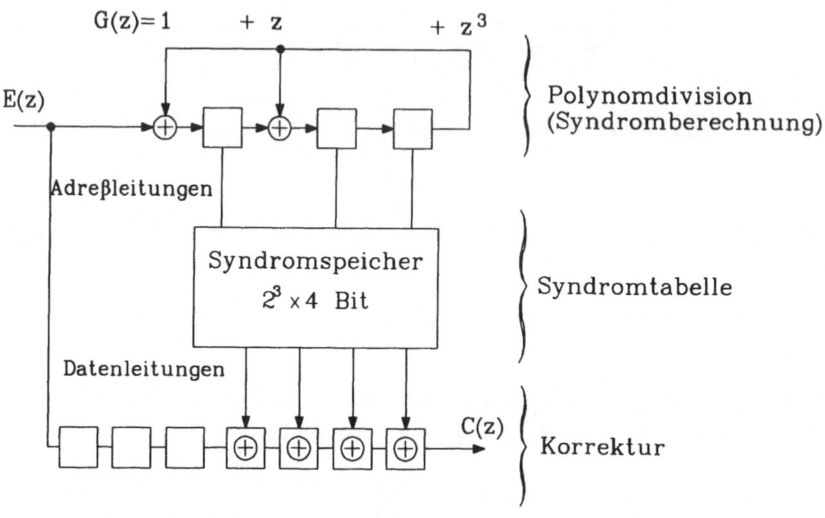

Bild 2.14: Schaltung zur Decodierung eines separierbaren zyklischen (7,4,3) Hamming–Codes

Mit den erläuterten Schaltungen kann sowohl die Codierung wie auch die Decodierung für ein gegebenes Generatorpolynom $G(z)$ praktisch realisiert werden. Im Abschnitt 2.9 sollen geeignete Generatorpolynome $G(z)$ für zyklische Codes entworfen und deren Eigenschaften analysiert werden.

2.8 Algebra in Polynomrestklassen

In den bisher angegebenen beispielhaften Rechnungen wurden jeweils geeignete Generatorpolynome eingesetzt. Allerdings wurde in der Codesynthese noch kein Verfahren zur Herleitung der Generatorpolynome $G(z)$ für zyklische Codes angegeben. Zwar wurde bei der Decodierung von zyklischen Codes das Syndrom $S(z)$ durch den Divisionsrest aus dem jeweiligen Empfangspolynom $E(z)$ und dem als bekannt vorausgesetzten Generatorpolynom $G(z)$ berechnet, aber die systematische Konstruktion geeigneter Generatorpolynome steht noch aus. Daher liegt es nahe, eine allgemeine Polynom–Restklassenalgebra auf zyklische Codes anzuwenden. In diesem Abschnitt sollen einige allgemeine mathematische Grundlagen für die Restklassenalgebra kurz beschrieben werden.

Einerseits kann aus jeder vorgegebenen Primzahl p ein endlicher Körper mit p Elementen gebildet werden, indem die Addition und Multiplikation aus den natürlichen Zahlen jeweils modulo der Primzahl p ausgeführt wird. Diese endlichen Körper werden auch als Galois–Felder, GF(p), bezeichnet (siehe Abschnitt 2.1). Endliche Körper mit einer Anzahl von p Elementen, wobei p keine Primzahl ist, werden andererseits aus geeigneten Polynomen und deren Restklassen gebildet. Wir interessieren uns hier insbesondere für endliche Körper mit $p = 2^k$ Elementen, für deren Konstruktion Polynome vom Grad k gesucht werden, deren Koeffizienten binäre Werte annehmen, also aus dem Galois–Feld GF(2) stammen.

Gegeben sei zunächst ein allgemeines Modularpolynom[8] $M(z)$ mit binären Koeffizienten aus dem Galois–Feld GF(2):

$$M(z) = m_1 z^k + m_2 z^{k-1} + \ldots + m_k z + m_{k+1}$$

Ein Polynom $M(z)$ wird *irreduzibel* genannt, falls es sich nicht in ein Produkt von zwei oder mehreren Polynomen zerlegen läßt. Irreduzible Polynome haben also vergleichbare Eigenschaften wie die Primzahlen p in den natürlichen Zahlen. Ein Polynom $M(z)$ wird konsequenterweise als *reduzibel* bezeichnet, falls es sich in ein Produkt aus mehreren Polynomen zerlegen läßt.

In der Restklassenalgebra mit dem Modularpolynom $M(z)$ wird nicht zwischen einem Polynom $A(z)$ und dem Polynom $A(z) + I(z) \cdot M(z)$ unterschieden, wobei $I(z)$ ein beliebiges Polynom mit Koeffizienten aus GF(2) ist. Sämtliche Polynome $A(z) + I(z) \cdot M(z)$ ergeben bei der Division durch das Modularpolynom denselben Rest. Sie bilden eine Restklasse, die üblicherweise durch den Divisionsrest, z.B. durch A(z) charakterisiert wird. Der Grad von $A(z)$ ist dann jeweils kleiner als der Grad k des Modularpolynoms. Zu $M(z)$ gibt es genau 2^k verschiedene Restklassen, die durch alle möglichen Polynome mit Binärkoeffizienten und einem Grad kleiner als k gebildet werden können.

---

[8]In den bisherigen Betrachtungen spielte das Generatorpolynom $G(z)$ die Rolle des Modularpolynoms.

Beispiel:

Wir betrachten das Modularpolynom $M(z) = z^4 + z + 1$. In diesem Fall existieren insgesamt $2^4 = 16$ Restklassenpolynome: 0, 1, z, $z+1$, z^2, $\ldots$, $z^3 + z^2 + z + 1$.

Im Bereich dieser Polynomrestklassen können wiederum eine additive und eine multiplikative Verknüpfung definiert werden. Dabei gelten folgende Rechenregeln:

- Addition: Zwei Polynomrestklassen werden miteinander addiert, indem die Koeffizienten der Restklassenpolynome (modulo 2) addiert werden. Dies entspricht einer gewöhnlichen Polynomaddition.

- Multiplikation: Zwei Polynomrestklassen werden paarweise miteinander multipliziert, indem zunächst eine gewöhnliche Polynommultiplikation durchgeführt, das resultierende Produkt aber anschließend modulo $M(z)$ betrachtet und damit wieder durch eines der Restklassenpolynome beschrieben wird. Dieser Rechenvorgang ist in der folgenden Gleichung formal beschrieben:

$$[A(z) \bmod M(z)] \cdot [B(z) \bmod M(z)] = [A(z) \cdot B(z)] \bmod M(z) \quad (2.61)$$

Satz:

Die einem Polynom $M(z)$ vom Grad k insgesamt zugeordneten 2^k verschiedenen Restklassenpolynome bilden mit den oben definierten beiden Verknüpfungen einen endlichen Körper, falls $M(z)$ ein irreduzibles Polynom ist. Ist $M(z)$ dagegen reduzibel, dann bilden die zugeordneten Restklassen einen Ring.

Der Restklassenkörper wird auch als Galois–Feld GF(2^k) bezeichnet. Die bisher betrachteten Generatorpolynome $G(z)$ waren jeweils irreduzibele Polynome und definierten damit zugehörige Restklassenkörper GF(2^k).

2.8.1 Zyklische Eigenschaft der Polynomreste

Der einem irreduziblen Polynom zugeordnete Restklassenkörper $GF(2^k)$ enthält insgesamt 2^k verschiedene Restklassenpolynome. Einen Sonderfall im Bereich der irreduziblen Polynome bilden die primitiven Polynome $M(z)$, weil die einzelnen Restklassenpolynome in diesem Fall sehr einfach erzeugt werden können. Im Abschnitt 2.7.5 wurde bereits definiert, daß primitive Polynome stets eine maximale Periode r aufweisen.

Zur Erzeugung der einzelnen Restklassenpolynome betrachten wir hier zunächst sämtliche Polynome z^ν mit beliebigen Exponenten ν aus den natürlichen Zahlen. Von diesen Polynomen z^ν werden jeweils die Divisionsreste $z^\nu \bmod M(z)$ berechnet und die resultierende Folge bei wachsendem ν analysiert, $z^0 \bmod M(z)$, $z^1 \bmod M(z)$, $z^2 \bmod M(z)$, ... usw.. Jeder Divisionsrest der obigen Folge ergibt sich aus seinem Vorgänger durch Multiplikation mit z und anschließender Betrachtung des Produktes modulo $M(z)$. Da in dem Restklassenkörper insgesamt 2^k verschiedene Restklassenpolynome einschließlich des Nullpolynoms existieren, müssen in der obigen Folge $z^\nu \bmod M(z)$, in der das Nullpolynom nicht auftritt, nach spätestens $r = 2^k - 1$ Schritten periodische Wiederholungen auftreten. Die Anzahl der in einer solchen Periode vorkommenden verschiedenen Restklassenpolynome ist mit der Periode r des Modularpolynoms $M(z)$ identisch (siehe Abschnitt 2.7.5).

Vor diesem Hintergrund sind primitive Generatorpolynome $G(z)$ bzw. allgemein primitive Modularpolynome $M(z)$ für die Entwicklung zyklischer Codes von besonderem Interesse. In diesem Fall ist die Periode $r = 2^k - 1$ und damit die Codewortlänge N bei vorgegebener Anzahl k der Kontrollstellen einerseits maximal (siehe Abschnitt 2.7.5), und die Folge $[z^\nu \bmod M(z)]$ enthält andererseits bereits sämtliche vom Nullpolynom verschiedene Elemente des $\mathrm{GF}(2^k)$. Mit der Polynomfolge $z^\nu \bmod M(z)$ können also bereits sämtliche vom Nullpolynom verschiedene Restklassenpolynome des Galois–Feldes $\mathrm{GF}(2^k)$ erzeugt werden. Diese Eigenschaft soll an einem Beispiel für das primitive Polynom $M(z) = z^3 + z + 1$ anschaulich demonstriert werden:

Aus der folgenden Tabelle 2.4 ist unmittelbar zu erkennen, daß im Fall eines primitiven Modularpolynoms die zugehörigen Elemente des $\mathrm{GF}(2^k)$, d.h. die Restklassenpolynome alternativ auch durch die Potenz ν, bzw. durch das Polynom z^ν charakterisiert werden können. Die Multiplikation zweier Restklassenpolynome $A(z) = z^\nu$, $B(z) = z^\mu \in \mathrm{GF}(2^k)$ ist dann einfach wie folgt zu berechnen:

$$A(z) \cdot B(z) = [z^\nu] \cdot [z^\mu] \bmod M(z) = z^{(\nu+\mu)\bmod(2^k-1)} \tag{2.62}$$

Tabelle 2.4: Zyklische Eigenschaft der Polynomreste zu $M(z) = z^3 + z + 1$

z^ν	$z^\nu \mod (z^3 + z + 1)$			Binär
z^0			z^0	001
z^1		z^1		010
z^2	z^2			100
z^3		z^1	$+ \ z^0$	011
z^4	z^2	$+ \ z^1$		110
z^5	z^2	$+ \ z^1$	$+ \ z^0$	111
z^6	z^2	$+$	z^0	101
z^7			z^0	001
z^8		z^1		010
$\vdots$				$\vdots$

Beispiel:

$M(z) = z^3 + z + 1$ sowie $A(z) = z + 1 = z^3$ und $B(z) = z^2 + z + 1 = z^5$:

$$A(z) \cdot B(z) = [z^3] \cdot [z^5] = z^{(3+5) \bmod 7} = z$$

2.8.2   Wurzeln eines Polynoms

Wir betrachten ein Galois–Feld $GF(2^k)$ bestehend aus den einem Modularpolynom $M(z)$ zugeordneten Restklassenpolynomen

Definition:

Ein Element $\alpha \in GF(2^k)$ wird als Wurzel eines beliebig vorgegebenen Polynoms $P(z)$ (Koeffizienten von $P(z)$ aus $GF(2)$) bezeichnet, wenn gilt:

$$P(\alpha) = 0$$

Dabei sind die Potenzen α^ν durch ν–faches Multiplizieren im $GF(2^k)$ zu berechnen.

Beispiel:

Zur Illustration beschreiben wir den obigen Sachverhalt am Beispiel des Galois–Feldes $GF(2^3)$ für das primitive Polynom $M(z) = z^3 + z + 1$.

Es sei $P(z) = z^4 + z^2 + z + 1$. Wir wollen zeigen, daß $\alpha = z + 1 \,\hat{=}\, 011$ eine Wurzel von $P(z)$ ist. Aus der Tabelle 2.4 (siehe Seite 118) können wir für das obige Polynom $M(z)$ ablesen:

$$\alpha = z^3 \bmod M(z)$$

Wenn man die Potenzen α^ν explizit aufschreibt, ergeben sich folgende Darstellungen durch Restklassenpolynome im $GF(2^k)$:

$$
\begin{array}{rcll}
\alpha^4 &=& z^{12} = z^5 \bmod M(z) &\hat{=}\ 111 \\
+\alpha^2 &=& z^6 &\hat{=}\ 101 \\
+\alpha &=& z^3 &\hat{=}\ 011 \\
+1 & & &\hat{=}\ 001 \\
\hline
P(\alpha) &=& 0 &\hat{=}\ 000
\end{array}
$$

Wenn eine Wurzel α eines Polynoms $P(z)$ bekannt ist, so sind $\alpha^2, \alpha^4, \alpha^8$ u.s.w. ebenfalls Wurzeln von $P(z)$ (Beweisidee: $P(\alpha^2) = [P(\alpha)]^2$). Die Zahl verschiedener Wurzeln entspricht dem Grad des Polynoms $P(z)$. Für das angegebene Beispiel erhält man die Wurzeln $\alpha = z^3, \alpha^2 = z^6, \alpha^4 = z^5$ sowie mit $\alpha^0 = 1$ eine Wurzel außerhalb dieser Folge. Das Element α^8 ist in dem hier betrachteten Restklassenkörper $GF(2^k)$ keine neue Wurzel, da $\alpha^8 = z^3 \bmod M(z) = \alpha$ ist.

2.8.3 Minimalpolynome

Es seien ein Galois–Feld $GF(2^k)$ und ein beliebiges Element $\alpha \in GF(2^k)$ gegeben. Das diesem Element α zugeordnete sogenannte Minimalpolynom wird wie folgt definiert:

Definition:

Das Minimalpolynom $m_\alpha(z)$ des Elements α aus dem Restklassenkörper ist ein Polynom mit dem kleinsten Grad, das α als Wurzel hat, für das also gilt: $m_\alpha(\alpha) = 0$.

Eigenschaften:

- Minimalpolynome sind stets irreduzibel. Andernfalls wären sie als Produkt zweier Polynome mit kleinerem Grad darstellbar, von denen mindestens eines α als Wurzel hätte. Das wäre ein Widerspruch zu der Forderung, daß das Minimalpolynom den kleinstmöglichen Grad aufweist.

- Wenn α ein Element des GF(2^k) ist, so hat das zugehörige Minimalpolynom höchstens den Grad k.

Für Minimalpolynome gilt außerdem folgender Satz, der hier aber nicht bewiesen werden soll:

Satz:

Wenn ein beliebiges Polynom $P(z)$ das Element α als Wurzel hat, dann ist das dem Element α zugeordnete Minimalpolynom $m_\alpha(z)$ ein Faktor von $P(z)$:

$$P(z) = m_\alpha(z) \cdot Q(z)$$

2.9 Spezielle zyklische Codes

Nach diesen allgemeinen in Restklassenkörpern gültigen mathematischen Zusammenhängen wollen wir in diesem Abschnitt einige zyklische Codes konstruktiv entwerfen, die für die praktische Anwendung von Bedeutung sind. Zur Lösung dieser Aufgabe müssen jeweils geeignete Generatorpolynome $G(z)$ entworfen bzw. entwickelt werden.

2.9.1 Zyklische Hamming–Codes

Als Generatorpolynom $G(z)$ wird jeweils ein primitives Polynom vom Grad k eingesetzt. Für ein primitives Polynom entsteht eine maximale Codewortlänge $N = 2^k - 1$ und damit eine maximale Coderate $R = n/N$. Die so konstruierten zyklischen Codes sind zu den im Abschnitt 2.3 behandelten Codes äquivalent, besitzen insbesondere eine Hamming–Distanz $d(C) = 3$ und werden deshalb als zyklische Hamming–Codes bezeichnet. Die Parameter dieser

Tabelle 2.5: Parameter zyklischer Hamming–Codes

k	n	N	d(C)	G(z)
3	4	7	3	$z^3 + z + 1$
4	11	15	3	$z^4 + z + 1$
5	26	31	3	$z^5 + z^2 + 1$
6	57	63	3	$z^6 + z + 1$
7	120	127	3	$z^7 + z^3 + 1$

zyklischen Codes, einschließlich der Generatorpolynome $G(z)$, sind für $k \leq 7$ noch einmal in der folgenden Tabelle zusammengefaßt: Die angegebenen Generatorpolynome sind lediglich als Beispiele zu betrachten, — i.a. gibt es mehrere verschiedene primitive Polynome mit dem Grad k. Beispielsweise ist für ein gegebenes primitives (irreduzibles) Polynom $G(z)$, auch das Polynom $z^k \cdot G(z^{-1})$, das sich durch einfache Umkehrung der binären Koeffizienten ergibt, wieder ein primitives (irreduzibles) Polynom. Irreduzible Polynome sind z.B. in [10] in tabellarischer Form angegeben. Die in den Abschnitten 2.7.3 und 2.7.4 beschriebenen Codier- und Decodierverfahren für zyklische Codes werden in unveränderter Form auch für die hier angegebenen zyklischen Hamming–Codes eingesetzt.

2.9.2 Fire–Codes

Fire–Codes sind spezielle zyklische Codes, die gut zur Korrektur von Büschelfehlern geeignet sind. Das Generatorpolynom $G(z)$ wird in diesem Fall als Produkt von 2 Faktoren gebildet:

$$G(z) = G_1(z) \cdot (z^{k_2} + 1) \tag{2.63}$$

Dabei ist $G_1(z)$ ein primitives Polynom vom Grad k_1. Durch diese Konstruktionsvorschrift ist $G(z)$ zwar ein reduzibles Polynom, aber der Polynomgrad k und die Periode r des Generatorpolynoms $G(z)$, bzw. die Codewortlänge N berechnen sich wie folgt[9] :

$$k = k_1 + k_2 \tag{2.64}$$

$$r = \text{KGV}\left(2^{k_1} - 1, k_2\right) = N \tag{2.65}$$

---

[9]KGV : kleinstes gemeinsames Vielfaches

Da das Generatorpolynom im Fall der Fire–Codes reduzibel ist, kann die zugehörige Periode r nicht den Maximalwert $2^k - 1$ annehmen. Fire–Codes sind in der Lage, jeweils einen Fehlerbüschel bis zur Länge b mit

$$b \le k_1 \quad \text{und} \quad b < k_2/2 + 1$$

innerhalb der Codewortlänge N eindeutig zu korrigieren, obwohl die Hamming–Distanz $d(C) = 4$ ist. Diese Eigenschaft zeigt die hohe praktische Relevanz der Fire–Codes.

Beispiel:

$k_1 = 3, \quad k_2 = 5$

$$G(z) = (z^3 + z + 1) \cdot (z^5 + 1) = z^8 + z^6 + z^5 + z^3 + z + 1$$

$$N = r = \mathrm{KGV}(7,5) = 35$$

Mit diesen Codeparametern kann ein Büschelfehler mit der Länge $b \le 3$ eindeutig korrigiert werden. Die Tatsache, daß die Hamming–Distanz $d(C) = 4$ ist, bleibt für Fire–Codes ohne Bedeutung. Die Codeworte der Länge $N = 35$ enthalten in diesem Beispiel $n = 27$ Nachrichten- und $k = 8$ Kontrollstellen. Die Coderate ist mit $R = 27/35$ relativ hoch.

Nachweis der Korrekturfähigkeit

Für zyklische Codes wurde in Abschnitt 2.7.4 das Syndrom $S(z)$ als Divisionsrest aus dem Empfangspolynom $E(z)$ und dem Generatorpolynom $G(z)$ wie folgt berechnet:

$$S(z) = E(z) \bmod G(z)$$

Dem hier vorgestellten Ansatz zur Decodierung eines Fire–Codes liegt die Aufspaltung in zwei Teilsyndrome

$$S_1(z) = E(z) \bmod G_1(z) = F(z) \bmod G_1(z) \qquad (2.66)$$

$$S_2(z) = E(z) \bmod (z^{k_2} + 1) = F(z) \bmod (z^{k_2} + 1) \qquad (2.67)$$

zugrunde. Wie man sich leicht überlegt, ist das zweite Teilsyndrom $S_2(z)$ für einen einzelnen Bitfehler innerhalb des Codewortes an der ν–ten Position durch

$$S_2(z) = F(z) \bmod (z^{k_2} + 1) = z^\nu \bmod (z^{k_2} + 1) = z^{\nu \bmod k_2} \tag{2.68}$$

analytisch beschrieben. Für das obige Codebeispiel ist das Prüfschema in der folgenden Abbildung dargestellt, wobei die auftretenden Nullen aus Gründen der Übersichtlichkeit weggelassen wurden.

```
Potenz E(z) │ 34  30   25   20   15   10   5    0
        z^2 │ 111 1  111 1  111 1  111 1  111 1
S1(z):  z^1 │  111 1  111 1  111 1  111 1  111 1
        z^0 │ 11 1  111 1  111 1  111 1  111 1   1
        z^4 │ 1    1    1    1    1    1    1
        z^3 │  1    1    1    1    1    1    1
S2(z):  z^2 │   1    1    1    1    1    1    1
        z^1 │    1    1    1    1    1    1    1
        z^0 │     1    1    1    1    1    1    1
```

Die Idee zur Decodierung der Fire–Codes besteht darin, daß das Teilsyndrom $S_2(z)$ die jeweilige Form des Fehlerbüschels angibt und anschließend aus dem Teilsyndrom $S_1(z)$ die Lage bzw. die Position des Fehlerbüschels innerhalb des Codewortes bestimmt wird. Das Teilsyndrom $S_2(z)$ ist periodisch mit der Länge k_2. Daher kann man sich leicht überlegen, daß die Form des Fehlerbüschels der Länge b nur dann eindeutig bestimmt werden kann, wenn gilt:

$$b + b - 1 < k_2 + 1 \Rightarrow b < \frac{k_2 + 2}{2} \tag{2.69}$$

Als Beispiel sei ein Büschelfehler der Länge $b = 3$ und der Form 101 angenommen, der an der 6. Stelle innerhalb des Codewortes beginnt und dementsprechend durch das Fehlerpolynom $F(z) = z^{29} + z^{27}$ beschrieben werden kann. Für dieses Fehlerpolynom $F(z)$ ist das erste Teilsyndrom $S_1(z) = z^2 + z + 1$ und das zweite Teilsyndrom kann in diesem Fall analytisch durch $S_2(z) = z^4 + z^2$ angegeben werden. Dieses zweite Teilsyndrom $S_2(z)$ ist allerdings nicht eindeutig, denn derselbe Wert würde auch für folgende Fehlerbüschel bzw. deren Fehlerpolynome entstehen: $F(z) = z^{34} + z^{32}, z^{24} + z^{22}, \ldots, z^4 + z^2$.

Andererseits könnte das zweite Teilsyndrom $S_2(z)$ den Wert $S_2(z) = z^4 + z^2$ auch für ein Fehlerpolynom $F(z) = z^{32} + z^{29}$ annehmen. In diesem Fall wäre allerdings die Büschelfehlerlänge $b = 4$ und damit die obige Ungleichung (2.69) verletzt.

Unter den gegebenen Randbedingungen liegt mit dem Teilsyndrom $S_2(z)$ die Fehlerform fest. Die verbleibenden Möglichkeiten der unterschiedlichen Fehlerpositionen innerhalb des Codewortes $C(z)$ werden anhand des Teilsyndroms $S_1(z)$ analysiert und daraus eine eindeutige Entscheidung zur Fehlerkorrektur getroffen.

Nachdem die Fehlerform durch das Teilsyndrom $S_2(z)$ bekannt ist, kann ein Fehlerbüschel an den noch nicht bekannten verschiedenen Positionen $F_0 : \nu, F_1 : \nu + k_2, F_2 : \nu + 2k_2$ usw. innerhalb des Codewortes beginnen. Die diesen möglichen Fehlermustern $F_i(z)$ zugehörigen Syndrome $S_{1i}(z) = F_i(z) \bmod G_1(z)$ müssen paarweise verschieden sein, damit eine eindeutige Büschelfehler–Korrektur möglich ist.

Da $G_1(z)$ ein primitives Polynom ist, erzeugt die Folge

$$z^\nu; \nu = 1, \ldots, 2^{k_1} - 1$$

sämtliche von Null verschiedenen Restklassenpolynome mit Grad $k < k_1$. Für das Beispiel $G_1(z) = z^3 + z + 1$ gilt:

	$z^\nu \bmod G(z)$
1	1
z	z
z^2	z^2
z^3	$z + 1$
z^4	$z^2 + z$
z^5	$z^2 + z + 1$
z^6	$z^2 + 1$
z^7	$1 = z^0$

Das dem Fehlerpolynom $F_0(z) = S_2(z)$, mit dem ein an der Stelle ν beginnendes Fehlermuster beschrieben wird, zugeordnete Syndrom $S_{10}(z)$ berechnet sich wie folgt:

$$S_{10}(z) = S_2(z) \bmod G_1(z) \neq 0 \quad .$$

und ist notwendig vom Nullelement des Restklassenkörpers verschieden, da Büschelfehler der Länge $b \leq k_1$ mit einem zyklischen Code immer erkannt werden können (siehe Abschnitt 2.7.6, Seite 108). Die Syndrome $S_{1j}(z)$ der periodisch innerhalb des Codewortes verschobenen Fehlermuster bzw. Fehlerpolynome $F_j(z)$ berechnen sich wie folgt:

$$S_{11}(z) = [z^{k_2} \cdot S_2(z)] \bmod G_1(z)$$

$$S_{12}(z) = [z^{2k_2} \cdot S_2(z)] \bmod G_1(z)$$

$$\vdots$$

Da das Generatorpolynom $G_1(z)$ ein primitives Polynom ist, können sämtliche Elemente des zugehörigen Restklassenkörpers als Potenzen z^k dargestellt werden. Damit ist auch das Syndrom $S_{10}(z)$ als Potenz z^j mit einem geeigneten Exponenten j innerhalb des Restklassenkörpers darstellbar:

$$S_{10}(z) = z^j \bmod G_1(z)$$

Für die weiteren Syndrome $S_{1k}(z)$ erhält man die folgende Darstellung

$$S_{11}(z) = z^{j+k_2} \bmod G_1(z)$$

$$S_{12}(z) = z^{j+2k_2} \bmod G_1(z)$$

$$\vdots$$

Die Exponenten $(j + i \cdot k_2) \bmod (2^{k_1} - 1)$ sind paarweise verschieden, sofern $i \cdot k_2$ und $2^{k_1} - 1$ teilerfremd sind. Dies wird durch die Bedingung $N \leq$ KGV $(k_2, 2^{k_1} - 1)$ für die Codewortlänge N garantiert. Damit kann neben der Fehlerform auch die Fehlerposition innerhalb des Codewortes eindeutig bestimmt werden, sofern die Länge b des Büschelfehlers die oben angegebenen Grenzen nicht überschreitet. Im obigen Beispiel ist das erste Teilsyndrom $S_1(z) = z^2 + z + 1$.

In der praktischen Anwendung werden nach den obigen Erläuterungen zunächst die beiden Teilsyndrome $S_1(z)$, $S_2(z)$ durch Polynomdivision aus dem Empfangspolynom $E(z)$ und den Generatorteilpolynomen ermittelt.

$$S_1(z) = E(z) \bmod G_1(z) \tag{2.70}$$

$$S_2(z) = E(z) \bmod (z^{k_2} + 1) \tag{2.71}$$

Gleichzeitig wird die Folge der Syndrome $S_{1j}(z)$ aus dem mit dem Teilsyndrom $S_2(z)$ bekannten Büschelfehlermuster berechnet. Im Falle der Übereinstimmung zwischen dem Teilsyndrom $S_1(z)$ und einem der Syndrome $S_{1j}(z)$ ist zusätzlich auch die Lage des Büschelfehlers innerhalb des Codewortes gefunden und eine eindeutige Fehlerkorrektur kann durchgeführt werden.

Alternativ kann die Decodierung eines Fire–Codes in der praktischen Anwendung durch eine Syndromtabelle vorgenommen werden, in der die Syndromvektoren für sämtliche im Prinzip korrigierbaren Büschelfehler enthalten sind.

2.9.3 BCH–Codes

Der Name dieser Codeklasse ergibt sich aus den Anfangsbuchstaben dreier Wissenschaftler: Bose, Chaudhuri und Hocquenghem, die diese wichtige Klasse zyklischer Codes entwickelt haben. BCH–Codes bilden eine sehr leistungsfähige Klasse von zyklischen Codes, mit denen eine vorgegebene Anzahl von insgesamt $e \geq 1$ beliebig verteilter Fehler innerhalb des Codewortes eindeutig korrigiert werden kann. Für BCH–Codes entstehen die folgenden allgemeinen Systemparameter der Codewortlänge N, der Hamming–Distanz $d(C)$ und der Kontrollstellenanzahl k:

$$N = 2^{k_1} - 1$$
$$d(C) = 2e + 1 \qquad\qquad (2.72)$$
$$k \leq k_1 e$$

Die Konstruktion der BCH–Codes wird im folgenden Abschnitt behandelt. Für den praktischen Gebrauch sind die Generatorpolynome der BCH–Codes für unterschiedliche Systemparameter tabelliert worden, siehe Anhang A (Seite 228) sowie [10].

Konstruktion der BCH–Codes

Es soll ein Generatorpolynom $G(z)$ für einen BCH–Code entwickelt werden, mit dem insgesamt e zufällig verteilte Fehler innerhalb des Codewortes korrigiert werden können. Ausgangspunkt für die Konstruktionsvorschrift ist ein primitives Generatorpolynom $G_1(z)$ vom Grad k_1, mit dem die Codewortlänge

$N = 2^{k_1} - 1$ bereits festgelegt ist. Das Generatorpolynom $G(z)$ eines e–Fehler korrigierenden BCH–Codes wird durch ein Produkt aus insgesamt e Polynomfaktoren entwickelt, wobei $G_1(z)$ den ersten Faktor darstellt:

$$G(z) = G_1(z) \cdot G_2(z) \cdot \ldots \cdot G_e(z) \qquad (2.73)$$

Außerdem sei eine beliebige Wurzel α des primitiven Polynoms $G_1(z)$ gegeben. Das Element $\alpha = z$ des Restklassenkörpers ist beispielsweise stets eine Wurzel von $G_1(z)$. Die Polynome $G_2(z)$ bis $G_e(z)$ werden bei der Codesynthese so berechnet, daß die Potenzen $\alpha^2, \alpha^3, \ldots, \alpha^{2e}$ ebenfalls Wurzeln des resultierenden Generatorpolynoms $G(z)$ sind.

In Abschnitt 2.8.2 wurde bereits gezeigt, daß für eine Wurzel α des primitiven Polynoms $G_1(z)$, d.h., $G_1(\alpha) = 0$, folgt, daß auch $\alpha^2, \alpha^4, \alpha^8, \ldots$ Wurzeln des Polynoms $G_1(z)$ sind. Es genügt also sicherzustellen, daß die ungeraden Potenzen $\alpha^3, \alpha^5, \ldots, \alpha^{2e-1}$ ebenfalls Wurzeln von $G(z)$ sind. Dazu wählt man die Polynomfaktoren $G_2(z)$ bis $G_e(z)$ so, daß jeweils die ungeraden Potenzen von α Wurzeln dieser Polynome werden. Da der Grad der einzelnen Faktoren — und damit die Anzahl der Kontrollstellen des Codes — möglichst klein sein soll, werden speziell die Minimalpolynome zu den Elementen α^3, α^5 usw. des Restklassenkörpers gewählt. Zur Konstruktion der Minimalpolynome wird das Galois–Feld modulo $G_1(z)$ zugrundegelegt und darin das Element $\alpha = z$ betrachtet.

Die gefundenen Minimalpolynome werden dann für die gesuchten Polynomfaktoren $G_2(z)$ bis $G_e(z)$ eingesetzt und erfüllen gleichzeitig die Eigenschaft definierte Wurzeln zu besitzen, $G_2(\alpha^3) = 0$, $G_3(\alpha^5) = 0$ bis $G_e(\alpha^{2e-1}) = 0$.

Jedes Minimalpolynom hat einen Grad von maximal k_1, so daß sich bei insgesamt e Polynomen für den Grad des Generatorpolynoms $G(z)$ die bereits oben angegebene Beziehung $k \leq e \cdot k_1$ ergibt. Es kann aber vorkommen, daß einer der Faktoren auch das Element α^{2e+1} als Wurzel besitzt. In diesem Fall beträgt die Hamming–Distanz $d(C) = 2e + 3$, und der Code kann $e + 1$ Fehler korrigieren. Man spricht in diesem Zusammenhang auch von der "Entwurfsdistanz" $(2e + 1)$ und der "tatsächlichen Distanz" $(2e + 3)$. Für weitergehende Aussagen zu BCH–Codes sei auf die Literatur verwiesen, z.B. [10].

Beispiel:

Es soll ein Generatorpolynom $G(z)$ für einen BCH–Code der Länge $N = 15$ konstruiert werden, mit dem insgesamt $e = 3$ Fehler korrigiert werden können. Das primitive Polynom

$$G_1(z) = z^4 + z^3 + 1$$

legt zunächst die Codewortlänge $N = 15$ und das Galois–Feld GF(2^4) fest. Das Galois–Feld GF(2^4) wird im folgenden in der Darstellung $z^\nu \bmod G_1(z)$ und parallel in Binärschreibweise explizit angegeben:

z^ν	$z^\nu \bmod (z^4 + z^3 + 1)$				
$z^0 = 1$	0	0	0	1	*
z^1	0	0	1	0	
z^2	0	1	0	0	
z^3	1	0	0	0	*
z^4	1	0	0	1	*
z^5	1	0	1	1	
z^6	1	1	1	1	
z^7	0	1	1	1	
z^8	1	1	1	0	
z^9	0	1	0	1	
z^{10}	1	0	1	0	
z^{11}	1	1	0	1	
z^{12}	0	0	1	1	
z^{13}	0	1	1	0	
z^{14}	1	1	0	0	

Aus dieser Tabelle ist ersichtlich, daß $\alpha = z$ eine Wurzel von $G_1(z)$ ist (Summe der mit "*" markierten Zeilen). Gesucht werden also die Minimalpolynome zu α^3 und α^5.

1. Bestimmung von $G_2(z)$:

ν	$\alpha^{3\nu}$	binär			
0	1	0	0	0	1
1	α^3	1	0	0	0
2	α^6	1	1	1	1
3	α^9	0	1	0	1
4	α^{12}	0	0	1	1
		0	0	0	0

Es sind alle 5 Exponenten von α^3 erforderlich, damit die Summe Null wird, $G_2(\alpha^3) = 0$. Das gesuchte Minimalpolynom ist also:

$$G_2(z) = z^4 + z^3 + z^2 + z + 1$$

2. Bestimmung von $G_3(z)$:

ν	$\alpha^{5\nu}$	binär			
0	1	0	0	0	1
1	α^5	1	0	1	1
2	α^{10}	1	0	1	0
		0	0	0	0

In diesem Beispiel sind nur 3 Exponenten von α^5 erforderlich, damit die Summe Null wird, $G_3(\alpha^5) = 0$. Das gesuchte Minimalpolynom $G_3(z)$ ist also:

$$G_3(z) = z^2 + z + 1$$

Damit ist das Generatorpolynom $G(z)$ für dieses Beispiel bestimmt, das in ausmultiplizierter Form wie folgt angegeben werden kann:

$$\begin{aligned}
G(z) &= G_1(z) \cdot G_2(z) \cdot G_3(z) \\
&= (z^4 + z^3 + 1) \cdot (z^4 + z^3 + z^2 + z + 1) \cdot (z^2 + z + 1) \\
&= z^{10} + z^9 + z^8 + z^6 + z^5 + z^2 + 1
\end{aligned}$$

In der BCH–Tabelle im Anhang ist das spiegelbildliche Generatorpolynom $G(z) = z^{10} + z^8 + z^5 + z^4 + z^2 + z + 1$ angegeben. Dieses erhält man, wenn man von dem primitiven Polynom $G_1(z) = z^4 + z + 1$ ausgeht. Die Codeeigenschaften sind jedoch identisch.

Nachweis der Codeeigenschaften

Die Elemente $\alpha, \alpha^2, \ldots, \alpha^{2e}$ seien Wurzeln des Generatorpolynoms $G(z)$. Da jedes gültige Codewortpolynom durch das Generatorpolynom teilbar ist, sind die Elemente α^ν auch Wurzeln der Codewortpolynome $C(z)$. Ausgeschrieben ergibt dies das folgende Gleichungssystem:

$$C(\alpha) = 0$$

$$C(\alpha^2) = 0 \qquad\qquad (2.74)$$

$$\vdots$$

$$C(\alpha^{2e}) = 0$$

Daraus soll nun die Korrigierbarkeit von bis zu e Fehlern gefolgert werden, die innerhalb des Codewortes der Länge N an beliebigen Stellen angeordnet sein können. Es wird mit einem Widerspruchsbeweis gezeigt, daß die Hamming–Distanz $d(C) \geq 2e + 1$ ist. Da zyklische Codes gleichzeitig Gruppencodes sind, genügt der Nachweis, daß sämtliche von Null verschiedenen Codewörter ein Gewicht $w(\vec{c_i}) \geq 2e + 1$ haben.

Annahme:

Es existiere ein von Null verschiedenes Codewort $C(z)$ mit einem Gewicht $w(\vec{c}) = 2e$. Das zugehörige Codewortpolynom $C(z)$ hat in diesem Fall also genau $2e$ Binärkoeffizienten mit dem Wert 1:

$$C(z) = z^{i_1} + z^{i_2} + \ldots + z^{i_{2e}}$$

Widerspruch:

Die einzelnen Potenzen z^{i_k} des Codewortpolynoms können wiederum als Potenzen der bei der BCH–Codeentwicklung betrachteten Wurzel α ausgedrückt und abgekürzt als q_k geschrieben werden. Damit ist gleichzeitig auch nachgewiesen, daß sämtliche Werte q_k unterschiedliche und vom Nullelement verschiedene Elemente im Restklassenkörper GF(2^{h_1}) sind.

$$z^{i_1} = \alpha^{\nu_1} =: q_1$$
$$z^{i_2} = \alpha^{\nu_2} =: q_2 \qquad (2.75)$$
$$\vdots$$
$$z^{i_{2e}} = \alpha^{\nu_{2e}} =: q_{2e}$$

Das Gleichungssystem (2.74) sagt aus, daß $C(z)$ mindestens $2e$ verschiedene Wurzeln aufweist und damit folgendermaßen geschrieben werden kann:

$$
\begin{array}{ccccccccc}
C(\alpha) &=& q_1 &+& q_2 &+\ldots+& q_{2e} &=& 0 \\
C(\alpha^2) &=& q_1^2 &+& q_2^2 &+\ldots+& q_{2e}^2 &=& 0 \\
\vdots && \vdots && \vdots && \vdots & \vdots & \\
C(\alpha^{2e}) &=& q_1^{2e} &+& q_2^{2e} &+\ldots+& q_{2e}^{2e} &=& 0
\end{array}
\qquad (2.76)
$$

Dieses Gleichungssystem ist nur dann lösbar, wenn die zugehörige Determinante D verschwindet:

$$
D = \begin{vmatrix}
q_1 & q_2 & \cdots & q_{2e} \\
q_1^2 & q_2^2 & \cdots & q_{2e}^2 \\
\vdots & \vdots & \ddots & \vdots \\
q_1^{2e} & q_2^{2e} & \cdots & q_{2e}^{2e}
\end{vmatrix}
= \left(\prod_{i=1}^{2e} q_i \right) \cdot \prod_{i>j} (q_i - q_j) \stackrel{!}{=} 0
\qquad (2.77)
$$

Die Determinante D läßt sich durch Herausziehen der Faktoren q_i auf die Form einer Vandermond–Determinante bringen, deren bekannte Lösung in Gleichung (2.77) angegeben ist. Die Determinante verschwindet nur dann, wenn eines der Elemente $q_i = 0$ ist oder zwei identische Elemente $q_i = q_j$ ($i \neq j$) vorkommen. Beides widerspricht jedoch der Annahme, daß sämtliche Elemente q_k unterschiedlich und vom Nullelement des Restklassenkörpers GF(2^k) verschieden sind. Ein Codewort mit dem Gewicht $w(\vec{c}) = 2e$ kann also nicht existieren. Entsprechende Überlegungen lassen sich für ein Gewicht $w(\vec{c}) < 2e$ anstellen, und es folgt die zu beweisende Behauptung $d(C) \geq 2e + 1$.

2.9.4 Reed–Solomon–Codes

Die Reed–Solomon–Codes (RS–Codes) bilden eine Klasse von *nichtbinären*
BCH–Codes. Die Koeffizienten c_k in den Codewortpolynomen $C(z)$ sind
in diesem Fall keine Binärwerte, sondern bereits Elemente eines endlichen
Körpers GF(2^p) mit $p > 2$ oder eines Körpers GF(q) modulo einer Primzahl
$q > 2$. Von praktischem Interesse sind vor allem Reed–Solomon Codes über
einem GF(2^p), weil in diesem Fall jeweils p Binärwerte zu einem Symbol
(bzw.   Koeffizienten c_k) zusammengefaßt werden können. Die Rechenregeln im Restklassenkörper entsprechen denen in Abschnitt 2.8. Mit Reed–
Solomon–Codes können statistisch verteilte Symbolfehler korrigiert werden.
Dadurch, daß jeweils p Bit zu einem Symbol zusammengefaßt werden, ergibt sich gleichzeitig die Fähigkeit zur Korrektur mehrerer Fehlerbüschel der
Länge p innerhalb eines Codewortes $C(z)$. RS–Codes gehören zu den besten
bekannten Büschelfehler korrigierenden Codes.

Die Codewortlänge eines Reed–Solomon–Codes über einem Galoisfeld
GF(2^p) ist:

$$N \;=\; 2^p - 1 \quad \text{Symbole} \tag{2.78}$$

$$\text{bzw.} \quad N \;=\; p\,(2^p - 1) \quad \text{Bit}$$

Ein RS–Code, der bis zu e Symbolfehler korrigieren kann, hat genau $k = 2e$
Kontrollsymbole. Das Generatorpolynom $G(z)$ eines e Symbolfehler korrigierenden Reed–Solomon–Codes ist

$$G(z) = (z - \alpha) \cdot (z - \alpha^2) \cdot \ldots \cdot (z - \alpha^{2e}) = \prod_{\nu=1}^{2e} (z - \alpha^\nu) \tag{2.79}$$

wobei α ein primitives Element des Galois–Feldes GF(2^p) ist. Die Codierung
erfolgt im Prinzip genauso wie bei einem binären zyklischen BCH–Code.
Es sind lediglich die Rechenregeln des GF(2^p) sinngemäß anzuwenden. Die
Decodierung ist relativ kompliziert, da eine Syndromtabelle in den meisten
Fällen den Rahmen einer praktischen Realisierung sprengt. In vielen Fällen
werden algebraische Decodierverfahren (z.B. der Berlekamp–Algorithmus)
verwendet, die im Rahmen dieses Buches nicht näher betrachtet werden sollen,
aber in [10, 13] ausführlich beschrieben sind.

2.10 Weitere Codierungstechniken

2.10.1 Verkürzung von Codes

Ein separierbarer Code kann verkürzt werden, indem man einige Nachrichtenstellen wegläßt und diese bei der Decodierung entsprechend durch Nullen ersetzt. Diese Technik kann nur bei separierbaren Codes eingesetzt werden. Da die Kontrollstellen in dem Code unverändert übernommen werden, bleiben die Korrektureigenschaften des ursprünglichen Codes C weitgehend erhalten. Allgemein gilt

$$d(C_{\text{verk}}) \geq d(C) \quad , \tag{2.80}$$

d.h. die Hamming–Distanz und damit die Anzahl korrigierbarer Fehler bleibt zumindest gleich, kann aber u.U. größer werden. Für den Einsatz verkürzter Codes sind z.B. folgende Gründe denkbar:

- Aufgrund einer praktischen Anwendung ist eine bestimmte Codewortlänge N wünschenswert (z.B. eine volle Anzahl von Bytes).

- Ein Code mit geeigneten Korrektureigenschaften ist zu lang, um auf dem gegebenen Kanal eine geringe Restfehlerwahrscheinlichkeit zu erreichen. Als Beispiel seien Fire–Codes (siehe Seite 121) genannt, bei denen sich selbst bei moderaten korrigierbaren Büschelfehlerlängen sehr große Codewortlängen N ergeben.

- Datentelegramme variabler Länge sollen mit demselben Code codiert werden. Ein Beispiel ist eine CRC–Prüfung (CRC = Cyclic Redundancy Check, d.h. der Einsatz eines zyklischen Codes zur reinen Fehlererkennung).

In diesem Zusammenhang wird das Weglassen von einigen Kontrollstellen oder von Stellen eines nichtseparierbaren Codes als *Punktierung* bezeichnet. Diese Technik führt bei Blockcodes selten zu brauchbaren Lösungen. Die Punktierungstechnik hat allerdings bei den im Kapitel 4 behandelten Faltungscodes eine große praktische Bedeutung.

2.10.2 Codeverkettung

Bei der Verkettung von Codes werden 2 oder mehrere Codes quasi in Reihe geschaltet (siehe Bild 2.15). Die mit dem äußeren Code codierte Nachricht dient

als Eingabe zur Erzeugung des inneren Codes — umgekehrt wirkt das System
mit innerem Code und Übertragungskanal als Datenkanal für den äußeren
Code. Die Motivation für die Konstruktion verketteter Codes besteht in der

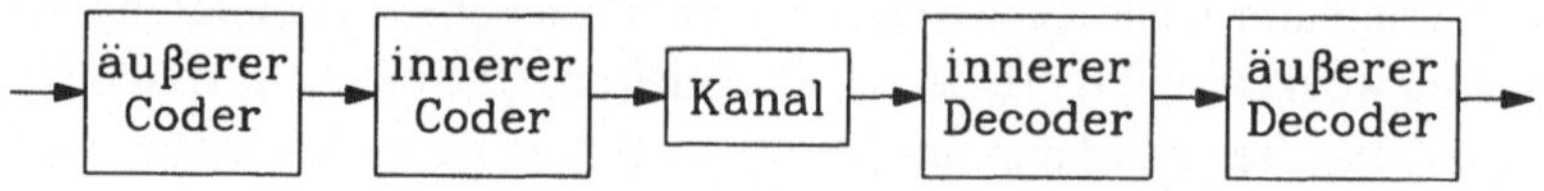

Bild 2.15: Prinzip verketteter Codes

Ausnutzung unterschiedlicher komplementärer Codeeigenschaften, z.B. zur
Fehlerkorrektur und Fehlererkennung, oder zur Einzel- und Büschelfehlerkor-
rektur.

Ein klassisches Beispiel besteht darin, daß der innere Code Einzelfehler
korrigiert, während der äußere Code Büschelfehler korrigiert. Der innere
Code versucht also die innerhalb des Codewortes stochastisch auftretenden
Einzelfehler zu korrigieren. Die Stellen, an denen der innere Code überfordert ist, an denen z.B. Büschelfehler auftreten, werden vom äußeren Code
korrigiert. Ein Verfahren dieser Art wird beispielsweise im europäischen
Mobilfunksystem (GSM, D–Netz) eingesetzt. Durch Verkettung lassen sich
sehr leistungsfähige Codes konstruieren. In vielen Anwendungsbeispielen ist
der innere Code durch einen Faltungscode und der äußere Code durch einen
Reed–Solomon–Code realisiert.

2.10.3 Codespreizung (Interleaving)

Die meisten der hier behandelten Codes bieten Schutz vor statistisch unabhängig auftretenden Einzelfehlern. In einigen Nachrichtenübertragungssystemen (z.B. in Funksystemen) treten vorwiegend Büschelfehler auf, die
z.B. durch Fadingeffekte verursacht werden. Diese Fehler können einerseits
mit speziellen büschelfehlerkorrigierenden Codes (z.B. Fire–Codes, Reed–
Solomon–Codes) bekämpft werden. Eine Alternative dazu bietet eine Code-
spreizung (Interleaving). Die Idee besteht darin, auftretende Büschelfehler im
Empfänger zu dekorrelieren (d.h. auf viele Codeworte zu verteilen), so daß sie
in den einzelnen Codewörtern bei der Decodierung als stochastisch verteilte
Einzelfehler auftreten, die dann mit einem Code korrigiert werden können,
der zur Korrektur statistisch verteilter Fehler ausgelegt ist. Das Prinzip des
Interleavings wird anhand eines Blockinterleavers (siehe Bild 2.16) erläutert.

Die im Sender codierten Daten werden zunächst zeilenweise in eine Matrix

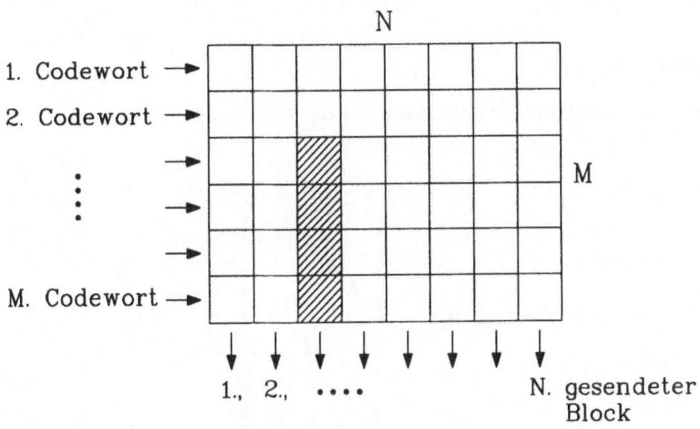

Bild 2.16: Blockinterleaver

geschrieben. Diese Matrix wird anschließend zur Übertragung spaltenweise
ausgelesen. Auf der Empfängerseite wird diese Transformation in einem Dein-
terleaver rückgängig gemacht, bevor die Kanaldecodierung durchgeführt wird.
Wenn ein Büschelfehler auftritt (z.B. der in Bild 2.16 schraffierte Bereich),
dann werden die fehlerhaften Bits im Empfänger auf viele Codeworte verteilt,
so daß sie im Decoder als Einzelfehler (oder für $b > M$ als kurze Büschelfehler) auftreten. In der praktischen Anwendung muß allerdings die durch den
Interleaver entstehende zeitliche Verzögerung berücksichtigt werden.

2.11   Übungsaufgaben

Aufgabe 2.1

Gegeben ist ein linearer Blockcode mit der Generatormatrix

$$
[G] = \begin{pmatrix} 1 & 1 & 1 \\ 1 & 0 & 1 \\ 0 & 1 & 1 \\ 1 & 0 & 0 \\ 0 & 0 & 1 \\ 0 & 1 & 0 \\ 1 & 1 & 0 \end{pmatrix}
$$

a) Stellen Sie den vollständigen Code auf!

b) Bestimmen Sie die Generatormatrix $[G]'$ des zugehörigen separierbaren Codes! Wie lautet der vollständige separierbare Code?

c) Wie groß ist die Hamming–Distanz $d(C)$ des Codes?

d) Stellen Sie die Gleichungen zur Ermittlung der Kontrollstellen sowie die Prüfgleichungen explizit auf!

e) Zeigen Sie, daß der Code Einzelfehler und Büschelfehler der Länge $b = 2$ korrigieren kann.

Aufgabe 2.2

a) Stellen Sie die Kontrollmatrix $[H]$ für den in Aufgabe 2.1 beschriebenen separierbaren Code auf!

b) Aus der Kontrollmatrix soll die vollständige Syndromtabelle erstellt werden.

c) Wie wird ein fehlerhaft empfangenes Wort korrigiert? Wie lauten die zu den Empfangswörtern

$$\vec{y}_1 = \begin{pmatrix} 0 \\ 0 \\ 0 \\ 1 \\ 1 \\ 0 \\ 1 \end{pmatrix} \qquad \vec{y}_2 = \begin{pmatrix} 0 \\ 0 \\ 1 \\ 0 \\ 1 \\ 0 \\ 0 \end{pmatrix} \qquad \vec{y}_3 = \begin{pmatrix} 1 \\ 1 \\ 1 \\ 1 \\ 1 \\ 1 \\ 0 \end{pmatrix}$$

gehörenden gültigen Codewörter?

Aufgabe 2.3

Ein Hamming Code der Länge $N = 7$ soll zur reinen Fehlererkennung mit anschließender Bestätigung eingesetzt werden. Die Bitfehlerwahrscheinlichkeit eines symmetrischen Binärkanals beträgt $p_b = 5 \cdot 10^{-3}$.

a) Wie groß ist die Wahrscheinlichkeit, daß ein Codewort fehlerhaft empfangen wird?

b) Wie groß ist die Wahrscheinlichkeit, daß ein fehlerhaftes Empfangswort nicht erkannt wird? Für die exakte Berechnung benötigt man die Gewichtsverteilung der Codeworte:

Gewicht	Anz. Codeworte
0	1
3	7
4	7
7	1

c) Wie groß ist die Nutzdatenübertragungsrate des Systems, wenn der Kanal 2 kBit/s überträgt? Bei der Berechnung soll angenommen werden, daß der Rückkanal für die Bestätigung störungsfrei ist.

Aufgabe 2.4

Ein Code mit der Hamming–Distanz $d(C) > 3$ soll zur kombinierten Fehlerkorrektur und -erkennung verwendet werden. Es sollen bis zu f_k Fehler korrigiert werden. Darüber hinaus sollen *gleichzeitig* Fehlermuster mit $f_k < f \leq f_e$

Fehlern erkannt werden. Wie lautet der Zusammenhang zwischen f_k, f_e und $d(C)$?

Aufgabe 2.5

Führen Sie die folgenden Berechnungen mit Polynomen im GF(2) aus:

a) Polynommultiplikation:
$$A_1(z) = (z^4 + z + 1) \cdot (z^4 + z^3 + 1)$$
$$A_2(z) = (z^3 + z^2 + 1) \cdot (z^4 + 1)$$

b) Polynomdivision:
$$B_1(z) = (z^9 + z^6 + z^5 + z^4 + z + 1) : (z^4 + z + 1)$$
$$B_2(z) = (z^{10} + z^8 + z^5 + z^4 + z^2 + z + 1) : (z^4 + z + 1)$$

c) Divisionsrest:
$$C_1(z) = (z^5 + z^2 + z) \bmod (z^3 + z + 1)$$
$$C_2(z) = (z^7 + z^6 + z^4 + z^3 + z + 1) \bmod (z^5 + z^4 + z^2 + z + 1)$$

Aufgabe 2.6

Sind die folgenden Polynome mit Koeffizienten aus GF(2) irreduzibel? Wenn nein, geben Sie die Zerlegung in irreduzible Polynome an!

1. $P(z) = z^4 + z^2 + z + 1$

2. $P(z) = z^4 + z^3 + z^2 + z + 1$

Aufgabe 2.7

Gegeben ist ein zyklischer Code mit dem Generatorpolynom

$$G(z) = (z^3 + z + 1) \cdot (z + 1)$$

a) Wie groß ist die Periode r des Generatorpolynoms?

b) Wieviele Kontroll- und Nachrichtenstellen hat der Code?

c) Geben Sie die Codeworte des separierbaren sowie des nicht separierbaren Codes zu den beiden Nachrichtenwörtern $N_1(z) = z^2 + 1$ und $N_2(z) = z$ an (jeweils in Polynom- und Binärform)!

d) Es werden die Binärworte $e_1 = 1101001$ und $e_2 = 1001010$ empfangen. Bilden Sie die zugehörigen Syndrome und ermitteln Sie, ob es sich um gültige Codeworte handelt!

Aufgabe 2.8

Mit der abgebildeten Schaltung soll ein Nachrichtenpolynom $N(z)$ einer 1–Fehler korrigierenden Kanalcodierung unterzogen werden. Das Nachrichtenwort wird parallel in die Stufen S1 bis S4 der Schieberegisterkette eingelesen und liegt danach an den jeweiligen Stufenausgängen an. Das zu dieser Eingabe gehörende Codewortpolynom $C(z)$ entsteht nach den folgenden 6 Schiebetakten am Ausgang des Codierers. Der Eingang ist während dieser Zeit gesperrt.

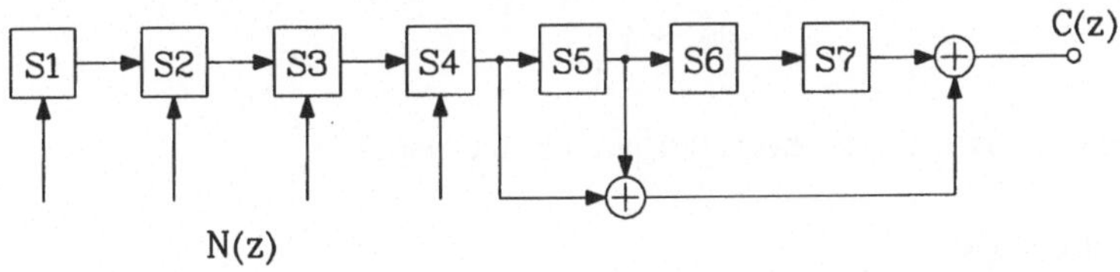

a) Welche Operation führt die Schaltung aus (Polynomschreibweise)?

b) Wie lautet das Generatorpolynom $G(z)$?

c) Welches Codewort gehört zu $N(z) = z^3 + z^2$? Die Verschiebung soll praktisch durchgeführt werden, wobei der Zustand der einzelnen Register angegeben wird.

d) Wie lauten die Generatormatrix $[G]$, die Generatormatrix $[G']$ des zugehörigen separierbaren Codes sowie die Kontrollmatrix $[H]$?

e) Welche Codieroperation muß in Polynomschreibweise ausgeführt werden, wenn ein separierbarer Code verlangt wird? Wie lautet jetzt das Codewort zu $N(z) = z^3 + z^2$?

f) Geben Sie eine Coderschaltung für die Erzeugung des separierbaren zyklischen Codes an!

g) Die zugehörige Decoderschaltung soll entworfen werden.

h) Wie lautet das Syndrompolynom, das sich nach dem 7. Takt im Decoder ergibt, wenn das Wort $E(z) = z^6 + z^5 + z^4 + z^3 + z^2$ empfangen wird?

Aufgabe 2.9

Bei einer Datenfunkübertragung liegt ein festes Datenformat vor, in dem 50 Nachrichten- und 23 Kontrollstellen zu einem Block zusammengefaßt sind. Die Kontrollstellen können, müssen aber nicht alle ausgenutzt werden. Es soll ein BCH–Coder und Decoder ausgelegt werden. Vom Benutzer wird eine Blockfehlerwahrscheinlichkeit $p_{w,max} = 10^{-9}$ bei einer Bitfehlerwahrscheinlichkeit von $p_b = 10^{-4}$ verlangt. Aus Platz- und Kostengründen darf die Kapazität des Syndromspeichers $3 \cdot 10^6$ Worte nicht überschreiten. Ist das Projekt unter diesen Bedingungen realisierbar?

(Hinweis: Die Bitfehlerwahrscheinlichkeit kann als klein angesehen werden, d.h. es gilt

$$p_w \approx \binom{N}{e+1} \cdot p_b^{e+1} \, ,$$

wobei e die Anzahl der korrigierbaren Fehler ist.)

Aufgabe 2.10

Gegeben sei ein beliebiger zyklischer Code mit dem Generatorpolynom

$$G(z) = g_k z^k + g_{k-1} z^{k-1} + \ldots + g_1 z + g_0$$

Zeigen Sie, daß der Code mit dem reziproken Generatorpolynom

$$G_r(z) = z^k G(z^{-1}) = g_k + g_{k-1} z + \ldots g_1 z^{k-1} + g_0 z^k$$

dieselben Eigenschaften (d.h. gleiche Codewortlänge und Hamming–Distanz) besitzt!

Aufgabe 2.11

Konstruieren Sie einen BCH–Code der Länge $N = 15$, der $e = 3$ Fehler korrigieren kann! Gehen Sie dabei von dem primitiven Polynom $G_1(z) = M(z) = z^4 + z + 1$ aus.

Aufgabe 2.12

In dieser Aufgabe soll die Codeauswahl unter verschiedenen Randbedingungen durchgeführt werden.

Es wird eine Satellitenübertragungsstrecke (Downlink) betrachtet. Die Streckendämpfung (incl. Antennen) beträgt $A = 156$ dB. Die Sendeleistung des Satelliten berträgt $P_s = 2$ kW. Die Übertragung wird im wesentlichen durch das thermische Rauschen des Empfängers bestimmt. Daher wird die Eingangsstufe des Empfängers mit flüssigem Stickstoff auf 77 K gekühlt; ihre Rauschzahl beträgt 3 dB.

Es wird eine QPSK verwendet, die in der Bodenstation kohärent demoduliert wird. Die Fehlerkorrektur soll mit BCH–Codes der Länge $N = 31$ durchgeführt werden. Für die Codeauswahl kann $p_{Rest} \ll 1$ angenommen werden.

a) Die Gesamtübertragungsrate ist auf $R = 20$ MBit/s festgelegt, wobei eine Restfehlerwahrscheinlichkeit $p_r \leq 10^{-9}$ gefordert wird. Diese Forderung soll mit möglichst geringer hinzugefügter Redundanz erfüllt werden. Es ist ein geeigneter Code auszuwählen.

b) Anstelle der Gesamtübertragungsrate wird nun bei gleicher Sendeleistung eine Nutzdatenrate von $R_n = 20$ MBit/s verlangt. Die Gesamtübertragungsrate kann beliebig gewählt werden. Wählen Sie denjenigen Code aus, der unter diesen Bedingungen die geringste Restfehlerwahrscheinlichkeit ergibt!

c) Für die Restfehlerwahrscheinlichkeit wird nun nur ein Wert von 10^{-4} gefordert. Die Sendeleistung soll gegenüber dem Ausgangswert verringert werden, um das Gewicht des Sendeverstärkers zu reduzieren. Wählen Sie einen geeigneten Code aus und bestimmen Sie die erforderliche Sendeleistung P_{smin} !

Aufgabe 2.13

Beim digitalen Satellitenradio (DSR) liegt die Zielsetzung vor, Rundfunk nahezu in CD–Qualität zur Verfügung zu stellen. In der vorliegenden Aufgabe soll anhand der Vorgaben dieses Systems die Kanalcodierung entworfen werden. Der Übertragungskanal kann in guter Näherung als symmetrischer Binärkanal angesehen werden.

Hinweis: Es kann die Näherung für kleine Restfehlerwahrscheinlichkeiten verwendet werden (vgl. Seite 70).

Gegeben sind folgende Größen bzw. Aussagen:

- Abtastrate: $f_a = 32\,\text{kHz}$

- Jeder Abtastwert wird mit 2×14 Bit dargestellt (Stereo).

- Es werden jeweils ein Abtastwert von zwei Stereokanälen (also 56 Nutzbits) zu einem Block zusammengefaßt. Dieser hat incl. Kanalcodierung die Länge 77 Bit, wovon aber nur 75 Bit nutzbar sind.

- Es wird ein nahezu störungsfreier Betrieb bei einer Bitfehlerrate von $p_b = 10^{-3}$ angestrebt. Nahezu störungsfrei bedeutet, daß im Mittel weniger als ein Abtastwert pro Tag falsch empfangen wird.

- Die drei niederwertigen Bits können auch ungeschützt übertragen werden, weil Bitfehler in diesen Stellen nur geringen Einfluß auf die Tonqualität haben.

- Wenn Übertragungsfehler bei einer Fehlererkennung registriert werden, so kann der betreffende Abtastwert interpoliert werden. Wenn dies im Mittel seltener als zweimal pro Sekunde geschieht, wird das Tonsignal nicht merklich verfälscht.

Diese Angaben sollen für die Kanalcodierung herangezogen werden:

a) Welche Forderung für die Restfehlerwahrscheinlichkeit ergibt sich aus der Definition für störungsfreien Betrieb?

b) Dimensionieren Sie eine Kanalcodierung mit reiner Fehlerkorrektur, die die Nutzdaten eines Blockes komplett (d.h. alle 14 Bit der Tonkanäle) schützt. Verwenden Sie dabei BCH–Codes oder verkürzte BCH–Codes. Welche Restfehlerwahrscheinlichkeit läßt sich auf diese Weise erreichen?

c) Welche Restfehlerwahrscheinlichkeit läßt sich mit einem BCH–Code der Länge $N = 63$ erreichen, wenn nur die 11 höherwertigen Bits der Tonkanäle mit einer reinen Fehlerkorrektur geschützt werden? Ist ein störungsfreier Empfang gemäß der Spezifikation möglich?

d) Ermitteln Sie, wieviele Fehler in einem Codewort der Länge $N = 63$ ggf. erkannt bzw. korrigiert werden müssen, um die beiden Forderungen bzgl. der Interpolationshäufigkeit und der Häufigkeit unerkannter Fehler zu erfüllen.

e) Welche Hamming–Distanz muß der verwendete Code also mindestens haben (vgl. Aufgabe 2.4) ?

f) Aus einem $(N, n, d(C))$–BCH–Code kann ein zyklischer Code mit den Parametern $(N, n - 1, d(C) + 1)$ konstruiert werden, indem das Generatorpolynom mit $(z + 1)$ multipliziert wird. Prüfen Sie, ob die aufgestellten Forderungen mit einem solchen Code erfüllbar sind und geben Sie ggf. das Generatorpolynom explizit an.

3 Digitale Trägermodulationsverfahren

In den bisherigen Modellen zur Übertragung binärer Nachrichten wurde der jeweilige Datenkanal durch die auftretende Bitfehlerwahrscheinlichkeit p_b charakterisiert, das Übertragungsmodell des symmetrischen Binärkanals verwendet und mit dem folgenden Bild anschaulich dargestellt.

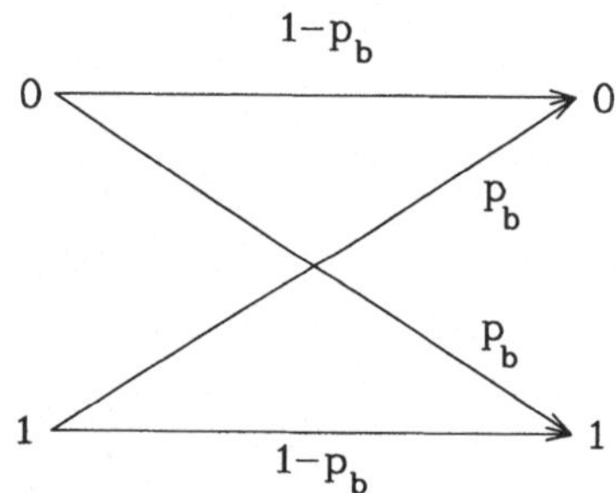

Bild 3.1: Symmetrischer Binärkanal

Die Zielsetzung des vorangegangenen Kapitels bestand darin, Methoden der Kanalcodierung zu untersuchen, mit denen auftretende Übertragungsfehler korrigiert werden können. Es wurde gezeigt, daß mit dem Einsatz fehlerkorrigierender Codes die Restfehlerwahrscheinlichkeit p_{Rest} des Datenkanals gegenüber der Bitfehlerwahrscheinlichkeit p_b wesentlich reduziert werden kann. Der gesamte binäre Übertragungskanal einschließlich der Kanalcodierungseinrichtung wurde modellmäßig durch die Restfehlerwahrscheinlichkeit p_{Rest} charakterisiert.

In diesem Kapitel soll das Modell des Datenkanals dadurch verfeinert werden, indem der physikalische Übertragungsvorgang zwar nach wie vor modellhaft, aber realitätsgetreuer nachgebildet wird. Die physikalische Übertragung kann modellhaft durch das eingesetzte digitale Modulationsverfahren einerseits und durch den auf den Übertragungskanal einwirkenden Störprozeß andererseits vollständig beschrieben werden. Wir betrachten in diesem Kapitel unterschiedliche digitale Modulationsverfahren und berechnen die jeweils resultierende Bitfehlerwahrscheinlichkeit p_b aus den Parametern des Modulationsverfahrens und aus den Annahmen über den Störprozeß.

In der praktischen Anwendung wird die zu übertragende digitale Nachricht zunächst einem Trägersignal aufmoduliert, dann über einen physikalischen Kanal (z.B. Funkkanal) übertragen und schließlich im Empfänger entsprechend demoduliert. Zur Realisierung dieses Verarbeitungsablaufs wird die am Ausgang des Kanalcoders vorliegende Bitfolge a_n im jeweiligen Modulator zunächst in ein moduliertes Sendesignal umgesetzt und dieses Nachrichtensignal anschließend über den physikalischen Kanal übertragen. Die in der Praxis auf den Übertragungskanal einwirkende Störung kann sehr unterschiedlicher Natur sein, wird in den hier durchgeführten modellhaften Betrachtungen aber ausschließlich durch eine additive Überlagerung des Modulationssignals mit einem weißen Gauß'schen Rauschprozeß berücksichtigt.

Für die modellhafte Erfassung des physikalischen Übertragungsvorganges werden bandbegrenzte Nutz- und Störsignale analytisch durch deterministische bzw. stochastische Prozesse beschrieben. Die Nutzsignale enthalten die aus dem jeweils betrachteten digitalen Modulationsverfahren resultierende Struktur und können i.a. als deterministische Signale analytisch beschrieben werden. Die Störsignale sind stochastischer Natur und werden hier jeweils durch einen weißen Gauß'schen Rauschprozeß beschrieben. Die Zielsetzung der durchzuführenden modellhaften Analysen besteht darin, die Bitfehlerwahrscheinlichkeit p_b aus den Parametern des ausgewählten Modulationsverfahrens und des Störprozesses (z.B. dem Leistungsdichtespektrum des Rauschprozesses) entweder direkt analytisch zu ermitteln oder alternativ durch Simulationsprogramme quantitativ zu berechnen.

Darüber hinaus soll in diesem Kapitel eine Verbindung zwischen den nachrichtentechnischen und den informationstheoretischen Betrachtungen hergestellt werden. In der Informationstheorie wurde der Begriff Kanalkapazität im Abschnitt 1.7 eingeführt und der Wert C für unterschiedliche durch die jeweilige Bitfehlerwahrscheinlichkeit p_b charakterisierte Übertragungskanäle berechnet. Die nachrichtentechnischen Parameter des physikalischen Kanals sind in der Modulationsart und im Störprozeß enthalten. Bei der digitalen Nachrichtenübertragung auf dem physikalischen Kanal hängt die Bitfehlerwahrscheinlichkeit p_b vom beobachteten Signal–zu–Rauschleistungsverhältnis S/N ab, das wiederum durch die jeweils eingestellte Signalbandbreite B beeinflußt ist. Damit kann die quantitative Berechnung der Kanalkapazität

C alternativ aus den nachrichtentechnischen Parametern S/N und Bandbreite B erfolgen. Zusätzlich wird die Grenze der Kanalkapazität C bei monoton wachsender Signalbandbreite B ermittelt.

Die für eine digitale Nachrichtenübertragung relevanten hochfrequenten reellen Sende- und Empfangssignale werden im folgenden Abschnitt durch jeweils zugehörige komplexwertige äquivalente Tiefpaßsignale analytisch beschrieben. Dabei können die jeweiligen Nutzsignale (Modulationssignale) durch deterministische Prozesse und die Störsignale durch stochastische Prozesse erfaßt werden.

3.1 Darstellung von reellen Bandpaßsignalen

3.1.1 Äquivalentes Tiefpaßsignal

In vielen praktischen Nachrichtenübertragungssystemen, z.B. bei Funkübertragungen, wird die Nachricht einem Sinusträger aufmoduliert. Daher soll hier zunächst eine Darstellungsform für reelle Bandpaßsignale eingeführt und analytisch beschrieben werden [22]. Ein reelles Bandpaßsignal $s(t)$ wird mit Hilfe eines (komplexen) *äquivalenten Tiefpaßsignals* $s_T(t)$ sowie der Trägerfrequenz f_0 wie folgt beschrieben:

$$s(t) = \mathrm{Re}\left\{s_T(t)\, e^{j2\pi f_0 t}\right\} \tag{3.1}$$

Das äquivalente Tiefpaßsignal wird auch als komplexe Einhüllende bezeichnet. Wenn man die obige Gleichung (3.1) ausmultipliziert, entsteht die folgende alternative Form des reellen Bandpaßsignals

$$s(t) = \mathrm{Re}\{s_T(t)\} \cdot \cos(2\pi f_0 t) - \mathrm{Im}\{s_T(t)\} \cdot \sin(2\pi f_0 t) \tag{3.2}$$

$$= s_{Tr}(t) \cdot \cos(2\pi f_0 t) - s_{Ti}(t) \cdot \sin(2\pi f_0 t)$$

Die Realisierung in praktischen Systemen kann im allgemeinen Fall mit einem sogenannten Quadraturmodulator erfolgen (siehe Bild 3.2). Real- und Imaginärteil der komplexen Einhüllenden werden auch als In–Phase- (I-) bzw. Quadratur- (Q-) Komponente bezeichnet. Diese Darstellung ist eine Erweiterung der komplexen Wechselstromrechnung; die komplexe Einhüllende kann als ein zeitvarianter Phasor aufgefaßt werden.

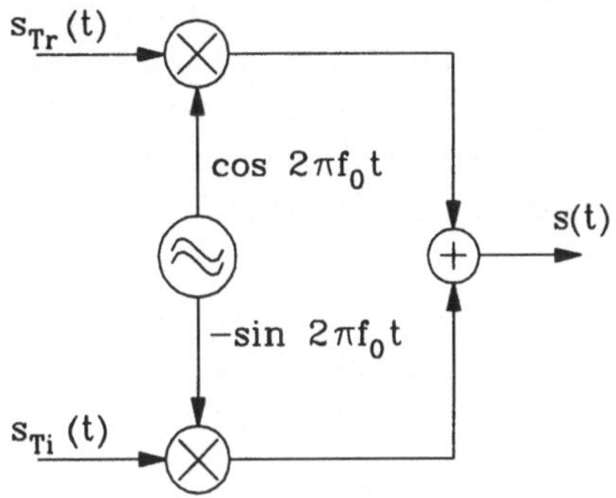

Bild 3.2: Quadraturmodulator

Die Demodulation — d.h. die Berechnung des äquivalenten Tiefpaßsignals $s_T(t)$ aus dem empfangenen reellen Bandpaßsignal $s(t)$ — erfolgt in einem Quadraturdemodulator durch Multiplikation des reellen Bandpaßsignals mit $2\cos(2\pi f_0 t)$ bzw. $-2\sin(2\pi f_0 t)$ Signalen der jeweiligen Trägerfrequenz f_0. Das Blockschaltbild und der allgemeine Signalfluß in einem Quadraturdemodulator sind in Bild 3.3 dargestellt. Am Ausgang der dort angegebenen Tiefpaßfilter, mit denen die durch den Mischvorgang entstehenden Signalanteile bei der doppelten Trägerfrequenz herausgefiltert werden, liegen der Realteil und der Imaginärteil des komplexen äquivalenten Tiefpaßsignals an.

Dieser Sachverhalt kann analytisch unmittelbar beschrieben werden, indem das reelle Empfangssignal $s(t)$ beispielsweise im In–Phase Kanal mit dem Cosinus–Signal $2\cos(2\pi f_0 t)$ der Trägerfrequenz f_0 multipliziert wird und dadurch der Realteil des äquivalenten Tiefpaßsignals entsteht.

$$s(t) \cdot 2\cos(2\pi f_0 t)$$

$$= 2\,s_{Tr}(t)\ \cos^2(2\pi f_0 t) - 2\,s_{Ti}(t)\ \sin(2\pi f_0 t)\cos(2\pi f_0 t) \quad (3.3)$$

$$= s_{Tr}(t)\,[1 + \cos(4\pi f_0 t)] - s_{Ti}(t)\ \sin(4\pi f_0 t)$$

Durch den im Bild 3.3 enthaltenen idealen Tiefpaß werden die in der obigen Gleichung auftretenden höherfrequenten Mischprodukte herausgefiltert, so daß am Filterausgang das gewünschte Signal $s_{Tr}(t)$ anliegt. Die obige Gleichung verdeutlicht gleichzeitig, daß die Berücksichtigung des Faktors 2 im Quadraturdemodulator, siehe Bild 3.3, aus analytischer Sicht sinnvoll ist,

weil nur dann im Sender und Empfänger dasselbe äquivalente Tiefpaßsignal
entsteht. In gleicher Weise erhält man den Imaginärteil $s_{Ti}(t)$ des äquivalenten Tiefpaßsignals durch Multiplikation des rellen Empfangssignals mit
$-2\sin(2\pi f_0 t)$. Für zusätzliche Erläuterungen zur analytischen Darstellung
reeller Bandpaßsignale sei auf das Buch von H.D. Lüke [22] verwiesen.

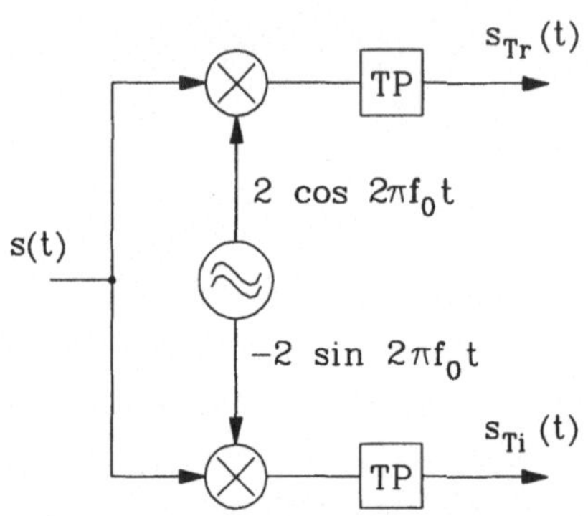

Bild 3.3: Quadraturdemodulator

Das i.a. komplexe äquivalente Tiefpaßsignal kann auf unterschiedliche
Weise graphisch dargestellt werden, z.B. als Zeitfunktion mit Real- und Imaginärteilsignal oder in Polarkoordinatenform. Für die hier diskutierte Auf-
gabe und für die Beschreibung digitaler Modulationsverfahren werden beide
Darstellungsmöglichkeiten parallel genutzt. Der zeitliche Verlauf des komplexen äquivalenten Tiefpaßsignals enthält die gesamte im Signal enthaltene
Information. In der Polarkoordinatendarstellung, d.h. bei der Darstellung
von $s_T(t)$ in der komplexen Ebene, geht zwar der Bezug zum zeitlichen
Ablauf des Signals verloren, aber die unterschiedlichen Signalzustände und
Zustandsübergänge werden deutlich hervorgehoben. Diese für digitale Mo-
dulationsverfahren außerordentlich wichtige Darstellungsform wird auch als
das *Ortsdiagramm* bezeichnet, aus dem die endlich vielen Signalzustände im
Sendesignal unmittelbar abgelesen werden können.

3.1.2 Beispiele

In den folgenden Beispielen sollen verschiedene äquivalente Tiefpaßsignale
sowie die zugehörigen Ortsdiagramme zunächst für einige einfache Signale

angegeben werden. Im nächsten Abschnitt folgt dann die Darstellung einiger elementarer digitaler Modulationsverfahren.

1. unmodulierter Träger:

$$s(t) = \cos(2\pi f_0 t + \varphi) \quad \Rightarrow \quad s_T(t) = e^{j\varphi} \tag{3.4}$$

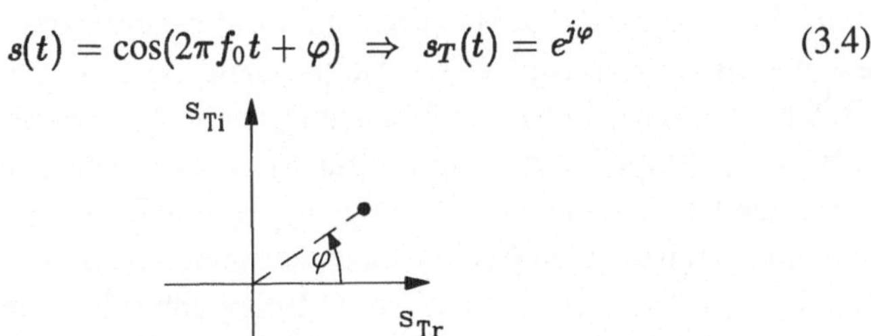

Bild 3.4: Ortsdiagramm eines unmodulierten Trägers

2. unmodulierter Träger mit Frequenzversatz zu f_0:

$$s(t) = \cos[2\pi(f_0 + \Delta f)t] \tag{3.5}$$

Das äquivalente Tiefpaßsignal kann aus dem ersten Beispiel mit Hilfe der folgenden Beziehung bestimmt werden:

$$\varphi(t) = \int\limits_0^t 2\pi\Delta f \, d\tau = 2\pi\Delta f \, t \qquad \Rightarrow \quad s_T(t) = e^{j2\pi\Delta f \, t} \tag{3.6}$$

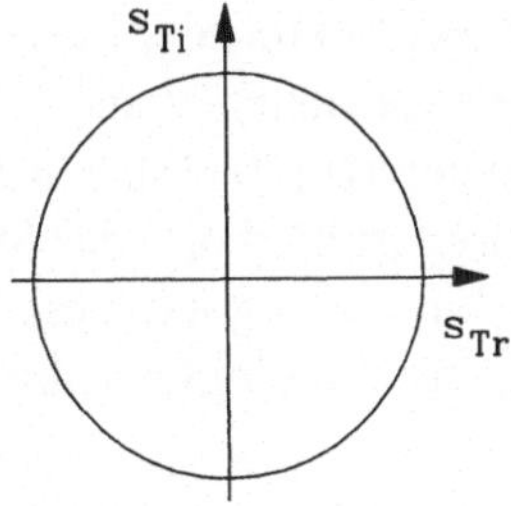

Bild 3.5: Ortsdiagramm eines unmodulierten Trägers mit Frequenzversatz

3.1.3 Digitale Modulationsverfahren

In diesem Abschnitt werden einige elementare digitale Modulationsverfahren diskutiert. Die einzelnen Modulationsverfahren sollen sowohl analytisch wie auch graphisch dargestellt werden. In der analytischen Beschreibung wird einerseits das reelle Bandpaßsignal $s(t)$ angegeben und andererseits daraus das zugehörige äquivalente Tiefpaßsignal $s_T(t)$ hergeleitet sowie analytisch beschrieben. In der graphischen Darstellung wird das komplexe äquivalente Tiefpaßsignal sowohl als Zeitfunktion beschrieben, zusätzlich aber auch durch die Ortsdiagrammdarstellung angegeben. Diese vier alternativen Darstellungsmöglichkeiten (reelles Bandpaßsignal, komplexes äquivalentes Tiefpaßsignal, komplexe Zeitfunktion, Ortsdiagramm) beschreiben zwar jeweils denselben Sachverhalt aber in unterschiedlicher Form.

Die in den Modulator eingehende Bitfolge wird hier durch die Zeichen $a_k \in \{-1, 1\}$ beschrieben. Die zu übertragende Datenrate sei $R = 1/T$. Mit diesen Voraussetzungen wird für die jeweiligen Modulationsverfahren das äquivalente Tiefpaßsignal in der folgenden Form berechnet:

$$s_T(t) = \sum_k s_k \cdot m(t - kT_s) \qquad (3.7)$$

Die komplexen Symbole s_k beschreiben die für das jeweilige Modulationsverfahren charakteristischen und möglichen Signalzustände im Ortsdiagramm, T_s ist die jeweilige *Symboldauer*, und $m(t)$ beschreibt den *Modulationsimpuls*. Die Form des Modulationsimpulses hat wesentlichen Einfluß auf die spektralen Eigenschaften des Sendesignals. In den folgenden Beispielen werden u.a. Rechteckimpulse gewählt. Für bessere spektrale Eigenschaften wären jedoch andere Formen günstiger; ideal wäre eine Übertragung mit si–förmigen Impulsen, so daß sich ein rechteckförmiges Spektrum ergibt. In der Praxis werden alternativ häufig sogenannnte ''raised–cosine''–Impulse mit guten spektralen Eigenschaften eingesetzt [20, 21]. Für das allgemeine Verständnis digitaler Modulationsverfahren ist die Form des Modulationsimpulses zweitrangig. Für die praktische Anwendung hat diese Frage nach den spektralen Eigenschaften des Sendesignals allerdings eine hohe Bedeutung.

1. Amplitude Shift Keying (ASK):

In Abhängigkeit vom jeweiligen Nachrichtenbit a_k wird bei der Amplitudentastung für die Bitdauer T entweder ein Träger mit der Amplitude A oder kein

Signal (Amplitude = 0) gesendet. Man spricht daher auch von On Off Keying (OOK). Das reelle Bandpaßsignal hat damit im Signalisierungsintervall $(k - 1/2)T < t < (k + 1/2)T$ folgende Form:

$$s(t) = A\,\frac{a_k + 1}{2}\,\cos(2\pi f_0 t) \qquad (3.8)$$

Das gesamte Sendesignal (reelles Bandpaßsignal) läßt sich unter Verwendung der Rechteckfunktion

$$\mathrm{rect}(x) = \begin{cases} 1 & \text{für } |x| \le 1/2 \\ 0 & \text{sonst} \end{cases} \qquad (3.9)$$

durch die folgende reelle Zeitfunktion beschreiben.

$$s(t) = A \sum_{k=-\infty}^{\infty} \frac{a_k + 1}{2}\,\mathrm{rect}\left(\frac{t - kT}{T}\right)\;\cos(2\pi f_0 t) \qquad (3.10)$$

Das äquivalente Tiefpaßsignal $s_T(t)$ ist in diesem Sonderfall der ASK reell, so daß der zugehörige Modulator einkanalig aufgebaut werden kann, siehe Bild 3.2. Die folgende Gleichung beschreibt das äquivalente Tiefpaßsignal in analytischer Form.

$$s_T(t) = A \sum_{k=-\infty}^{\infty} \frac{a_k + 1}{2}\;\mathrm{rect}\left(\frac{t - kT}{T}\right) \qquad . \qquad (3.11)$$

Das Ortsdiagramm enthält im Fall der ASK bzw. OOK nur zwei verschiedene Signalzustände, die in dem folgenden Bild durch Punkte dargestellt sind. Auch das Ortsdiagramm zeigt die Einkanaligkeit des Modulators weil in diesem Fall auf der imaginären Achse keine Signalanteile auftreten. Außerdem ist in dem folgenden Bild ein beispielhafter zeitlicher Verlauf des äquivalenten Tiefpaßsignals dargestellt.

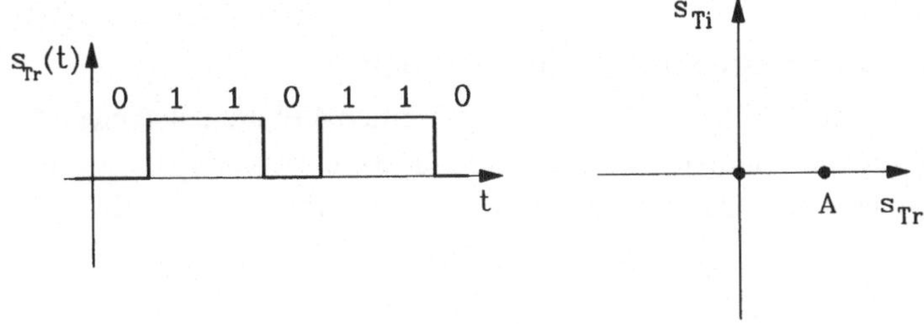

2. Binary Phase Shift Keying (BPSK):

In Abhängigkeit vom jeweiligen Nachrichtenbit a_k wird bei der binären Phasenumtastung ein Signal mit einem konstanten Träger für die Bitdauer T mit der Phase $\phi_k = 0$ oder π gesendet. Das reelle Bandpaßsignal kann mit diesen Angaben wie folgt beschrieben werden:

$$s(t) = \sum_{k=-\infty}^{\infty} A \operatorname{rect}\left(\frac{t - kT}{T}\right) \cos(2\pi f_0 t + \phi_k) \qquad (3.12)$$

$$= \sum_{k=-\infty}^{\infty} A\, a_k \operatorname{rect}\left(\frac{t - kT}{T}\right) \cos(2\pi f_0 t)$$

Das äquivalente Tiefpaßsignal hat auch in diesem Fall eine reelle Form:

$$s_T(t) = A \sum_{k=-\infty}^{\infty} a_k \operatorname{rect}\left(\frac{t - kT}{T}\right) \qquad (3.13)$$

Im Ortsdiagramm sind die beiden Sendesymbole durch die Punkte $\pm A$ gekennzeichnet. Da die Signalzustände auch in diesem Fall ausschließlich auf der reellen Achse angeordnet sind, kann ein zugehöriger BPSK–Modulator dementsprechend einkanalig aufgebaut werden.

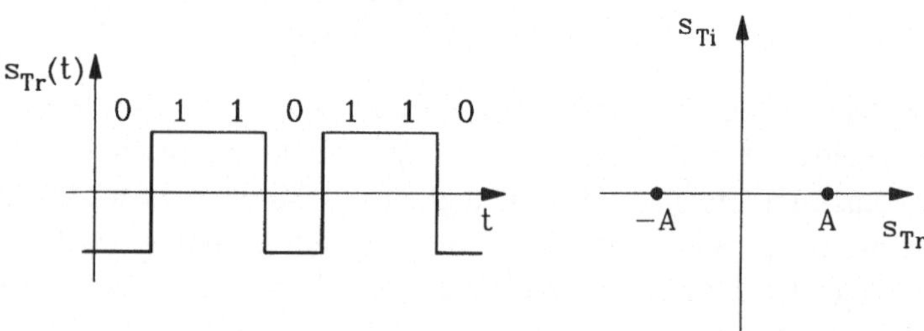

3. Quadratur Phase Shift Keying (QPSK):

Bei der Quadratur PSK (QPSK, 4–PSK) werden 4 Phasenzustände unterschieden. Das reelle Bandpaßsignal wechselt die Signalzustände jeweils nach einer Symboldauer $T_s = 2T$ und kann analytisch wie folgt dargestellt werden:

$$s(t) \;=\; A \sum_{k=-\infty}^{\infty} a_{2k} \, \mathrm{rect}\left(\frac{t - 2kT}{2T}\right) \cos(2\pi f_0 t) \qquad (3.14)$$

$$-a_{2k+1} \, \mathrm{rect}\left(\frac{t - 2kT}{2T}\right) \sin(2\pi f_0 t)$$

Die obige Darstellung zeigt, daß bei der QPSK mit jedem Sendesymbol zwei Binärwerte übertragen werden. Das QPSK–Modulationsverfahren kann man alternativ durch eine parallele BPSK im Real- und Imaginärteilzweig des Quadraturmodulators, siehe Bild 3.2, interpretieren. Das äquivalente Tiefpaßsignal ist in diesem Fall komplex, und der Modulator wird nach Bild 3.2 zweikanalig aufgebaut.

$$s_T(t) = A \sum_{k=-\infty}^{\infty} [a_{2k} + j\, a_{2k+1}] \, \mathrm{rect}\left(\frac{t - 2kT}{2T}\right) \qquad (3.15)$$

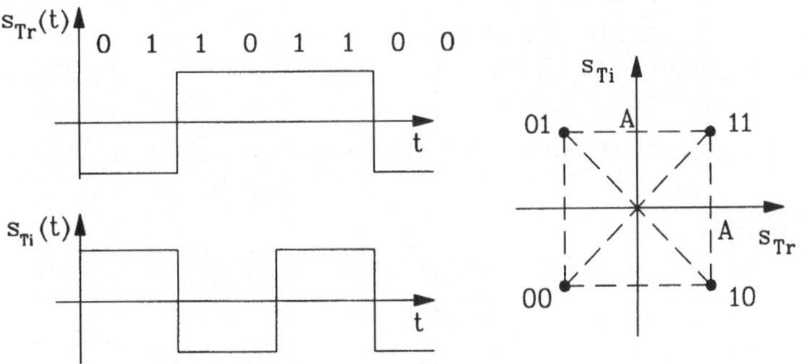

Die Symbolrate und damit auch die Bandbreite des Sendesignals sind bei einer QPSK nur halb so groß wie bei einer BPSK mit gleicher Datenrate. Die komplexen Symbole $s_k = a_{2k} + j\, a_{2k+1}$ der QPSK sind durch die vier Punkte im Ortsdiagramm dargestellt. Aus dem Ortsdiagramm ist außerdem zu erkennen, daß es bei Änderungen des Signalzustandes zu Nulldurchgängen in der komplexen Ebene kommen kann. In diesen Fällen würde die Signalamplitude sehr kleine Werte annehmen, was zu Störungen durch nichtlineare Effekte der Sendeverstärker führen kann. Aus diesem Grund wird die folgende Modifikation einer QPSK motiviert.

4. Offset–QPSK :

Die sogenannte Offset–QPSK (OQPSK) ist eine Abwandlung der QPSK, bei
der die rechteckförmigen Modulationsimpulse für Real- und Imaginärteil um
die Bitdauer T — d.h. um die halbe Symboldauer $T_s = 2T$ einer normalen
QPSK — gegeneinander zeitlich versetzt sind, also einen Offset aufweisen.
Das reelle Bandpaßsignal hat in diesem Fall die folgende Form:

$$
s(t) \;=\; A \sum_{k=-\infty}^{\infty} a_{2k}\ \mathrm{rect}\left(\frac{t-2kT}{2T}\right)\ \cos(2\pi f_0 t) \tag{3.16}
$$

$$
-\, a_{2k+1}\ \mathrm{rect}\left(\frac{t-(2k+1)T}{2T}\right)\ \sin(2\pi f_0 t),
$$

und für das äquivalente Tiefpaßsignal gilt:

$$
s_T(t) = A \sum_{k=-\infty}^{\infty} a_{2k}\ \mathrm{rect}\left(\frac{t-2kT}{2T}\right) + j\, a_{2k+1}\ \mathrm{rect}\left(\frac{t-(2k+1)T}{2T}\right).
$$

$$\tag{3.17}$$

Es sind daher nur Phasensprünge von $\pm 90°$ in jedem Signalzustand möglich.
Insbesondere werden die Phasenübergänge von $180°$ vermieden, bei denen
sich die Einhüllende des Sendesignals in der Praxis (begrenzte Bandbreite)
stark einschnürt. Die Offset–QPSK verringert dadurch unerwünschte Inter-
modulationsprodukte aufgrund von Nichtlinearitäten, z.B. im Sendeverstärker.

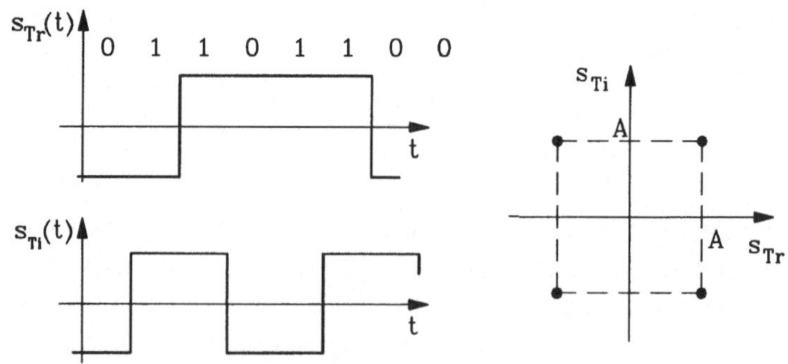

5. $\pi/4$–QPSK:

Für einige Mobilfunkanwendungen wird heute eine sogenannte $\pi/4$–QPSK
vorgeschlagen bzw. praktisch eingesetzt [25]. Dabei handelt es sich um eine

QPSK, bei der jedes Symbol gegenüber dem jeweiligen Vorgänger in der Phase zusätzlich um $\pi/4 = 45°$ versetzt wird. Bei jedem Symbolwechsel findet notwendig ein Phasensprung von $\pm45°$ oder $\pm135°$ statt. Dieses Modulationsverfahren hat bzgl. der Signaleinhüllenden ähnliche Vorteile wie bei der Offset–QPSK. Zusätzlich wird die Taktsynchronisation unabhängig von den zu übertragenden Nachrichten durch die regelmäßig im Empfangssignal auftretenden Phasensprünge wesentlich erleichtert.

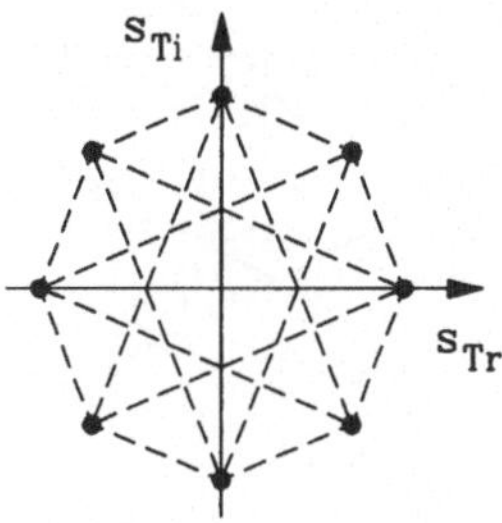

6. Minimum Shift Keying (MSK):

Die MSK läßt sich auf zwei verschiedene Arten analytisch darstellen.

- Als binäre Frequenzumtastung (Frequency Shift Keying, FSK): Das reelle Bandpaßsignal wird in diesem Fall durch eine kontinuierliche Phasenmodulation (continuous phase modulation (CPM)) dargestellt.

$$s(t) = \cos(2\pi f_0 t + \phi(t)) \tag{3.18}$$

mit

$$\frac{d\phi}{dt} = a_k \cdot 2\pi\Delta f \qquad \text{für } kT < t < (k+1)T \tag{3.19}$$

Dabei ist der Frequenzhub $\Delta f = 1/4T$ der minimale Frequenzabstand (deshalb die Bezeichnung MSK) zwischen zwei Sendesymbolen, bei dem die zugehörigen Modulationssignale, innerhalb einer Bitdauer T betrachtet, orthogonal sind. Während einer Bitdauer T ändert sich die Phase $\phi(t)$ des Sendesignals kontinuierlich um $\pm\pi/2$.

Diese Darstellungsweise der MSK läßt sich gut anhand des Phasenbaums veranschaulichen, der in Bild 3.6 dargestellt ist.

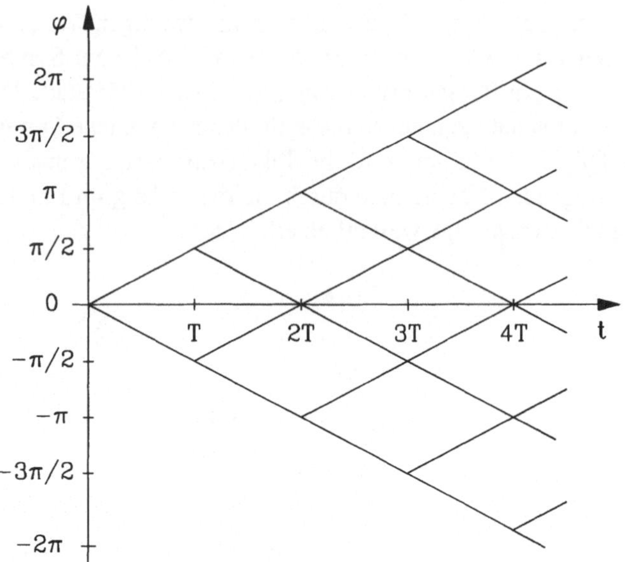

Bild 3.6: Phasenbaum einer MSK

- Als Offset–QPSK mit cosinusförmigen Modulationsimpulsen. Das in Gleichung 3.18 dargestellte reelle Bandpaßsignal mit der kontinuierlichen Phasenmodulation wird zunächst in Cosinus– und Sinussignalanteile zerlegt:

$$s(t) \;=\; \sum_{k=-\infty}^{\infty} \left[b_{2k} \; \cos\left(\pi \frac{t - 2kT}{2T} \right) \; \mathrm{rect}\left(\frac{t - 2kT}{2T} \right) \; \cos(2\pi f_0 t) \right.$$

$$- b_{2k+1} \; \cos\left(\pi \frac{t - (2k+1)T}{2T} \right)$$

$$\left. \mathrm{rect}\left(\frac{t - (2k+1)T}{2T} \right) \; \sin(2\pi f_0 t) \right] \tag{3.20}$$

Die Koeffizienten b_k sind nicht unmittelbar mit der Eingangsbitfolge a_k identisch sondern ergeben sich durch eine differentielle Codierung nach der folgenden Vorschrift:

$$b_{2k} \;=\; -a_{2k} \cdot b_{2k-1} \tag{3.21}$$

$$b_{2k+1} \;=\; a_{2k+1} \cdot b_{2k}$$

Aus der obigen Darstellung kann das äquivalente Tiefpaßsignal einfach hergeleitet werden:

$$s_T(t) = \sum_{k=-\infty}^{\infty} \left[b_{2k} \cos\left(\pi \frac{t-2kT}{2T}\right) \text{rect}\left(\frac{t-2kT}{2T}\right) \right. \qquad (3.22)$$

$$\left. +j\, b_{2k+1} \cos\left(\pi \frac{t-(2k+1)T}{2T}\right) \text{rect}\left(\frac{t-(2k+1)T}{2T}\right) \right]$$

Das äquivalente Tiefpaßsignal sowie das zugehörige Ortsdiagramm — jeweils auf die Trägerfrequenz f_0 bezogen — sind in der folgenden Abbildung dargestellt. Das äquivalente Tiefpaßsignal setzt sich aus cosinusförmigen Modulationsimpulsen der Dauer $2T$ zusammen, wobei Real- und Imaginärteilsignal jeweils zeitlich um die Bitdauer T gegeneinander versetzt sind. Diese Situation ist vergleichbar mit der Signalanordnung bei der Offset–QPSK. Durch die kontinuierliche Phasenmodulation entsteht eine ideal konstante Signalamplitude.

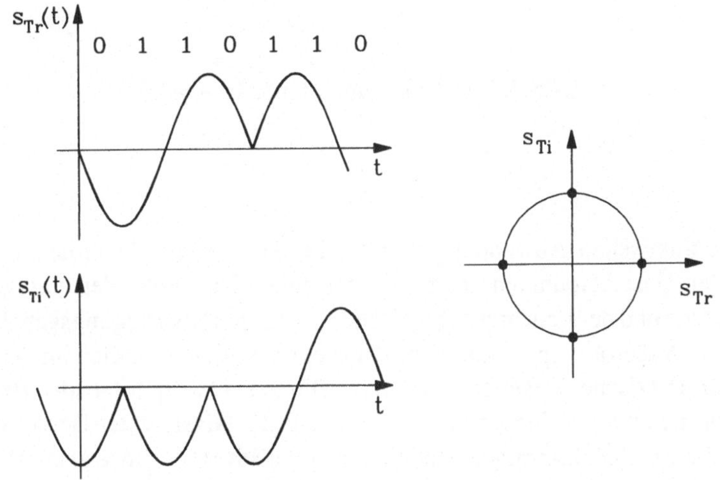

In der praktischen Anwendung kann eine MSK entweder durch einen Phasen- oder Quadraturmodulator realisiert werden.

7. Quadratur Amplitudenmodulation (QAM):

Bei einer QAM unterscheiden sich die verschiedenen im Ortsdiagramm angeordneten Symbole sowohl in der Phase als auch in der Amplitude. Im Ortsdiagramm sind die Zustände üblicherweise in einem quadratischen Muster

angeordnet, wie dies in der folgenden Abbildung für eine 16–QAM dargestellt ist. Die Symboldauer ist in diesem Fall $T_s = 4T$. Mit jedem Symbol s_k
werden 4 Binärwerte übertragen, siehe Bild 3.7.

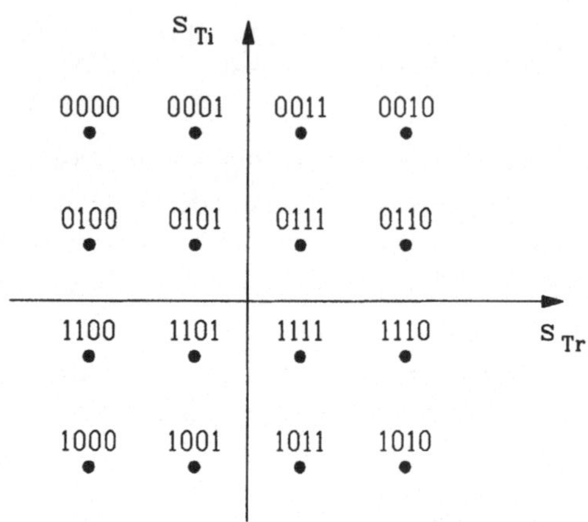

Bild 3.7: Ortsdiagramm einer 16–QAM

In der praktischen Anwendung werden die digitalen Modulationsverfahren
nach den Gesichtspunkten der zu übertragenden Datenrate, der verfügbaren
Bandbreite und der Leistungsfähigkeit des jeweiligen Übertragungskanals ausgewählt. Außerdem spielt die Frage der spektralen Eigenschaften im Sendesignal für praktische Anwendungen eine wichtige Rolle. Im folgenden Bild 3.8
sind die Leistungsdichtespektren für eine BPSK, QPSK unter Berücksichtigung eines rechteckförmigen Modulationsimpulses $m(t)$ sowie einer MSK in
einem einzigen Diagramm vergleichend dargestellt. Zum besseren Vergleich
ist die Frequenzachse auf die konstante Bitrate R normiert.

Die BPSK hat ein breites Spektrum und wegen der rechteckförmigen Modulationsimpulse hohe Nebenmaxima. Dagegen zeichnet sich die QPSK durch
ein schmales Spektrum aus, hat aber ebenso hohe Nebenmaxima wie die
BPSK. Das Spektrum der MSK zeigt einen Kompromiß zwischen der spektralen Breite und der Höhe der Nebenmaxima.

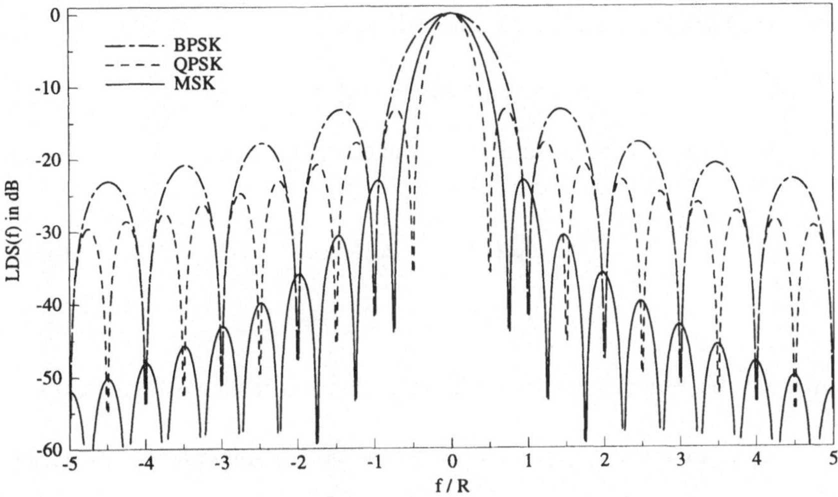

Bild 3.8: Leistungsdichtespektren von BPSK, QPSK und MSK

3.1.4 Stochastische Bandpaßsignale

Die Darstellung reeller Bandpaßsignale aus Abschnitt 3.1.1 soll hier auf stochastische Signale erweitert werden. Ziel dieser Betrachtung ist insbesondere die Beschreibung von Rauschsignalen. Stochastische Prozesse werden mit Hilfe von Korrelationsfunktionen und den zugehörigen Leistungsdichtespektren beschrieben. Die hier gewählte Darstellung lehnt sich an das Buch von Proakis [20] an.

Es sei $n(t)$ eine Musterfunktion eines zumindest im weiteren Sinne als stationär (WSS) angenommenen reellen mittelwertfreien ($E\{n(t)\} \equiv 0$) stochastischen Prozesses. Die spektrale Leistungsdichte soll außerhalb eines Intervalls $f_0 \pm B/2$ verschwinden. Unter diesen Voraussetzungen kann der reelle Bandpaßprozeß $n(t)$ in den beiden folgenden Formen beschrieben werden:

$$n(t) \;=\; x(t)\cos(2\pi f_0 t) - y(t)\sin(2\pi f_0 t) \qquad (3.23)$$

$$=\; \mathrm{Re}\left\{ z(t)\, e^{j2\pi f_0 t} \right\} \qquad (3.24)$$

In dieser Darstellung sind $x(t)$ und $y(t)$ die Quadraturkomponenten von $n(t)$, und $z(t)$ ist die komplexe Einhüllende, die mit den Quadraturkomponenten über die folgende Beziehung zusammenhängt:

$$z(t) = x(t) + j\, y(t) \tag{3.25}$$

Aus der Stationarität folgt für die Korrelationsfunktionen der Quadraturkomponenten

$$\varphi_{xx}(\tau) \;=\; \varphi_{yy}(\tau) \tag{3.26}$$

$$\varphi_{xy}(\tau) \;=\; -\varphi_{yx}(\tau) \tag{3.27}$$

sowie für die Autokorrelationsfunktion $\varphi_{nn}(\tau)$ des reellen Rauschprozesses $n(t)$

$$\varphi_{nn}(\tau) = \varphi_{xx}(\tau)\,\cos(2\pi f_0 \tau) - \varphi_{yx}(\tau)\,\sin(2\pi f_0 \tau) \tag{3.28}$$

Für die komplexe Einhüllende $z(t)$ erhält man unter Verwendung der Gleichungen (3.26) und (3.27)

$$\varphi_{zz}(\tau) \;=\; \frac{1}{2}\, E\left\{z(t) \cdot z^*(t + \tau)\right\}$$

$$=\; \frac{1}{2}\, [\varphi_{xx}(\tau) + \varphi_{yy}(\tau) - j\varphi_{xy}(\tau) + j\varphi_{yx}(\tau)]$$

$$\Rightarrow \varphi_{zz}(\tau) \;=\; \varphi_{xx}(\tau) + j\,\varphi_{yx}(\tau) \tag{3.29}$$

Die AKF $\varphi_{nn}(\tau)$, siehe Gleichung 3.28, des Prozesses $n(t)$ kann mit diesen Vorbereitungen durch die komplexe AKF $\varphi_{zz}(\tau)$ seiner komplexen Einhüllenden $z(t)$ ausgedrückt werden

$$\varphi_{nn}(\tau) = \mathrm{Re}\left\{\varphi_{zz}(\tau)\, e^{j2\pi f_0 \tau}\right\} \tag{3.30}$$

Das Leistungsdichtespektrum $\Phi_{nn}(f)$ eines stochastischen Prozesses ist die Fourier–Transformierte der Autokorrelationsfunktion [20, 22]. Damit erhält man in diesem Fall

$$\Phi_{nn}(f) = \frac{1}{2}\, [\Phi_{zz}(f - f_0) + \Phi_{zz}(-f - f_0)] \tag{3.31}$$

Das Leistungsdichtespektrum $\Phi_{zz}(f)$ des komplexen äquivalenten Tiefpaßprozesses $z(t)$ wird also zu den Stellen f_0 und $-f_0$ verschoben, so daß insgesamt ein symmetrisches Leistungsdichtespektrum $\Phi_{nn}(f)$ entsteht.

3.1.5 Darstellung von weißem Gaußverteilten Rauschen

Weißes Rauschen ist ein Zufallssignal, dessen Leistungsdichte in dem betrachteten Frequenzbereich einen konstanten Wert annimmt. Außerdem wird meist eine Gaußverteilung der Signalwerte $x(t), y(t)$ angenommen, was aufgrund des zentralen Grenzwertsatzes [24] vielfach gerechtfertigt ist. Beispiele für Rauschsignale dieser Art sind z.B. über einen weiten Frequenzbereich thermisches, kosmisches und Schrotrauschen. Innerhalb eines relativ schmalen Übertragungsbandes kann die Annahme auch bei vielen anderen Störquellen plausibel sein. Einen Übertragungskanal, der durch weißes Gaußverteiltes Rauschen gestört ist, bezeichnet man auch abgekürzt als AWGN–Kanal (Additive White Gaussian Noise).

Für die Behandlung der Demodulation von Nutzsignalen, die durch additiv hinzugefügtes Rauschen verfälscht sind, betrachtet man zweckmäßigerweise ein weißes Bandpaßrauschen. Ein solcher Rauschprozeß kann z.B. in Simulationsprogrammen aus einer statistisch unabhängigen Folge Gaußverteilter Zufallszahlen (weißes Gaußverteiltes Rauschen) durch Filterung mit einem idealen Bandpaß der Bandbreite B und der Mittenfrequenz f_0 erzeugt werden (siehe Bild 3.9). Dieses Signal läßt sich dann in der oben beschriebenen Weise mit Hilfe von Quadraturkomponenten darstellen. Als Parameter wird die Rauschleistungsdichte N_0 angegeben.

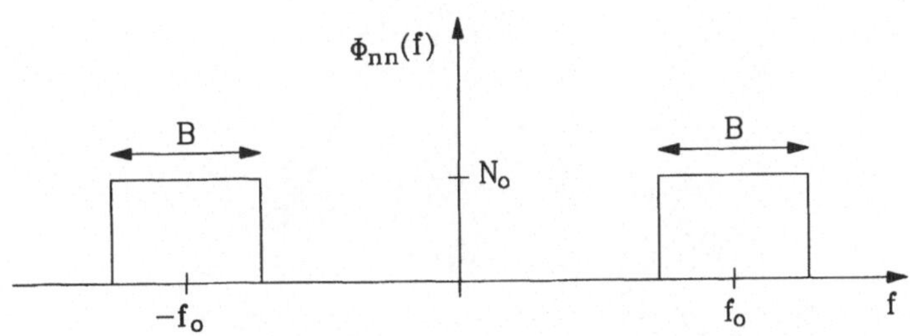

Bild 3.9: Bandpaßrauschen mit flachem Leistungsdichtespektrum

Das Leistungsdichtespektrum $\Phi_{zz}(f)$ des komplexen äquivalenten Tiefpaßprozesses hat die Form

$$\Phi_{zz}(f) = \begin{cases} 2\,N_0 & \text{für} \quad |f| \leq B/2 \\ 0 & \text{für} \quad |f| > B/2 \end{cases} \tag{3.32}$$

und seine Autokorrelationsfunktion lautet

$$\varphi_{zz}(\tau) = 2N_0 \frac{\sin(\pi B\tau)}{\pi\tau} = 2BN_0 \,\mathrm{si}(\pi B\tau) \tag{3.33}$$

In den obigen Gleichungen ist N_0 die Rauschleistungsdichte. Die beiden Quadraturkomponenten $x(t)$ und $y(t)$ sind unkorreliert[1]. Die Verteilungs-dichtefunktion $p(z)$ der komplexen Einhüllenden ist eine zweidimensionale Gaußverteilung (vgl. Bild 3.10).

$$p(x,y) = \frac{1}{2\pi\sigma^2}\, e^{-(x^2+y^2)/2\sigma^2} \tag{3.34}$$

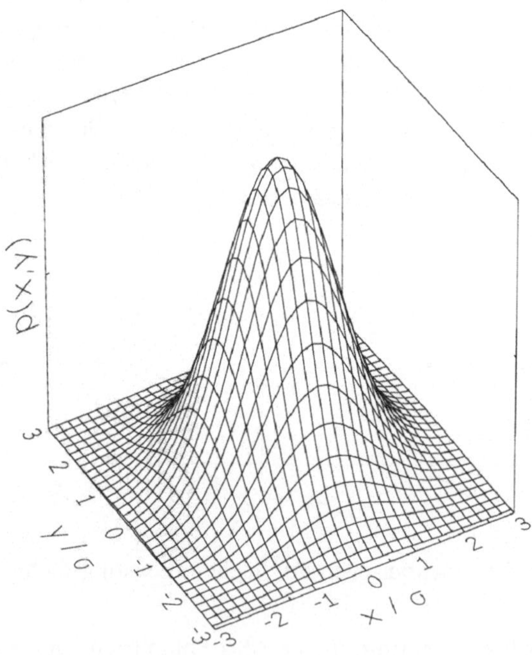

Bild 3.10: Zweidimensionale Normalverteilung

---

[1]Für Gaußverteiltes Rauschen folgt daraus, daß sie statistisch unabhängig sind.

3.2 Fehlerwahrscheinlichkeit

3.2.1 Eindimensionaler Fall

Zunächst betrachten wir den Fall einer einfachen Binärentscheidung, bei der
im Empfänger entschieden werden soll, welche der beiden möglichen Signalspannungen u_0 oder u_1 im Modulator vorlag, bzw. im reellen Bandpaßsignal
$s(t)$ übertragen wurde. In dem hier betrachteten Modell nehmen wir an, daß
der Nutzsignalspannung u_k auf dem Übertragungsweg eine mittelwertfreie
Gaußverteilte Störspannung n mit der Varianz σ^2 additiv überlagert wird. Die
Empfangsspannung

$$u_e = u_k + n \qquad (3.35)$$

ist bei gegebener Nutzsignalspannung $u = u_k$ zunächst eine stochastische
Größe und wird als Zufallsvariable aufgefaßt. Die Wahrscheinlichkeitsdichtefunktion (WDF) dieser Zufallsvariablen gehorcht einer Normalverteilung und
ist bei jeweils konstanter Varianz σ^2 ausschließlich von dem Erwartungswert
u_k der Verteilung abhängig:

$$p(u_e|u_k) = \frac{1}{\sqrt{2\pi\sigma^2}}\; e^{-(u_e - u_k)^2/2\sigma^2} \qquad (3.36)$$

Die Demodulationsaufgabe besteht darin, aufgrund einer Empfangsspannung
u_e eine Entscheidung zu treffen, welche Nutzsignalspannung u_k im Sender
angelegt wurde. Für diese Entscheidungsaufgabe wird die Empfangsspannung u_e mit einer noch näher zu bestimmenden Schwelle u_s verglichen. Die
Entscheidungssituation ist in Bild 3.11 anschaulich dargestellt. Dabei wurde
die Entscheidungsschwelle u_s zunächst in der Mitte zwischen den betrachteten
Nutzsignalspannungen angeordnet:

$$u_s = \frac{u_0 + u_1}{2} \qquad (3.37)$$

Mit dieser beispielhaften Festlegung der Entscheidungsschwelle u_s können
die im Demodulator auftretenden Fehler aus einem wahrscheinlichkeitstheo-
retischen Modell berechnet werden.

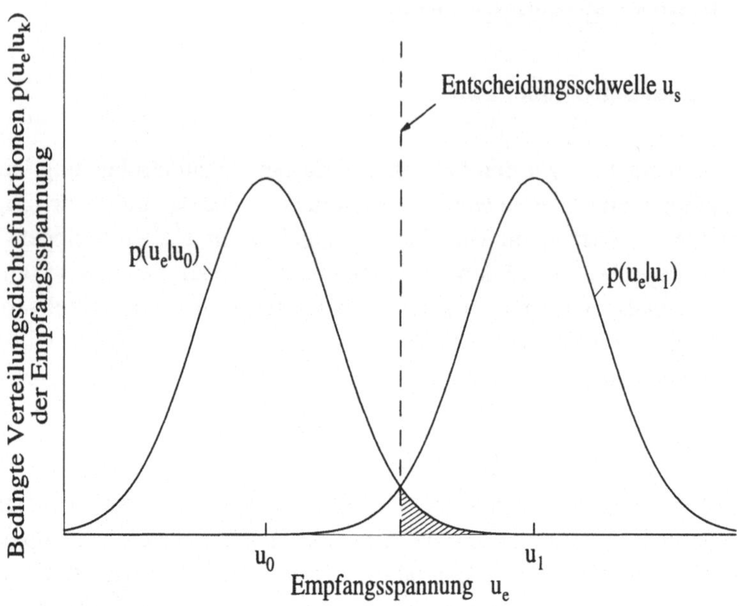

Bild 3.11: Verteilungsdichtefunktion der Empfangsspannung u_e

3.2.2 Die Fehlerfunktion

In einem ersten Schritt wird angenommen, daß die Signalspannung $u = u_0$ in
dem binären Übertragungssystem gesendet wurde. Man entscheidet sich bei
der Demodulation im Empfänger offensichtlich für das richtige Sendesymbol
u_0, wenn die Empfangsspannung u_e unterhalb der Schwelle u_s liegt. Dagegen
tritt ein Fehler im Demodulator auf, wenn die Empfangsspannung u_e oberhalb
der Schwelle u_s liegt. Die Bitfehlerwahrscheinlichkeit p_b erhält man durch In-
tegration der Wahrscheinlichkeitsdichtefunktion (siehe Gleichung 3.36) über
den in Bild 3.11 schraffierten Bereich. Bei der hier gewählten Entscheidungsschwelle erhält man aus Symmetriegründen dieselbe Bitfehlerwahrscheinlichkeit p_b, falls die Sinalspannung $u = u_1$ gesendet wurde.

$$p_b = \int\limits_{u_s}^{\infty} \frac{1}{\sqrt{2\pi\sigma^2}}\, e^{-(u_e - u_0)^2 / 2\sigma^2}\, du_e \tag{3.38}$$

Dieses in Gleichung 3.38 angegebene Integral ist nicht geschlossen lösbar.
Aus Gründen der einfacheren Darstellung und Übersichtlichkeit definiert man

allerdings eine sogenannte Fehlerfunktion $\mathrm{erf}(x)$ als bestimmtes Integral über die WDF einer Normalverteilung mit der Varianz $\sigma^2 = 1/2$ und mit den Intervallgrenzen $[-x, x]$.

$$\mathrm{erf}(x) = \int\limits_{-x}^{x} \frac{1}{\sqrt{\pi}}\, e^{-\eta^2}\, d\eta \tag{3.39}$$

Zusätzlich ist eine komplementäre Fehlerfunktion $\mathrm{erfc}(x)$ wie folgt definiert:

$$\mathrm{erfc}(x) = 1 - \mathrm{erf}(x) \tag{3.40}$$

Beide Funktionen sind in der Literatur tabelliert [22]. Für das vorliegende Beispiel der Demodulation digitaler binärer Nachrichten kann die Bitfehlerwahrscheinlichkeit aus Gleichung (3.38) mit Hilfe der Substitution $\eta = (u_e - u_0)/\sqrt{2\sigma^2}$ durch die komplementäre Fehlerfunktion angegeben und berechnet werden.

$$p_b = \frac{1}{2}\,\mathrm{erfc}\left(\frac{u_s - u_0}{\sqrt{2\sigma^2}}\right) \tag{3.41}$$

3.2.3 Matched Filter

Im jeweiligen Empfänger stellt sich vor dem eigentlichen Entscheidungsprozeß zunächst die Aufgabe, eine im Prinzip bekannte Signalform $m(t)$ (Modulationsimpuls, vgl. Seite 150) endlicher Energie E in weißem Gauß'schen Rauschen entdecken zu müssen. Die Unterscheidungsaufgabe, d.h. die Trennung zwischen Nutz– und Störsignal ist dann optimal gelöst, wenn das Signal–zu–Rauschverhältnis (S/N) am Filterausgang maximal ist. Nach Gleichung 3.41 ist die resultierende Bitfehlerwahrscheinlichkeit p_b im Demodulator dann minimal. Diese Aufgabe führt auf ein signalangepaßtes oder Matched Filter, mit dem am Filterausgang ein maximales S/N im jeweiligen Abtastzeitpunkt erreicht wird. Ohne Berücksichtigung der Kausalität hat das Matched Filter für reelle Signale die folgende Impulsantwort [22]:

$$h(t) = m(-t) \tag{3.42}$$

Damit erhält man im Abtastzeitpunkt $t = 0$ am Filterausgang das in der folgenden Gleichung berechnete maximale S/N–Verhältnis:

$$\left.\frac{S}{N}\right|_a = \frac{\left[\int\limits_{-\infty}^{\infty} [m(t)]^2\,dt\right]^2}{N_0 \int\limits_{-\infty}^{\infty} [h(t)]^2\,dt} = \frac{\left[\int\limits_{-\infty}^{\infty} [m(t)]^2\,dt\right]^2}{N_0 \int\limits_{-\infty}^{\infty} [m(-t)]^2\,dt} \tag{3.43}$$

$$= \frac{\int\limits_{-\infty}^{\infty} [m(t)]^2\,dt}{N_0} = \frac{E}{N_0}$$

Im Abtastzeitpunkt ergibt sich also ein Verhältnis zwischen Nutz- und Störsignalleistung (S/N), das gleich dem Verhältnis zwischen der Sendeenergie E pro gesendetem Symbol s_k, bzw. pro gesendetem Modulationsimpuls $m(t)$, und der Rauschleistungsdichte N_0 ist.

Mit den Aussagen des Matched–Filters kann eine alternative Beschreibung der am Matched–Filterausgang vorliegenden Situation vorgenommen werden. Einerseits können die jeweils vorliegenden Nutz– bzw. Störsignalleistungen (S/N) oder die jeweiligen Energien (E/N_0) zueinander ins Verhältnis gesetzt werden. Der Quotient S/N bzw. E/N_0 definiert jeweils einen dimensionslosen Wert, der zur Berechnung der Bitfehlerwahrscheinlichkeit nach Gleichung (3.41) benötigt wird.

3.3   Demodulation in weißem Gaußverteilten Rauschen

Das beispielhaft in diesem Abschnitt betrachtete digitale Modulationsverfahren sei durch M im Ortsdiagramm angeordnete Sendesymbole s_k charakterisiert, die jeweils als Punkte in der komplexen Ebene dargestellt sind[2]. In der praktischen Anwendung wird die Anzahl der Sendesymbole M i.a. eine Zweierpotenz sein, $M = 2^n$, wir gehen hier aber zunächst von einer beliebigen Anzahl M aus. Bild 3.12 zeigt das Blockschaltbild eines Matched Filter-Empfängers. In der Entscheidungslogik bzw. am Ausgang des Matched–Filters liegt das i.a. komplexe Empfangssymbol y an. Die am Ausgang des

---

[2]Die folgende Darstellung kann leicht auf allgemeine, insbesondere auch auf mehrdimensionale Signalräume erweitert werden, indem die Sendesymbole als Linearkombinationen von Basisvektoren einer Orthonormalbasis dargestellt werden [20].

Quadraturdemodulators vorliegenden Komponenten der Störspannung werden als mittelwertfreie paarweise unkorrelierte Zufallsvariablen mit jeweils gleicher Varianz angenommen.

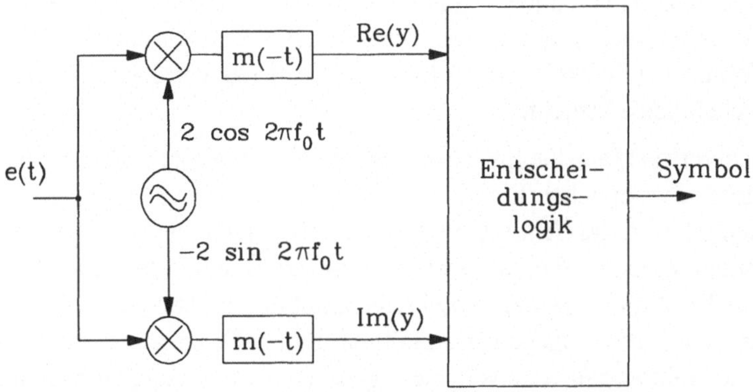

Bild 3.12: Quadraturdemodulator als Matched Filter–Empfänger

Die Aufgabe im Demodulator besteht darin, aus dem empfangenen komplexen Symbol y das zugehörige Sendesymbol s_k herzuleiten. Diese Entscheidungsaufgabe soll vor einem statistischen Hintergrund betrachtet und analysiert werden.

3.3.1 Statistische Entscheidungstheorie

Das im Abschnitt 3.2.1 betrachtete anschauliche Beispiel einer einfachen Binärentscheidung mit der Entscheidungsschwelle u_s nehmen wir hier zum Anlaß, um über den Entscheidungsvorgang im Empfänger grundsätzlich nachzudenken. In der Demodulationsschaltung für ein binäres oder auch höherwertiges Modulationsverfahren mit insgesamt M Sendesymbolen können unterschiedliche Entscheidungsstrategien verfolgt werden. Die statistische Entscheidungstheorie bildet die Basis zur Entwicklung der zugehörigen Demodulationsverfahren.

Einerseits kann die Entscheidungssituation aus der Sicht des Empfängers bei vorliegendem komplexen Empfangswert y betrachtet werden. In diesem Fall wird zu dem vorliegenden Empfangswert y das wahrscheinlichste Sendesymbol s_k gesucht. Formal wird diese Situation durch die bedingte sogenannte

a posteriori Wahrscheinlichkeit $P(s_k|y)$ beschrieben, mit der die Wahrschein-
lichkeit für das Sendesymbol s_k angegeben wird, unter der Voraussetzung,
daß das Zeichen y im Empfänger vorliegt. Aus diesem Grund wird mit dieser Entscheidungsstrategie die Bezeichnung Maximum–a posteriori–Detektor
(MAP–Detektor) verbunden. Im Sender werden insgesamt M unterschiedli-
che Sendesymbole s_k betrachtet. Deshalb beschreibt der Ausdruck $P(s_k|y)$
eine Wahrscheinlichkeit (ausgedrückt durch den Buchstaben P) und keine
Wahrscheinlichkeitsdichte.

Andererseits kann die Entscheidungssituation im Empfänger alternativ aus
der Sicht der möglichen Empfangswerte y betrachtet werden, indem für ein
gegebenes beliebiges Sendesymbol s_k die wahrscheinlichsten Empfangswerte
y ermittelt werden. Formal wird diese Situation durch die bedingte Wahr-
scheinlichkeitsdichte $p(y|s_k)$ beschrieben, mit der die Wahrscheinlichkeit für
den Empfang von y angegeben ist, falls das Symbol s_k gesendet wurde. Diese
bedingte Wahrscheinlichkeitsdichte $p(y|s_k)$ ist bei vollständiger Kenntnis des
Störprozesses im Demodulator bekannt und kann für einen additiv überlager-
ten Gauß'schen Rauschprozeß in Anlehnung an Gleichung 3.36 analytisch
durch eine Normalverteilung angegeben werden:

$$p(y|s_k) = \frac{1}{\sqrt{2\pi\sigma^2}}\, e^{-(y-s_k)^2/2\sigma^2} \tag{3.44}$$

Im Abschnitt 3.2.1 wurden die bedingten Wahrscheinlichkeitsdichten für das
Beispiel einer Binärübertragung durch zwei Normalverteilungen dargestellt.
Im Empfänger werden deshalb zunächst die bedingten Wahrscheinlichkeits-
dichten $p(y|s_j)$ für den Empfangswert y und sämtliche Sendesymbole s_j be-
rechnet. Die Entscheidung wird für das Sendesymbol s_k getroffen, für das die
bedingte Wahrscheinlichkeitsdichte $p(y|s_k)$ den maximalen Wert annimmt.
Mit dieser Entscheidungsstrategie wird deshalb die Bezeichnung Maximum–
Likelihood–Detektor (ML–Detektor) verbunden.

Diese beiden unterschiedlichen Optimierungsansätze bzw.   Entscheidungsstrategien sollen im folgenden kurz analytisch beschrieben und der Unterschied im resultierenden Demodulationsverfahren erläutert werden. Eine
einheitliche Beschreibung der betrachteten Sitation wird durch die Bayes'sche
Formel [3] ermöglicht.

Die Entscheidungsregel für den ML–Detektor berücksichtigt lediglich die
Kenntnis der bedingten Wahrscheinlichkeitsdichten $p(y|s_j)$ unabhängig von

---

[3]Nach dem englichen Theologen und Mathematiker Thomas Bayes (1702-1761) benannt

den a priori Auftrittswahrscheinlichkeiten $P(s_j)$ der einzelnen Sendesymbole. Häufig sind diese a priori Wahrscheinlichkeiten $P(s_j)$ der einzelnen Sendesymbole im Empfänger einfach nicht bekannt und können deshalb aus pragmatischen Gründen im Demodulationsprozeß nicht berücksichtigt werden. Andererseits kann man bei einer guten Quellencodierung näherungsweise von gleichverteilten Sendesymbolen s_k ausgehen. Die im Empfänger eingesetzte Entscheidungsregel kann formal durch die folgende Gleichung beschrieben werden. Die Entscheidung fällt auf das Sendesymbol s^*, für das die bedingte Wahrscheinlichkeitsdichte $p(y|s^*)$ den maximalen Wert annimmt.

$$p(y|s^*) = \max_j \, p(y|s_j) \qquad (3.45)$$

Für den MAP–Detektor kann die Entscheidungsregel rein formal zunächst sehr einfach durch die maximale a posteriori Wahrscheinlichkeit angegeben werden:

$$P(s^*|y) = \max_j \, P(s_j|y) \qquad (3.46)$$

Allerdings sind diese bedingten Wahrscheinlichkeiten $P(s_j|y)$ im Empfänger zunächst nicht bekannt. Die Bayes'sche Formel gestattet es aber bei Kenntnis der a priori Auftrittswahrscheinlichkeiten $P(s_j)$ und der bedingten Wahrscheinlichkeitsdichten $p(y|s_j)$ die a posteriori Wahrscheinlichkeit $P(s_j|y)$ des Sendesymbols s_j durch eine einfache Umrechnungsformel wie folgt herzuleiten:

$$P(s_j|y) = \frac{p(y|s_j) \cdot P(s_j)}{p(y)} \qquad (3.47)$$

In der obigen Gleichung ist die a priori Wahrscheinlichkeit $P(s_j)$ enthalten. Auf die Maximumbildung in Gleichung (3.46) nimmt die Dichte $p(y)$ für einen vorgegebenen empfangenen Wert y keinen Einfluß. Die Kenntnis von $p(y)$ ist für den Demodulationsprozeß deshalb auch nicht erforderlich.

Die beiden alternativen Entscheidungsstrategien (MAP– und ML–Detektor) führen also auf dieselbe Demodulationsvorschrift, wenn die Sendesymbole s_j (Signalspannungen) a priori gleichverteilt sind $P(s_j) = 1/M$, oder als gleichverteilt angenommen werden. Bei unterschiedlichen aber bekannten a priori Auftrittswahrscheinlichkeiten $P(s_j)$ der Sendesymbole unterscheiden sich die Entscheidunsstrategien dagegen.

Unter der Annahme gleichverteilter Sendesymbole würde sich die im Abschnitt 3.2.1 zunächst beispielhaft angegebene Entscheidungsschwelle u_s sowohl bei Anwendung eines ML–Detektors auf den Demodulationsprozeß wie auch bei Anwendung eines MAP–Detektors optimal in der Mitte zwischen den beiden Sendesymbolen berechnen. Wenn die Sendesymbole dagegen nicht gleichverteilt sind, dann verschiebt sich diese Schwelle u_s bei Anwendung eines MAP–Detektors in Abhängigkeit von den a priori Auftrittswahrscheinlichkeiten $P(s_j)$ der Sendesymbole (vgl. Aufgabe 3.4 bzw. [23]).

In diesem Abschnitt wurde im Demodulator jeweils ein einzelner Empfangswert y betrachtet und daraus eine Entscheidung über das vermutlich zugehörige Sendesymbol s_j getroffen. Bei der Decodierung von Faltungscodes muß dagegen jeweils eine Folge von Empfangswerten y betrachtet werden, vgl. Abschnitt 4.2.1, Seite 203.

3.3.2 Demodulationsvorgang – Entscheidungslogik

Die Demodulation soll in diesem Abschnitt nach dem Maximum Likelihood–Prinzip (ML–Detektor) erfolgen. In diesem Fall werden zu dem jeweils am Matched–Filter Ausgang gemessenen komplexen Empfangsvektor y die bedingten Wahrscheinlichkeitsdichten $p(y|s_j)$ für sämtliche im Ortsdiagramm angeordnete Symbolzustände s_j berechnet und anschließend miteinander verglichen. Die Entscheidung wird für das Sendesymbol s^* getroffen, für das die zugehörige bedingte Wahrscheinlichkeitsdichte $p(y|s^*)$ den maximalen von allen möglichen Werten $p(y|s_j)$ annimmt.

Der Maximum Likelihood–Demodulationsvorgang kann in weißem Rauschen anschaulich auch mit dem Euklidischen Abstand erklärt werden. Dem Empfangssymbol y wird im Demodulator das Sendesymbol s_j zugeordnet, zu dem y den kleinsten Euklidischen Abstand im Ortsdiagramm hat. Auf diese Weise kann man die komplexe Ebene des Ortsdiagramms in sogenannte disjunkte Entscheidungsgebiete G_i, $i = 1, \ldots, M$, einteilen. Das Entscheidungsgebiet G_j ist dem Sendesymbol s_j zugeordnet und enthält anschaulich mit der obigen Beschreibung sämtliche durch eine komplexe Zahl y repräsentierte Zustände am Demodulatorausgang, deren Euklidischer Abstand zum Sendesymbol s_j kleiner ist als der Abstand von y zu allen anderen Sendesymbolen s_k im Ortsdiagramm. Das Bild 3.13 zeigt ein Beispiel mit $M = 3$ Symbolen im Ortsdiagramm und die zugehörigen Entscheidungsgebiete G_i. Die Grenzen zwischen den Entscheidungsgebieten verlaufen entlang der Mittelsenkrechten zur Verbindungslinie jeweils zweier Symbole. Mit dieser Technik kann die disjunkte Einteilung der komplexen Ebene in Entscheidungsgebiete G_i für jedes digitale Modulationsverfahren vorgenommen werden.

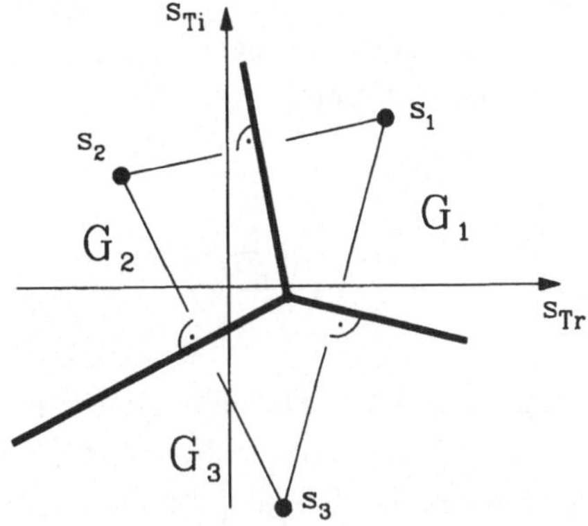

Bild 3.13: Beispiel für Entscheidungsgebiete im Ortsdiagramm

3.3.3 Berechnung der Fehlerwahrscheinlichkeit

Für die Berechnung der Bit- bzw. Symbolfehlerwahrscheinlichkeit muß bekannt sein, wie häufig der komplexe Empfangsvektor y bei gesendetem Symbol s_j in einem der benachbarten Entscheidungsgebiete G_k liegt und damit ein Fehler im Demodulationsprozeß entsteht. In diesem Fall existiert ein von s_j verschiedenes Symbol s_k im Ortsdiagramm, $s_j \neq s_k$, für das gilt:

$$p(y|s_k) > p(y|s_j)$$

Die Wahrscheinlichkeit, daß $p(y|s_k) > p(y|s_j)$ ist, soll als Übergangswahrscheinlichkeit $p_{\ddot{u}}$ bezeichnet werden. Wenn im Ortsdiagramm nur die Mittelsenkrechte zwischen den beiden Symbolen s_j und s_k betrachtet wird, die die komplexe Ebene in zwei Hälften einteilt, dann beschreibt $p_{\ddot{u}}$ die Wahrscheinlichkeit, mit der ein Empfansvektor y in der falschen, d.h., dem jeweiligen Sendesymbol nicht zugeordneten Halbebene liegt. Mit diesem Modell wird der Demodulationsprozeß eines binären Modulationsverfahrens realitätsgetreu beschrieben. Für höherwertige Modulationsverfahren gilt dieses einfache Modell, in dem die komplexe Ebene durch die Mittelsenkrechte in zwei Hälften eingeteilt wird, zunächst nur approximativ.

Die Übergangswahrscheinlichkeit $p_{\ddot{u}}$ hängt in dem Fall des einfachen Modells allerdings nur vom Euklidischen Abstand d zwischen den beiden betrachteten Sendesymbolen s_k und s_j im Ortsdiagramm, bzw. vom Abstand

$d/2$ zwischen dem Sendesymbol s_j und der Gebietsgrenze G_j (Mittelsenkrechte), sowie von der Rauschleistungsdichte N_0 ab, vgl. Gleichung (3.41) und die Aussagen des Matched–Filters:

$$p_{\text{ü}} = \frac{1}{2}\,\text{erfc}\left(\frac{d/2}{\sqrt{2\sigma^2}}\right) = \frac{1}{2}\,\text{erfc}\left(\sqrt{\frac{d^2}{8N_0}}\right) \approx \frac{1}{2}\,\text{erfc}\left(\sqrt{\frac{d^2}{8N}}\right) \tag{3.48}$$

In der obigen Gleichung haben beide Darstellungsformen ihre Berechtigung, sie repräsentieren implizit die Aussage des Matched–Filters. Allerdings hat der in der obigen Gleichung einheitlich dargestellte Abstand d zwischen den Sendesymbolen im Ortsdiagramm eine unterschiedliche Bedeutung. Im ersten Fall hat d^2 die Dimension einer Sinalenergie E und wird dementsprechend zur Rauschleistungsdichte N_0 ins Verhältnis gesetzt. In der zweiten Darstellung hat d^2 die Dimension einer Sinalleistung S und wird folglich auf die Rauschleistung N bezogen.

Für binäre digitale Modulationsverfahren kann die Bitfehlerwahrscheinlichkeit p_b mit diesen Vorbereitungen relativ einfach explizit berechnet werden. Für höherwertige Modulationsverfahren sind dagegen weitere Analysen erforderlich.

1. Beispiel: ASK

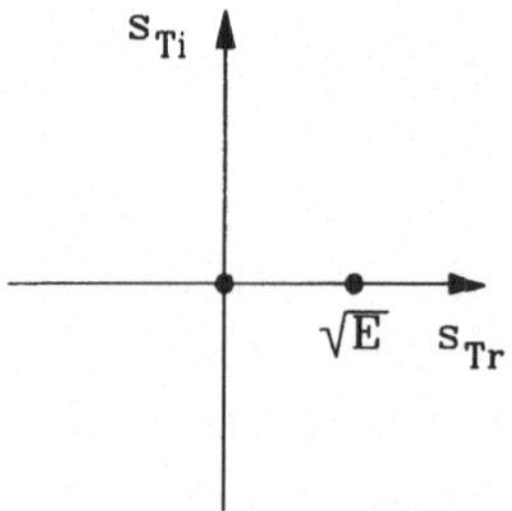

Bei einer ASK (auch als On Off Keying, OOK bezeichnet) beträgt der Abstand zwischen den beiden Symbolen im Ortsdiagramm, der am Matched Filter–Ausgang gemessen werden kann

$$d = \sqrt{E}. \tag{3.49}$$

E ist die Empfangsenergie am Matched–Filter Ausang, wenn ein Träger gesendet wurde. Damit ergibt sich für die Bitfehlerwahrscheinlichkeit bei einer ASK

$$p_b = p_{\ddot{u}} = \frac{1}{2}\,\mathrm{erfc}\left(\sqrt{\frac{E}{8N_0}}\right) \tag{3.50}$$

In der hier gewählten Darstellungsform hat das Abstandsquadrat d^2 zwischen den beiden Sendesymbolen im Ortsdiaramm die Dimension einer Sinalenergie E.

2. Beispiel: BPSK

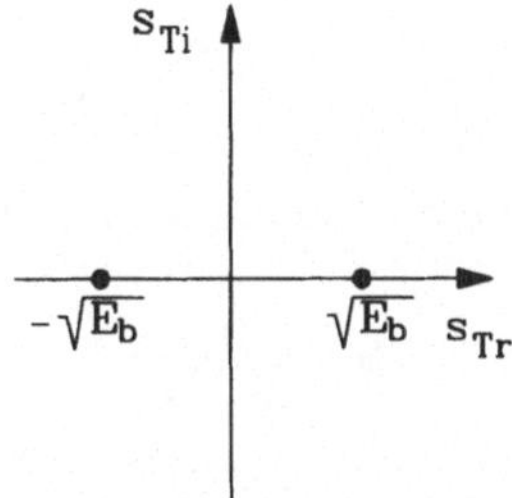

Bei einer BPSK beträgt der Abstand zwischen den beiden Symbolen im Ortsdiagramm (E_b ist die Energie pro übertragenem Bit):

$$d = 2\sqrt{E_b} \tag{3.51}$$

Damit ergibt sich für die Bitfehlerwahrscheinlichkeit

$$p_b = p_{\ddot{u}} = \frac{1}{2}\,\mathrm{erfc}\left(\sqrt{\frac{E_b}{2N_0}}\right) \tag{3.52}$$

3. Beispiel: Zwei orthogonale Signale

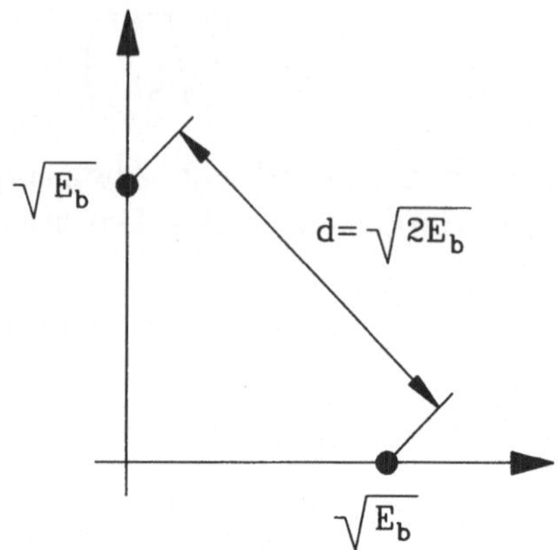

Zwei orthogonale Signale gleicher Energie haben stets den Abstand

$$d = \sqrt{2E_b} \,.$$
(3.53)

Dabei kann es sich z.B. um eine FSK (Frequenzumtastung) oder andere Signalformen (s. Aufgabe 3.7) handeln. Für die Bitfehlerwahrscheinlichkeit ergibt sich daraus:

$$p_b = p_{\ddot{u}} = \frac{1}{2}\,\mathrm{erfc}\left(\sqrt{\frac{E_b}{4N_0}}\right)$$
(3.54)

4. Beispiel: QPSK

Auch für eine QPSK, bei der jeweils 2 Bit pro Symbol übertragen werden, kann die Bitfehlerwahrscheinlichkeit analytisch angegeben werden.

$$p_b = p_{\ddot{u}} = \frac{1}{2}\,\mathrm{erfc}\left(\sqrt{\frac{E_b}{2N_0}}\right)$$
(3.55)

Bezogen auf das E_b/N_0-Verhältnis sind die Bitfehlerwahrscheinlichkeiten einer BPSK und QPSK identisch. Für andere höherwertige Modulationsverfahren ist die resultierende Bitfehlerwahrscheinlichkeit p_b dagegen nur durch zusätzliche Analysen zu berechnen.

Im Gegensatz zu Kapitel 2, in dem jeweils feste Bitfehlerwahrscheinlichkeiten betrachtet wurden, kann hier die Abhängigkeit der Bitfehlerwahrscheinlichkeit vom E_b/N_0-Verhältnis analytisch angegeben werden. Damit ist für den Entwurf einer Übertragungsstrecke ein zusätzlicher nachrichtentechnischer Parameter gegeben, der jeweils mit den Anforderungen an die Kanalcodierung abgestimmt werden muß. Bei großen E_b/N_0-Verhältnissen kann der Kanalcodieraufwand gering ausfallen und umgekehrt. Für eine ausführlichere Diskussion sei auf Abschnitt 3.7 (siehe Seite 188) am Ende dieses Kapitels verwiesen.

3.4 Gray–Code

In den vorangegangenen Abschnitten wurde gezeigt, daß Fehler im Demodulator immer dann auftreten, wenn zu einem gesendeten Symbol s_j der durch den komplexen Wert y charakterisierte Empfangszustand in einem anderen Entscheidungsgebiet G_k liegt. Dabei ist unmittelbar einzusehen, daß die im Ortsdiagramm angeordneten benachbarten Signalzustände im Fehlerfall mit höherer Wahrscheinlichkeit erreicht werden als weiter entfernt liegende Symbole. Maßgeblich ist dabei der Euklidische Abstand zwischen den beiden betrachteten Symbolen. In extremen Empfangssituationen kann der am Matched–Filter–Ausgang vorliegende komplexe Wert y zwar auch in weiter entfernt angeordneten Entscheidunsgebieten liegen, aber das sind Fälle mit i.a. sehr geringer Auftrittswahrscheinlichkeit.

Für höherwertige Modulationsverfahren, bei denen mehr als zwei Symbolzustände, z.B. $M = 2^n$ Sendesymbole, sowie zugehörige Entscheidungsgebiete im Ortsdiagramm angeordnet sind, ist es deshalb wichtig, daß den benachbarten Symbolzuständen ähnliche Bitkombinationen zugeordnet werden. Auf der Senderseite entsteht ein zusätzlicher Freiheitsgrad durch die Möglichkeiten zur Zuordnung der 2^n Bitkombinationen zu den $M = 2^n$ Symbolen im Ortsdiagramm.

Es ist unmittelbar einsichtig, daß sich ein Entscheidungsfehler im Demodulator weniger stark auswirkt, wenn die Entscheidung für ein benachbartes Symbol im Ortsdiagramm getroffen wird, dem eine nur in einer Stelle veränderte Bitkombination zugeordnet ist. In diesem Fall ist nicht die gesamte Nachricht falsch demoduliert, sondern es entsteht nur ein einziger Bitfehler. Durch eine geeignete Zuordnung der Nachrichtenbits zu den Symbolen s_k im Ortsdiagramm kann die Bitfehlerwahrscheinlichkeit am Demodulatorausgang bei höherwertigen Modulationsverfahren u.U. erheblich reduziert werden.

Diese Frage der Zuordnung zwischen den Bitkombinationen und den Sendesymbolen wird vom Gray–Code für $M = 2^n$ Symbole im Ortsdiagramm gelöst: benachbarte Zustände im Ortsdiagramm unterscheiden sich nur in einem Bit. Diese Eigenschaft gilt auch für das erste und letzte Symbol. Dadurch eignet sich der Gray–Code insbesondere für PSK–Modulationsverfahren, wie die beiden folgenden Beispiele zeigen.

1. Beispiel: QPSK

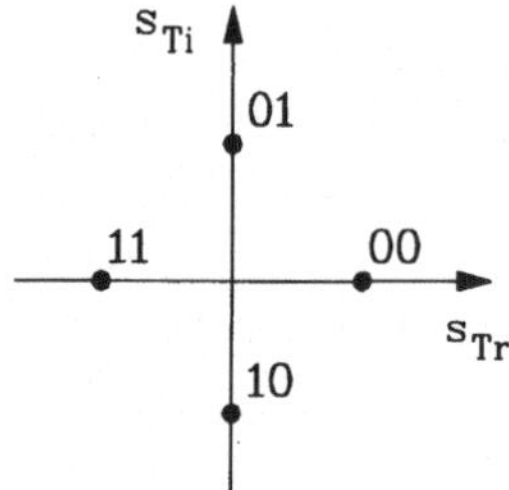

2. Beispiel: 8–PSK

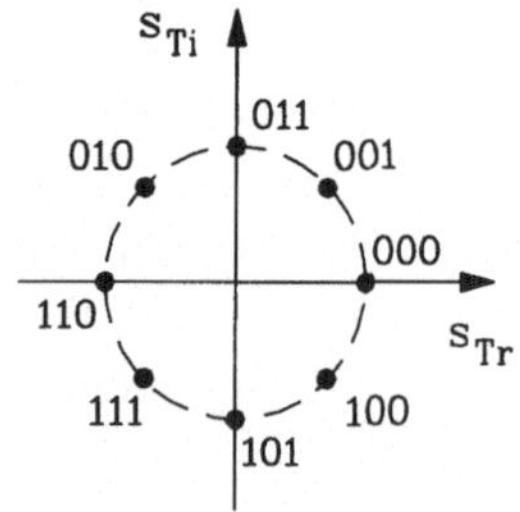

Das allgemeine Schema für die Aufstellung eines Gray–Codes sei anhand von Bild 3.14 für $M = 16$ erläutert.

Für die Konstruktion dieses Gray–Codes beginnt man in der rechten Spalte mit einer Null und schreibt dann abwechselnd jeweils 2 Einsen und Nullen. In der nächsten Spalte werden zunächst 2 Nullen geschrieben. Darauf folgen abwechselnd jeweils 4 Einsen und Nullen und so fort.

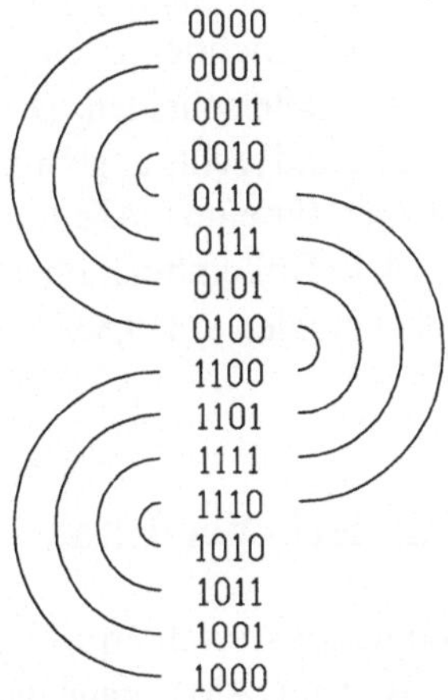

Bild 3.14: Gray–Code für $M = 16$

Durch diese Konstruktionsvorschrift entsteht eine z.B. 4–stellige Binärfolge, in der sich die jeweiligen Nachbarn nur in einer Binärstelle unterscheiden. Diese Folge kann direkt für eine 16–PSK praktisch eingesetzt werden.
Für eine 16–QAM, mit der dahinterstehenden zweidimensionalen Anordnung
der Sendesymbole s_j in der komplexen Ebene, müssen dagegen zusätzli-

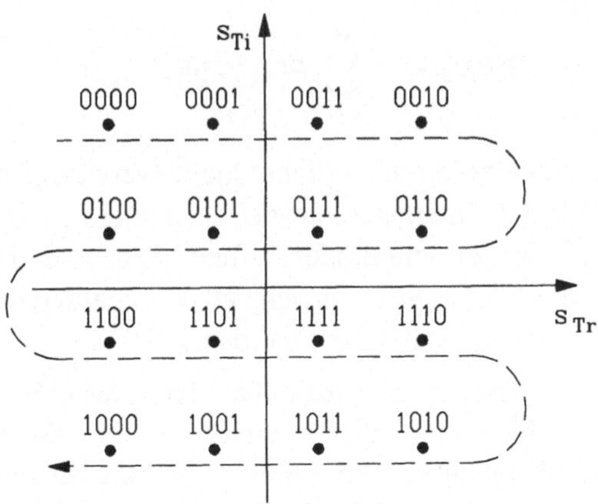

Bild 3.15: Gray–Code für eine 16–QAM

che Nachbarschaftsbeziehungen berücksichtigt werden. Deshalb sind in Bild
3.14 weitere Verbindungen der Binärwörter untereinander angegeben, die sich
ebenfalls nur in einer Binärstelle unterscheiden. Die zugehörigen Binärwörter
sind in Bild 3.14 durch die links und rechts angeordneten Klammern markiert.
Der Gray Code ist dadurch auch für eine QAM mit quadratischer Symbolan-
ordnung $2^n \times 2^n$ geeignet. Die Bitkombinationen des Gray–Codes werden
"mäanderförmig" den Sendesymbolen s_j zugeordnet (siehe Bild 3.15 für eine
16–QAM).

3.5 Amplitudenkontinuierlicher Kanal

Falls bei höherwertigen Modulationsverfahren sehr viele Symbole im Ortsdiagramm angeordnet sind (z.B. 64–QAM), dann wächst zwar einerseits die
Bandbreiteeffizienz, d.h. die Bitrate pro Hz Bandbreite, aber andererseits
nimmt bei gleichem E_b/N_0–Verhältnis auch die Fehleranfälligkeit erheblich
zu. Die jeweils technisch vorgegebene Grenze für eine Datenübertragung ist
durch die Kanalkapazität C gegeben, vergleiche Abschnitt 1.7. Wir betrachten eine Situation, in der sehr viele Elemente im Ortsdiagramm angeordnet
sind. Diese Situation beschreiben wir im Grenzübergang durch einen amplitudenkontinuierlichen Kanal und berechnen für diesen die Kanalkapazität
C.

Für ein Modulationsverfahren, in dem M verschiedene Symbole s_k verwendet werden, haben wir die Entropie der Kanaleingabe definiert als:

$$K(X) = -\sum_{k=1}^{M} P(s_k) \cdot \mathrm{ld}(P(s_k)) \tag{3.56}$$

Wenn die Entropie für eine kontinuierliche Quelle (vergleiche Abschnitt 1.6) in
entsprechender Weise definiert werden soll, dann muß man einen Grenzübergang mit feiner werdender Amplitudenstufung betrachten. Dies soll im folgenden zunächst für den eindimensionalen Fall durchgeführt und anschließend
auf komplexe Sendesymbole erweitert werden.

Es wird eine Kanaleingabe mit abzählbar vielen verschiedenen Symbolen
$s_k = k \cdot \delta, k \in Z$ für kleine, aber zunächst endliche Werte δ, betrachtet.
Die Auftrittswahrscheinlichkeit $P(s_k)$ dieser Symbole berechnet sich aus der
WDF $p(x)$ der kontinuierlichen Amplitudenwerte x wie folgt:

$$P(s_k) \approx \delta \cdot p(k \cdot \delta) \tag{3.57}$$

Die Entropie der Kanaleingabe setzt sich dann aus zwei verschiedenen Termen zusammen.

$$K(X) \;=\; -\sum_{k=-\infty}^{\infty} \delta \cdot p(k \cdot \delta) \cdot \mathrm{ld}(\delta \cdot p(k \cdot \delta)) \qquad (3.58)$$

$$= \; -\mathrm{ld}(\delta) \cdot \underbrace{\sum_{k=-\infty}^{\infty} \delta\, p(k \cdot \delta)}_{=1} - \sum_{k=-\infty}^{\infty} \delta\, p(k \cdot \delta) \cdot \mathrm{ld}\,(p(k \cdot \delta))$$

Der rechte Term in der obigen Gleichung kann im Grenzübergang $\delta \to 0$ durch ein Riemann'sches Integral ersetzt werden, wobei die Auftrittswahrscheinlichkeiten $P(s_k) = \delta \cdot p(k \cdot \delta)$ der diskreten Zeichen $s_k = k \cdot \delta$ in die Wahrscheinlichkeitsdichtefunktion $p(x)$ der Amplitudenverteilung übergehen.

$$-\sum_{k=-\infty}^{\infty} \delta \cdot p(k \cdot \delta) \cdot \mathrm{ld}\,(p(k \cdot \delta)) \;\longrightarrow\; -\int_{-\infty}^{\infty} p(x) \cdot \mathrm{ld}(p(x))\, dx \qquad (3.59)$$

Der linke Term der obigen Gleichung hängt dagegen nicht von der Wahrscheinlichkeitsdichtefunktion $p(x)$ ab und nimmt für $\delta \to 0$ stets einen unendlich großen Wert an. Aus dem Gesagten geht unmittelbar hervor, daß Entropie–Definitionen von diskreten und kontinuierlichen Quellen *nicht vergleichbar* sind. Dagegen sind Entropiedifferenzen — z.B. die Transinformation — wiederum vergleichbar.

Aus diesem Grund definiert man die Entropie einer amplitudenkontinuierlichen Kanaleingabe[4] als Integral in Anlehnung an Gleichung (3.59):

$$K(X) = -\int_{-\infty}^{\infty} p(x) \cdot \mathrm{ld}(p(x))\, dx \qquad (3.60)$$

---

[4]Entsprechend wird die Entropie einer amplitudenkontinuierlichen Quelle definiert:

$$H(X) = -\int_{-\infty}^{\infty} p(x) \cdot \mathrm{ld}(p(x))\, dx$$

Für eine mehrdimensionale Kanaleingabe $\vec{x} \in V$ wird die Entropie entsprechend als Mehrfachinteral definiert:

$$K(X) = -\int\limits_{V} p(\vec{x}) \cdot \mathrm{ld}(p(\vec{x}))\, d\vec{x} \tag{3.61}$$

Wir interessieren uns hier speziell für eine komplexwertige Kanaleingabe $x = x_1 + jx_2$. Die zugehörige Entropie ist in diesem Fall wie folgt definiert:

$$K(X) = -\int\limits_{-\infty}^{\infty}\int\limits_{-\infty}^{\infty} p(x_1, x_2) \cdot \mathrm{ld}(p(x_1, x_2))\, dx_1\, dx_2 \tag{3.62}$$

3.5.1 Entropie der Gleich- und Gaußverteilung im eindimensionalen Fall

Bei den Entropiebetrachtungen kontinuierlicher Wahrscheinlichkeitsdichtefunktionen $p(x)$ sind die Eigenschaften von zwei Spezialfällen besonders hervorzuheben. Die Entropie der Gleichverteilung ist die maximale Entropie aller WDF'en $p(x)$ mit gleichem Wertebereich $[a, b]$.

$$p(x) = \begin{cases} 1/(b-a) & \text{für} \quad x \in [a, b] \\ 0 & \text{sonst} \end{cases} \tag{3.63}$$

$$H(X) = \int\limits_{a}^{b} \frac{1}{b-a}\, \mathrm{ld}(b-a)\, dx \tag{3.64}$$

$$= \mathrm{ld}(b-a) \tag{3.65}$$

Die Entropie der Gaußverteilung ist die maximale Entropie aller WDF'en $p(x)$ mit gleicher Standardabweichung σ bzw. mit gleicher Varianz σ^2.

$$p(x) = \frac{1}{\sqrt{2\pi\sigma^2}}\, e^{-\frac{(x-\mu)^2}{2\sigma^2}} \tag{3.66}$$

$$H(X) = -\int\limits_{-\infty}^{\infty} p(x)\, \mathrm{ld}(p(x))\, dx \tag{3.67}$$

$$\Rightarrow H(X) \;=\; -\int\limits_{-\infty}^{\infty} \frac{1}{\sqrt{2\pi\sigma^2}}\, e^{-\frac{(x-\mu)^2}{2\sigma^2}} \left(-\frac{(x-\mu)^2}{2\sigma^2}\,\mathrm{ld}(e) - \frac{1}{2}\mathrm{ld}(2\pi\sigma^2) \right) dx$$

$$= \; \frac{1}{2}\,\mathrm{ld}(2\pi\sigma^2 e) \tag{3.68}$$

3.5.2 Entropie einer komplexen Gaußverteilung

Es sei eine komplexwertige Zufallsvariable $x = x_1 + jx_2$ gegeben, wobei x_1 und x_2 mittelwertfreie Gaußprozesse mit Varianzen σ_1^2 bzw. σ_2^2 sind. Für statistisch unabhängige Zufallsvariable x_1, x_2 kann die zweidimensionale WDF der komplexen Zufallsvariablen x durch das Produkt der einzelnen WDF'en berechnet werden.

$$p(x) = p(x_1, x_2) = \frac{\exp\left\{ -\frac{1}{2}\left[\frac{x_1^2}{\sigma_1^2} + \frac{x_2^2}{\sigma_2^2} \right] \right\}}{2\pi\sigma_1\sigma_2} \tag{3.69}$$

Die Entropie ist in diesem Fall

$$K(X) \;=\; -\int\limits_{-\infty}^{\infty}\int\limits_{-\infty}^{\infty} p(x_1, x_2) \cdot \mathrm{ld}(p(x_1, x_2))\, dx_1\, dx_2 \tag{3.70}$$

$$= \; \mathrm{ld}[2\pi e\,\sigma_1\sigma_2]$$

Für gleiche Standardabweichungen $\sigma_1 = \sigma_2 = \sigma$ erhält man insbesondere

$$K(X) = \mathrm{ld}[2\pi e\,\sigma^2] \tag{3.71}$$

Wie im eindimensionalen Fall besitzt die komplexe Gaußverteilung (bei gleichen Standardabweichungen $\sigma_1 = \sigma_2 = \sigma$ der beiden Quadraturkomponenten) die größte Entropie aller Verteilungen mit gleicher Varianz.

3.5.3 Kanalkapazität des amplitudenkontinuierlichen AWGN–Kanals

Es soll ein amplitudenkontinuierlicher Bandpaßkanal der Bandbreite B betrachtet werden, der durch additives Gaußverteiltes Rauschen gestört wird.

Die mittlere Signalleistung des Nutzsignals sei S, die Rauschleistung N. Die übertragene Transinformation ist in diesem Fall

$$T(X,Y) = K(Y) - \underbrace{K(Y\,|X)}_{K(N)} \qquad (3.72)$$

Die bedingte Entropie $K(Y\,|X)$ hängt in diesem Fall nur von der Statistik im Störsignal bzw. von der Rauschleistung N ab. Da die Nutz- und Störsignale als voneinander unkorreliert angenommen sind, ist die Empfangsleistung:

$$P_e = S + N \qquad (3.73)$$

Bei gegebenen Nutz- und Störsignalleistungen wird die Transinformation nach Abschnitt 3.5.2 für ein Gaußverteiltes Empfangssignal maximal. Daraus folgt direkt, daß auch das Eingangssignal eine Gaußverteilte Amplitudendichte haben muß. Die maximale Transinformation berechnet sich in diesem Fall nach Gleichung 3.72 wie folgt:

$$\max_{p(x)} T(X,Y) = \mathrm{ld}[2\pi e(S+N)] - \mathrm{ld}[2\pi e N] = \mathrm{ld}\left(1 + \frac{S}{N}\right) \qquad (3.74)$$

Die maximale Symbolrate auf dem Bandpaßkanal ist $1/T_s = B$, so daß sich für die Kanalkapazität des amplitudenkontinuierlichen AWGN–Kanals folgende Formel ergibt:

$$C = B \cdot \mathrm{ld}\left(1 + \frac{S}{N}\right) = B \cdot \mathrm{ld}\left(1 + \frac{S}{2BN_0}\right) \qquad (3.75)$$

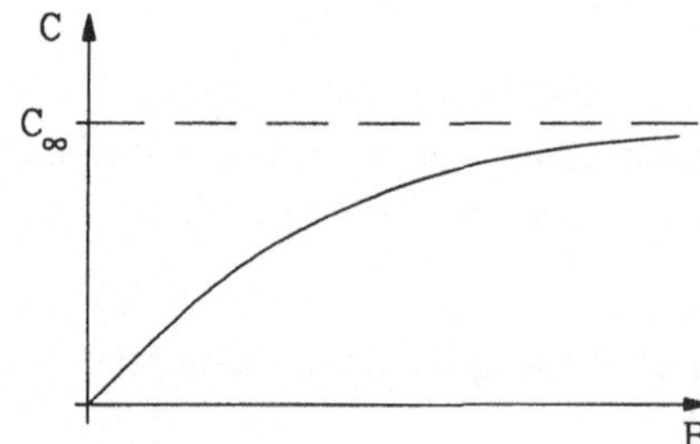

Bild 3.16: Kanalkapazität des AWGN–Kanals als Funktion von B

Bei gegebener Signalleistung und Rauschleistungsdichte ist der typische Verlauf der Kanalkapazität C als Funktion der Bandbreite B in Bild 3.16 skizziert. Die Kanalkapazität wächst monoton mit der Bandbreite und strebt für $B \to \infty$ gegen einen Grenzwert C_∞. Dieses Verhalten soll im folgenden Abschnitt näher betrachtet werden.

Die *Bandbreiteeffizienz* konkreter Modulationsverfahren kann durch das Verhältnis von übertragener Datenrate und Bandbreite R/B ausgedrückt werden und hat die Dimension (bit/s) / Hz. Das theoretische Optimum ist durch die Kanalkapazität C des Kanals gegeben

$$\frac{C}{B} = \mathrm{ld}\left(1 + \frac{C \cdot E_b}{2BN_0}\right) \tag{3.76}$$

und hängt im wesentlichen vom Signal–zu–Rauschverhältnis des Kanals ab.

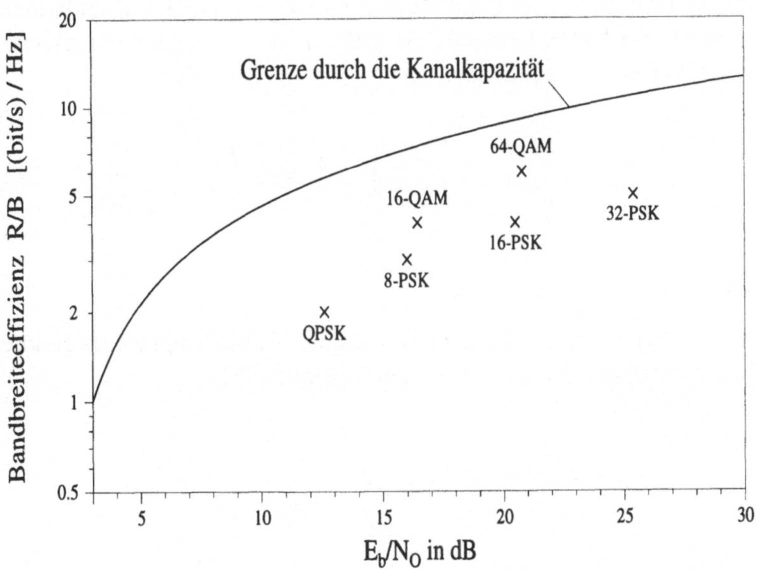

Bild 3.17: Bandbreiteeffizienz verschiedener Modulationsverfahren (Bitfehlerwahrscheinlichkeit $p_b = 10^{-5}$)

Nach dem Matched–Filterprinzip kann das S/N- mit dem E_b/N_0–Verhältnis gleichgesetzt werden. Ein höheres E_b/N_0 führt bei gegebenem Modulationsverfahren zu geringeren Bitfehlerwahrscheinlichkeiten bzw. erlaubt bei gleicher Bitfehlerwahrscheinlichkeit p_b den Einsatz höherwertiger Modulationsverfahren und führt damit zu einer höheren Datenrate, bzw. zu höherer Bandbreiteeffizienz. In Bild 3.17 ist die Bandbreiteeffizienz einiger digitaler Modulationsverfahren auf einem AWGN–Kanal in Abhängigkeit vom Signal–zu–Rauschverhältnis für eine Bitfehlerrate von $p_b = 10^{-5}$ angegeben. Zusätzlich ist die Grenze durch die Kanalkapazität C eingetragen.

3.6 Shannon–Grenze

3.6.1 Shannon–Grenze bei binärer Übertragung

Wir betrachten eine binäre Übertragung mit einer $\mathrm{si}(\pi t/T)$–Funktion als Modulationsimpuls $m(t)$. Die Übertragungsfunktion des Matched–Filters ist dann ein idealer Tiefpaß mit der Bandbreite B und $T = 1/B$. Als Modulationsverfahren wird eine BPSK betrachtet, so daß ein symmetrischer Binärkanal mit einer Bitfehlerwahrscheinlichkeit von

$$p_b = \frac{1}{2} \cdot \mathrm{erfc}\left(\sqrt{\frac{E_b}{2N_0}}\right) = \frac{1}{2} \cdot \mathrm{erfc}\left(\sqrt{\frac{S}{2N}}\right) \qquad (3.77)$$

entsteht.

Die Abtastwerte y am Ausgang des Matched–Filterempfängers gehorchen in Abhängigkeit der Binärwerte a_n den folgenden WDF

$$a_n = -1 \implies p(y) = \frac{1}{\sqrt{2\pi N}} \cdot e^{-\frac{\left(y+\sqrt{S}\right)^2}{2N}} \qquad (3.78)$$

$$a_n = 1 \implies p(y) = \frac{1}{\sqrt{2\pi N}} \cdot e^{-\frac{\left(y-\sqrt{S}\right)^2}{2N}}$$

Das Empfangsfilter (Matched–Filter) ist in diesem Fall ein idealer Tiefpaß. Die Rauschleistung N am Filterausgang des I– bzw. Q–Kanals ist jeweils

$$N = BN_0 \qquad (3.79)$$

Die Kanalkapazität C für den symmetrischen Binärkanal berechnet sich nach Abschnitt 1.7 zu

$$C = \frac{1}{T}\,(1 - S(p_b)) \tag{3.80}$$

$$= B\,(1 - S(p_b))$$

wobei $S(p_b)$ die Shannon–Funktion bezeichnet. Für große Bandbreiten B und bei konstanter Nutzleistung S am Matched–Filterausgang wird die WDF für die Übertragung des Binärwertes $a_n = 1$ durch eine Normalverteilung mit dem Erwartungswert $\sqrt{S}$ beschrieben, siehe Bild 3.18. Die Bitfehlerwahrscheinlichkeit p_b kann unter diesen Voraussetzungen wie folgt berechnet, bzw. abgeschätzt werden

$$p_b = \frac{1}{2}\cdot\mathrm{erfc}\left(\sqrt{\frac{S}{2N}}\right) = \frac{1}{2}\cdot\mathrm{erfc}\left(\sqrt{\frac{S}{2BN_0}}\right) \tag{3.81}$$

$$= \frac{1}{2} - \Delta$$

$$\approx \frac{1}{2} - \frac{\sqrt{S}}{\sqrt{2\pi N_0 B}} \qquad \text{(für große Bandbreiten } B\text{)}$$

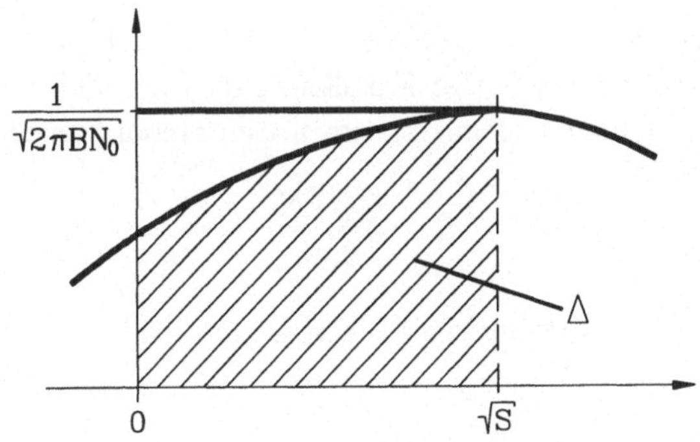

Bild 3.18: Zur Approximation der Bitfehlerwahrscheinlichkeit

Die Bitfehlerwahrscheinlichkeit geht also für große Bandbreiten B fast gegen den Wert $p_b = 1/2$ und würde damit keine sinnvolle Binärübertragung mehr ermöglichen, die Transinformation geht in diesem Fall gegen Null.

Die Kanalkapazität C hängt aber andererseits linear von der Bandbreite B des Modulationsimpulses ab, und mit wachsender Bandbreite erhöht sich auch die übertragbare Datenrate R. Allerdings treten für große Bandbreiten B und bei konstanter Nutzleistung S ungemein viele Übertragungsfehler auf. Für große Bandbreiten B wird, trotz sehr kleiner Transinformation, ein endlicher Wert der Kanalkapazität C berechnet.

$$\lim_{B\to\infty} C = B \left(1 - \underbrace{S(p_b)}_{1-\frac{2}{\ln 2}\left(\frac{S}{2\pi N_0 B}\right)}\right) \tag{3.82}$$

$$= B \cdot \frac{2}{\ln 2} \cdot \frac{S}{2\pi N_0 B}$$

$$= \frac{S}{\pi N_0 \ln 2} \qquad \text{(für große Bandbreiten } B\text{)}$$

Für die Shannon–Funktion an der Stelle p_b, siehe Gleichung 3.81, wurde dazu eine geeignete Näherung verwendet. Dieser Grenzwert der Kanalkapazität C bei unendlicher Bandbreite B soll mit C_∞ bezeichnet werden.

$$C_\infty = \frac{S}{N_0} \frac{1}{\pi \ln 2} = 0{,}46 \cdot \frac{S}{N_0} \qquad \left[\frac{bit}{s}\right] \tag{3.83}$$

Für eine unendlich große Bandbreite B errechnet sich also eine endliche vom S/N_0–Verhältnis abhängige Kanalkapazität C_∞. Für eine im Prinzip fehlerfreie Übertragungsmöglichkeit wird also eine momentane Signalleistung S von mindestens

$$S \geq \frac{C_\infty \cdot N_0}{0{,}46} \tag{3.84}$$

benötigt. Für die Übertragung eines Binärzeichens muß mindestens die Zeit

$$T = \frac{1}{C_\infty} \qquad \left[\frac{s}{bit}\right] \tag{3.85}$$

zur Verfügung stehen. Dadurch entsteht eine Signalenergie E_b pro Zeichen (Nutzbit) von

$$E_b = S \cdot T \geq \frac{C_\infty \cdot N_0}{0{,}46} \cdot \frac{1}{C_\infty} = \frac{N_0}{0{,}46} \tag{3.86}$$

bzw. ab einem E_b/N_0-Verhältnis

$$\frac{E_b}{N_0} = \frac{1}{0,46} = 2,178 \triangleq 3,4\,\text{dB}. \tag{3.87}$$

ist — zumindest prinzipiell — eine fehlerfreie Übertragung möglich. Umgekehrt ist bei einem kleineren Signal–zu–Rauschverhältnis prinzipiell keine fehlerfreie Übertragung möglich. Dieses E_b/N_0-Verhältnis wird als "Shannon–Grenze für eine binäre Übertragung" bezeichnet. Für eine BPSK hat die Bitfehlerwahrscheinlichkeit an der Shannon–Grenze den Wert $p_b \approx 7\%$.

3.6.2 Shannon–Grenze bei amplitudenkontinuierlicher Übertragung

Mit den Gleichungen aus Abschnitt 3.5.3 läßt sich die Shannon–Grenze bei einer amplitudenkontinuierlichen Übertragung aus der dort angegebenen Kanalkapazität C berechenen.

$$C = B\,\text{ld}\left(1 + \frac{S}{2BN_0}\right)$$

$$C = \text{ld}\left(1 + \frac{S}{2BN_0}\right)^B$$

$$\Rightarrow C_\infty = \lim_{B\to\infty} C = \text{ld}\left(e^{\frac{S}{2N_0}}\right) = \frac{S}{N_0}\frac{\text{ld}(e)}{2}$$

$$= 0,72\,\frac{S}{N_0} \qquad \left[\frac{bit}{s}\right]$$

Für eine im Prinzip fehlerfreie Übertragungsmöglichkeit wird also eine momentane Signalleistung S von mindestens

$$S \geq \frac{C_\infty \cdot N_0}{0,72} \tag{3.88}$$

benötigt. Für die Übertragung eines Binärzeichens muß mindestens die Zeit

$$T = \frac{1}{C_\infty} \qquad \left[\frac{s}{bit}\right] \tag{3.89}$$

zur Verfügung stehen. Die Signalenergie pro Bit ist in diesem Fall

$$E_b = S \cdot T = \frac{S}{C_\infty} \geq \frac{N_0}{0,72} \tag{3.90}$$

Im Fall des amplitudenkontinuierlichen Kanals berechnet sich folgende Shannon–Grenze:

$$\frac{E_b}{N_0} = 1,39 \ \hat{=} \ 1,42 \ \text{dB}. \tag{3.91}$$

D.h., auch in einem kontinuierlichen verrauschten Kanal kann nur ein endlicher Informationsgehalt übertragen werden. Die Kanalkapazität C nimmt also auch in diesem Fall einen endlichen Wert an.

Bei wachsender Bandbreite, und damit immer kleinerer Symboldauer entsteht ein Kompromiß zwischen Rauschleistung und Symboldauer T_s. Die Shannon–Grenze ist ein theoretischer Wert, der aussagt, daß ab einem E_b/N_0 von 1,42 dB bei einem amplitudenkontinuierlichen Kanal im Prinzip eine fehlerfreie Übertragung möglich sein muß. In der praktischen Anwendung ist man allerdings i.a. relativ weit von diesem Grenzwert entfernt.

3.7   Kanalcodierung auf einem AWGN–Kanal

Nach der Diskussion digitaler Modulationsverfahren soll nun die Kanalcodierung bei der Übertragung über einen AWGN–Kanal aus praktischer Sicht betrachtet werden. Der Entwicklungsingenieur hat i.a. die Möglichkeit sowohl die Kanalcodierung zu dimensionieren, als auch ein geeignetes Modulationsverfahren auszuwählen. Er wird versuchen, eine optimale Kombination zu finden. Ein wesentliches Kriterium für die Beurteilung eines Übertragungsverfahrens ist die Sendeleistung S, die bei gegebener Datenrate und Rauschleistungsdichte N_0 benötigt wird, um eine vorgegebene Restfehlerwahrscheinlichkeit p_{Rest} zu erreichen. Um einen Vergleich verschiedener Kanalcodierverfahren unabhängig von der jeweiligen Datenrate durchführen zu können, wird häufig die Energie E_b herangezogen, die zur Übertragung eines Nachrichtenbits bzw. eines Nutzbits aufgewendet werden muß.

Um speziell die Leistungsfähigkeit der Kanalcodierung quantitativ zu beurteilen, wird die Bitfehlerwahrscheinlichkeit p_b bei ungeschützter Übertragung mit der Restfehlerwahrscheinlichkeit p_{Rest} des betrachteten Codes verglichen[5]. Für Kanalcodierungsverfahren definiert man für eine vorgegebene Bitfehlerwahrscheinlichkeit p_b einen Codierungsgewinn G, um den die Energie pro *Nachrichtenbit* gegenüber einer uncodierten Übertragung verringert werden kann. In Bild 3.19 ist die Leistungsfähigkeit beispielhaft für einen (63,45,7) BCH–Code, mit dem 3 Fehler innerhalb eines Codewortes korrigiert werden können, und für eine uncodierte BPSK–Übertragung skizziert.

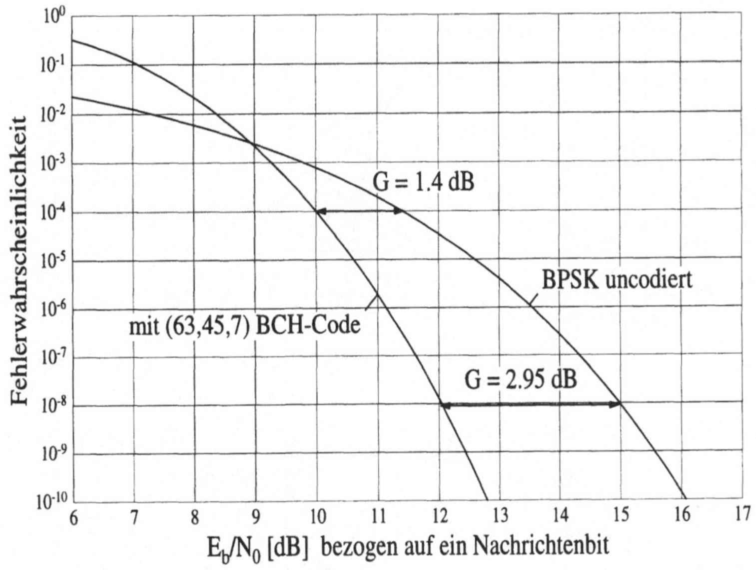

Bild 3.19: Codierungsgewinn für einen (63,45,7) BCH–Code und BPSK

Für eine Restfehlerwahrscheinlichkeit von $p_{Rest} = 10^{-4}$ ergibt sich in diesem Beispiel ein Codierungsgewinn von $G = 1{,}4$ dB; für $p_{Rest} = 10^{-8}$ ist $G = 2{,}95$ dB. Für kleine E_b/N_0–Werte ist der Codierungsgewinn i.a. negativ. Er wächst mit steigendem Signal–zu–Rauschverhältnis und konvergiert für $E_b/N_0 \to \infty$ gegen einen Grenzwert, der als asymptotischer Codierungsge-

---

[5]Bei Faltungscodes und teilweise auch bei Blockcodes wird in der Literatur für die codierte Übertragung ebenfalls die Bitfehlerwahrscheinlichkeit am Decoderausgang herangezogen.

winn bezeichnet wird[6]. Der Zusammenhang zwischen S/N und E_b/N_0 wird durch das Matched Filter hergestellt, siehe Abschnitt 3.2.3, Seite 165.

Durch Einsatz sehr leistungsfähiger Kanalcodierverfahren kann andererseits die Aussage des Shannon'schen Satzes über die Kanalkapazität überprüft werden. In Bild 3.20 ist jeweils die Restfehlerwahrscheinlichkeit für BCH–Codes verschiedener Länge und Leistungsfähigkeit in einem Diagramm als Funktion über dem E_b/N_0-Verhältnis (bezogen auf ein Nachrichtenbit) aufgetragen. Die längeren BCH–Codes wurden dabei so gewählt, daß die im Code enthaltene Redundanz etwa 50% beträgt.

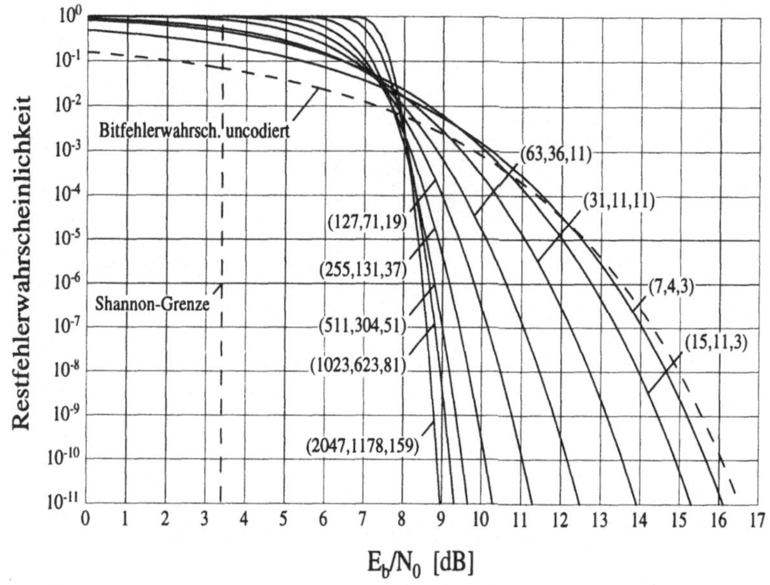

Bild 3.20: Restfehlerwahrscheinlichkeit für verschiedene BCH–Codes

Man erkennt in Bild 3.20 ein mit zunehmender Codewortlänge N immer ausgeprägteres Schwellenverhalten. Die Restfehlerwahrscheinlichkeit liegt für kleine Werte des Signal–zu–Rauschverhältnisses nahe bei 1 und fällt oberhalb einer Schwelle steil ab. Diese Schwelle liegt bei dem hier angegebenen Beispiel etwa bei 7 dB — also deutlich oberhalb der Shannon–Grenze von 3,4

---

[6]Wenn in der Literatur ein Codierungsgewinn ohne die zugehörige Fehlerwahrscheinlichkeit angegeben wird, ist meist der asymptotische Codierungsgewinn gemeint.

dB, die in Bild 3.20 zusätzlich gestrichelt eingezeichnet ist. Dieser Abstand von der Shannon–Grenze kann anschaulich durch den abnehmenden Grad der Dichtgepacktheit bei sehr langen und leistungsfähigen BCH–Codes mit großen Hamming–Distanzen $d(C)$ erklärt werden.

Aus diesem Beispiel wird die Bedeutung der Kanalcodierverfahren unmittelbar und deutlich erkennbar. Mit einer codierten Übertragung kann relativ zur uncodierten Übertragung einerseits dieselbe Bitfehlerwahrscheinlichkeit mit einem geringeren E_b/N_0–Verhältnis erzielt werden. Andererseits ist bei festem E_b/N_0–Verhältnis die Restfehlerwahrscheinlichkeit bei der codierten Übertragung geringer. Eine optimale Dimensionierung von Modulations- und Kanalcodierverfahren ist für jeden Anwendungsfall erforderlich.

3.8 Übungsaufgaben

Aufgabe 3.1

Gegeben ist ein 4–Pegel–Kanal mit den Nutzspannungspegeln $m_3 = -m_0 = 1$ mV und $m_2 = -m_1 = 0,2$ mV. Die Schwellen für die Entscheidung liegen bei $-0,6$ mV, 0 mV und 0,6 mV. Die Spannung liegt an einem 1 kΩ–Widerstand an. Die mittlere Leistung der Gaußverteilten Störspannung beträgt $N = 0,5$ nW.

a) Es sollen sämtliche bedingten Fehler- und Verbundwahrscheinlichkeiten ermittelt werden. Die 4 Zeichen der Quelle seien gleichverteilt.

b) Wie groß ist die Transinformation?

c) Wie groß ist das Signal–zu–Rauschverhältnis S/N?

d) Wie groß ist die Transinformation, wenn über den Kanal nur gleichverteilte Binärzeichen (bipolar) übertragen werden, die aber die gleiche mittlere Nutzleistung besitzen?

e) Wie groß ist die Transinformation, wenn durch den Kanal kontinuierliche Spannungspegel übertragen werden, die gaußverteilt sind und die gleiche mittlere Nutzleistung besitzen?

f) Wie groß sind die Standardabweichungen der Nutzsignalpegel der drei o.g. Fälle?

Aufgabe 3.2

Gegeben ist ein symmetrischer Binärkanal mit der Bandbreite $B = 1$ kHz, durch den gleichverteilte Zeichen übertragen werden. In Anlehnung an das Modell eines idealen Tiefpasses im Kanal wird jedes Zeichen durch eine si–Funktion übertragen (Impulsantwort des idealen Tiefpasses). Das Zeichen 0 wird im ungestörten Fall mit der Spannung -1 mV im absoluten Minimum, das Zeichen 1 mit der Spannung $+1$ mV empfangen. Die Empfangsspannung liegt an einem 1 kΩ–Widerstand an. Bei abgeschalteter Übertragung wird ein gaußverteiltes Rauschen mit der Leistung $N = 0,5$ nW gemessen.

   a) Wie groß ist die mittlere Nutzleistung am Ausgang des idealen Tiefpasses?

   b) Wie groß ist die Bitfehlerwahrscheinlichkeit?

   c) Wie groß ist die Kanalkapazität?

   d) Wie groß wäre die Kanalkapazität bei unendlich großer Bandbreite und gleicher Sendeleistung?

   e) Die Datenrate R der Nachrichtenübertragung wird nun um den Faktor 3 verringert. Da der Kanal seine Eigenschaften behält, kann jetzt ein Nachrichtenbit durch 3 identische Übertragungsbits in den Kanal eingespeist werden. Am Ausgang des Kanals wird durch eine Mehrheitsentscheidung das Nachrichtenbit zurückgewonnen. Welche Fehlerwahrscheinlichkeit ergibt sich dabei?

Aufgabe 3.3

Bei einer leitungsgebundenen binären Übertragung liegen am Entscheider im ungestörten Fall die Signalspannungen $u_0 = -u = -3$ bzw. $u_1 = +u = 3$ an. Der Signalspannung ist eine Störspannung n mit der Verteilungsdichtefunktion

$$f(n) = \frac{1}{2}\, e^{-|n|}$$

additiv überlagert. Signal- und Störspannungen aufeinanderfolgender Symbole sind unkorreliert.

   a) Wie groß ist die Rauschleistung N im Abtastzeitpunkt?

b) Wie groß ist die Bitfehlerwahrscheinlichkeit, wenn die Entscheidungsschwelle bei 0 liegt?

c) Welche Transinformation wird über den Kanal übertragen, wenn die Auftrittswahrscheinlichkeiten der Quellzeichen $p_0 = 0,6$ sowie $p_1 = 0,4$ betragen?

Aufgabe 3.4

Gegeben sei eine bipolare Übertragung $(u_0 = -u, u_1 = +u)$, die durch weißes, Gaußverteiltes Rauschen gestört wird. Die Quellzeichen 0 und 1 seien statistisch unabhängig, aber nicht gleichverteilt. Bestimmen Sie die optimale Entscheidungsschwelle nach dem MAP–Kriterium in Abhängigkeit von den Auftrittswahrscheinlichkeiten der Symbole!

Aufgabe 3.5

Es soll die gegebene Datenrate R von 1000 Bit/s durch verschiedene digitale Modulationsverfahren mit si–förmigen Impulsen über ein Bandpaßsystem übertragen werden. Bei allen Modulationsverfahren soll die durchschnittliche Empfangsleistung $S = 2$ nW betragen. Die Rauschleistungsdichte beträgt $N_0 = 0,25$ pW/Hz.

a) Welche Bandbreite wird für eine 2–PSK–Übertragung benötigt? Welche Bitfehlerwahrscheinlichkeit ergibt sich?

b) Wie groß sind die benötigten Bandbreiten bei einer QPSK und einer 8–PSK. Wie groß sind die Bitfehlerwahrscheinlichkeiten?

c) Wie groß müssen die Bandbreiten bei einer 16–QAM bzw. einer 64–QAM sein? Wie muß die Gray–Codierung angeordnet werden, damit sich die waagerechten und senkrechten Nachbarn im Ortsdiagramm nur in einem Bit unterscheiden? Wie groß ist die Bitfehlerwahrscheinlichkeit?

Für die Berechnung der Bitfehlerwahrscheinlichkeiten der 8–PSK und der QAM genügt die Betrachtung der nächsten Nachbarn. Die im Ortsdiagramm auftretenden diagonalen Nachbarn müssen bei der Fehlerbetrachtung im Demodulator nicht berücksichtigt werden.

Aufgabe 3.6

Es sind die Ortsdiagramme von kombinierten Amplituden- und Phasenmodulationen gegeben. Zeichnen Sie die optimalen Entscheidungsgrenzen für einen Maximum–Likelihood (ML) Detektor ein. Die einzelnen Symbole treten im Modulator gleichwahrscheinlich auf und die Übertragung ist jeweils durch additives weißes Rauschen gestört.

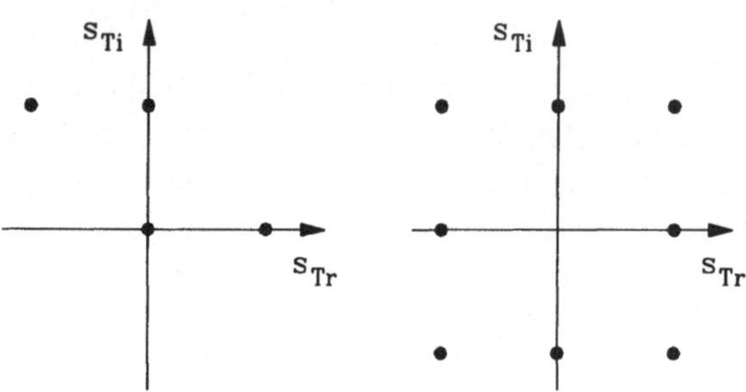

Aufgabe 3.7

Eine drahtgebundene Übertragungsstrecke im Basisband verwendet folgende 4 Symbole (Hadamard–Codes) mit der Symboldauer $T = 10\,\mu s$:

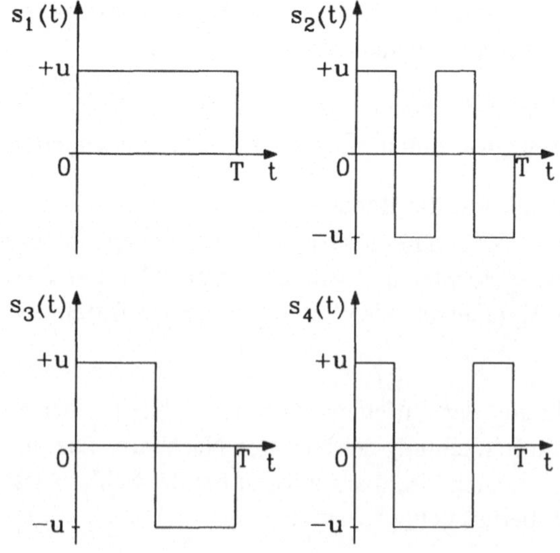

Die Empfangspegel seien $u = 1,789\,\mu V$ an einem Widerstand von $50\,\Omega$.

Die Übertragung wird durch weißes gauß'sches Rauschen mit der Rauschleistungsdichte $N_0 = 10^{-20}$ W/Hz gestört.

a) Zeigen Sie, daß die verwendeten Symbole paarweise orthogonal sind!

b) Wie groß ist die Symbolfehlerwahrscheinlichkeit?

c) Gibt es eine optimale Zuordnung der Bitmuster zu den Symbolen (für minimale Bitfehlerwahrscheinlichkeit) ? Wenn ja, so geben Sie diese explizit an! Wie groß ist die Bitfehlerwahrscheinlichkeit?

Aufgabe 3.8

Eine kohärente M–fache ASK soll unter der Randbedingung benutzt werden, daß die Empfangsleistung zu keinem Zeitpunkt größer als 1 mW sein darf. Die Modulation soll auf einem AWGN–Kanal mit der Rauschleistungsdichte $N_0 = 0,25$ pW/Hz eingesetzt werden. Es wird eine Bitfehlerwahrscheinlichkeit von maximal 10^{-6} gefordert.

a) Wie groß sind die maximalen Bitraten für $M = 2$, $M = 4$ und $M = 8$?

b) Bei welchem der drei Verfahren wird die kleinste Energie pro Bit gesendet?

Aufgabe 3.9

Eine 4–PSK soll kohärent demoduliert werden. Aufgrund von Schwierigkeiten bei der Trägersynchronisation hat der Lokaloszillator einen konstanten Phasenfehler von $\Delta\varphi$. Berechnen Sie die Bitfehlerwahrscheinlichkeit als Funktion von $\Delta\varphi$ und E_b/N_0! Skizzieren Sie den Verlauf für $E_b/N_0 = 10$ dB und $0 \leq \varphi \leq \pi/4$.

4 Faltungscodes

Nachdem Verfahren der Blockcodierung von Hamming, Golay (1949) und anderen vorgeschlagen, untersucht und praktisch eingesetzt wurden, publizierte Elias 1955 erste Arbeiten zu Faltungscodes. Bei diesen Codiermethoden wird die Eingangsbitfolge in einer faltungsähnlichen Operation verarbeitet und den Nutzdaten auf diese Weise Redundanz hinzugefügt. Im Gegensatz zu Blockcodes, bei denen jeweils Codeworte der festen Länge N gebildet und den n Nachrichtenstellen jeweils k Kontrollstellen hinzugefügt werden, wird bei Faltungscodes eine kontinuierliche Verarbeitung durchgeführt. Das in dem Faltungscode entstehende Verhältnis zwischen Nutzdaten- und Redundanzanteil wird wiederum wie bei Blockcodes durch die noch zu definierende Coderate R bestimmt.

Zu Beginn der Entwicklung von Faltungscodes wurde den bis dahin bekannten Verfahren keine hohe Leistungsfähigkeit zugeschrieben. Nachdem allerdings Verfahren zur sequentiellen Decodierung von Fano (1963) und Viterbi (1967) entwickelt und damit praktisch realisierbare Maximum–Likelihood–Decoder verfügbar waren, konnte die hinter den Faltungscodes stehende hohe Leistungsfähigkeit auch praktisch genutzt werden. In vielen realisierten nachrichtentechnischen Systemen werden heute Faltungscodes eingesetzt, häufig in Zusammenhang mit verketteten Codes und in Verbindung mit Büschelfehler korrigierenden Blockcodes.

In den folgenden Abschnitten soll die grundsätzliche Struktur von Faltungscodes anhand von Beispielen erläutert und insbesondere das Decodierverfahren von Viterbi erklärt werden.

4.1 Codierverfahren für Faltungscodes

Ein Faltungscoder (rekurrenter Coder) ist rein formal betrachtet ein linearer Automat mit endlich vielen Zuständen. In der praktischen Anwendung werden aus einer Eingangsbitfolge jeweils $b \geq 1$ Bit zu einem Block zusammengefaßt und jeweils schritt- bzw. blockweise in ein Schieberegister mit $L = k \cdot b$

Zellen eingegeben. Nach erfolgter Eingabe werden aus dem Inhalt der Schieberegisterzellen in jedem einzelnen Schritt $n > b$ Ausgabebits durch modulo 2–Addition geeignet gewählter Permutationen der Schieberegisterinhalte gebildet. Für Faltungscodes sind im Gegensatz zu Blockcodes keine direkten analytischen Konstruktionsvorschriften zur Entwicklung der Codes, d.h., zur Ermittlung geeigner Permutationen der Schieberegisterinhalte, bekannt. Gute Faltungscodes werden daher mit Hilfe von Suchverfahren auf dem Rechner ermittelt. Für den praktischen Einsatz sind die besten bekannten Faltungscodes und die damit verbundenen Verknüpfungen der Schieberegisterinhalte für sehr viele unterschiedliche Coderaten R und Schieberegisterlängen L in der Literatur tabelliert, z.B. [20, 11, 17, 16].

Die Coderate R des Faltungscodes beschreibt das Verhältnis $R = b/n$ zwischen der Anzahl der Ein- und Ausgabebits in der Schieberegisterschaltung. Die Coderate R drückt implizit auch das Verhältnis zwischen dem Nutzdaten- und dem Redundanzanteil innerhalb des Faltungscodes aus.

4.1.1 Schieberegisterdarstellung

Zur Erläuterung der Codierschaltung ist in Bild 4.1 ein Beispiel für einen Faltungscode mit der Rate $R = b/n = 2/3$ in Form einer Schieberegisterschaltung dargestellt. In diesem Beispiel werden jeweils $b = 2$ Bit in jedem einzelnen Schritt in das Schieberegister eingelesen und $n = 3$ Bit in jedem Schritt ausgegeben. In Bild 4.2 ist ein zweites Beispiel für einen Faltungscoder mit der Rate $R = 1/2$ in einem Blockschaltbild dargestellt. Diesen Faltungscode werden wir in diesem Abschnitt als Grundlage zur Erläuterung der allgemeinen Codier- und Decodierverfahren für Faltungscodes beispielhaft betrachten. Auch im Bereich der Faltungscodes unterscheidet man im Prinzip zwischen separierbaren und nichtseparierbaren Codes. Allerdings ist die Situation hier anders als bei den linearen Blockcodes. Bei gleichen Parametern in den Faltungscodes sind die mit separierbaren und nichtseparierbaren Codes erreichbaren Fehlerkorrektureigenschaften unterschiedlich. Nichtseparierbare Faltungscodes sind i.a. leistungsfähiger, so daß separierbare Codes in der praktischen Anwendung keine große Bedeutung haben. Aus diesem Grund konzentrieren wir uns in diesem Abschnitt auf die Beschreibung nichtseparierbarer Faltungscodes.

In den Bildern 4.1 und 4.2 wurden Faltungscodes zunächst durch ein technisches Blockschaltbild des jeweiligen Coders mit der darin enthaltenen

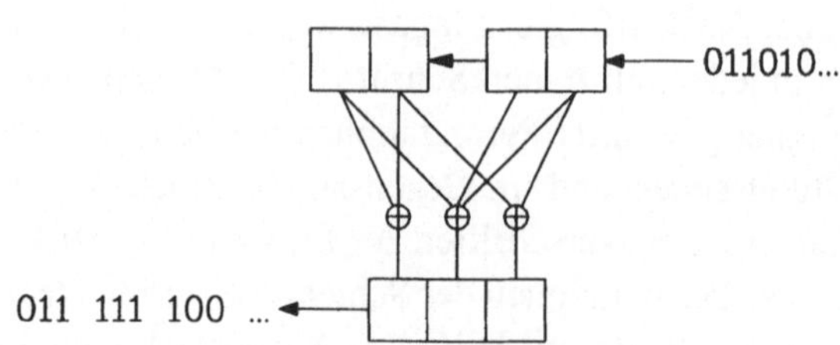

$$
\begin{aligned}
b &= 2 && \text{Anzahl Eingabebits} \\
n &= 3 && \text{Anzahl Ausgabebits} \\
k &= 2 && \text{"Eindringtiefe"} \\
L = k \cdot b &= 4 && \text{Schieberegisterlänge ("Constraint Length")} \\
R = b/n &= 2/3 && \text{Coderate}
\end{aligned}
$$

Bild 4.1: Codiereinrichtung für einen Faltungscode der Rate $R = 2/3$

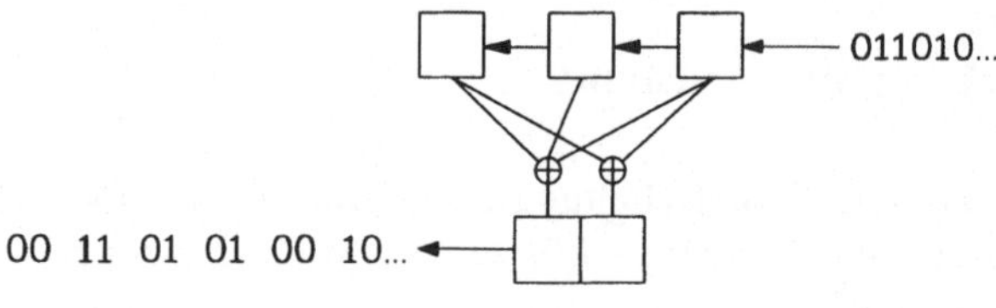

Bild 4.2: Codiereinrichtung für einen Faltungscode der Rate $R = 1/2$

Schieberegisterform dargestellt. Darüber hinaus werden wir zur Beschreibung desselben Sachverhaltes bzw. desselben Faltungscodes drei weitere unterschiedliche Methoden angeben:

1. Codebaum

2. Zustandsdiagramm

3. Trellisdiagramm

Die Eignung dieser Darstellungsformen soll anhand des Beispiels aus Bild 4.2 untersucht werden.

4.1.2 Codebaum

Die von den Schieberegister–Schaltungen (Bild 4.1 bzw. 4.2) erzeugten Faltungscodes können einerseits als Baum (im Spezialfall als Binärbaum) dargestellt werden. Von jedem Knoten innerhalb einer Ebene gehen dann genau 2^b (im Beispiel also $2^1 = 2$) Äste zu den Knoten der nächsten Ebene aus. An den Ästen sind in Bild 4.3 jeweils unten die $b = 1$ Ein- und jeweils oben die zugehörigen $n = 2$ Ausgabebits angegeben. Ferner ist der Pfad markiert, der zur beispielhaft angenommenen Eingangsbitfolge {...011010...} gehört. Die Ausgangsfolge kann unmittelbar durch den markierten Pfad abgelesen werden und ist in diesem Beispiel {... 00 11 01 01 00 ...}. Der Codebaum enthält die gesamte Information über den Faltungscode. Die Anzahl der möglichen Pfade wächst allerdings exponentiell mit der Sequenzlänge, so daß die Darstellungsform eines Baumes schnell an ihre praktischen Grenzen stößt.

4.1.3 Zustandsdiagramm

Das Zustandsdiagramm beschreibt den Faltungscode als endlichen Automaten. Die einzelnen relevanten Zustände des in Bild 4.2 angegebenen Faltungscodes sind durch den Inhalt der $b \cdot (k - 1)$ rechten Schieberegisterzellen charakterisiert, weshalb insgesamt $2^{b(k-1)}$ verschiedene Zustände (Knoten) und deren Verbindungslinien (Kanten) im Zustandsdiagramm auftreten.

In der Schieberegister–Darstellung wird in jedem einzelnen Schritt vom Inhalt der $b \cdot (k - 1)$ rechten Registerzellen ausgegangen. Durch das Verschieben der Registerinhalte sowie durch die Eingabe der nächsten b Nutzbits und durch die jweilige binäre Verknüpfung der Registerinhalte werden die n Ausgabebits berechnet. Dieser Schieberegister–Vorgang wird im Zustandsdiagramm in entsprechender Weise durchgeführt. Ausgehend von einem der insgesamt $2^{b(k-1)}$ möglichen Zustände findet ein Zustandsübergang durch Eingabe der b neuen Nutzbits statt, der durch einen Pfeil bzw. die zugehörige Kante im Zustandsdiagramm beschrieben ist. Von jedem gültigen Knoten innerhalb des Zustandsdiagramms gehen deshalb genau 2^b Pfeile aus, in Übereinstimmung mit den 2^b verschiedenen Eingabemöglichkeiten im Schieberegister.

In Bild 4.4 ist das zugehörige Zustandsdiagramm für den im Bild 4.2 durch die Schieberegisterform angegebenen Faltungscode beschrieben. In diesem Beispiel treten genau $2^{b(k-1)} = 4$ verschiedene Zustände auf, und von jedem Knoten aus führen jeweils $2^b = 2$ Pfeile zum resultierenden Folgezustand. Außerdem werden in jedem einzelnen Schritt $n = 2$ Bit ausgegeben.

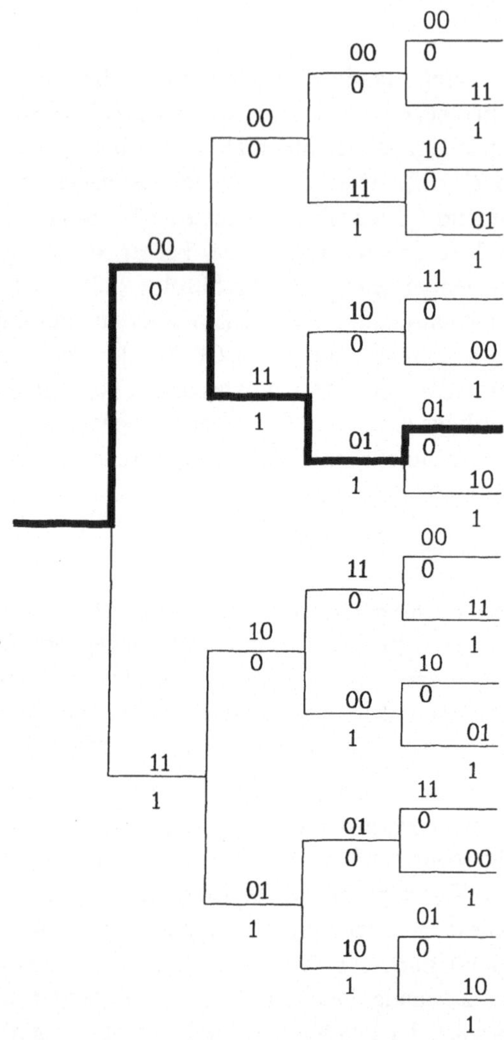

Bild 4.3: Codebaum für den obigen Faltungscode mit der Rate $R = 1/2$

An jedem Pfeil sind die $b = 1$ neuen Eingabebits und die $n = 2$ durch die Verknüpfung der Schieberegisterinhalte entstehenden Ausgabebits notiert. Durch das Zustandsdiagramm geht im Vergleich zur Binärbaumdarstellung in Bild 4.3 der zeitliche Bezug in der Entwicklung des Faltungscodes verloren. Aber die kompaktere Darstellung bietet den Vorteil, daß sie sich auf die

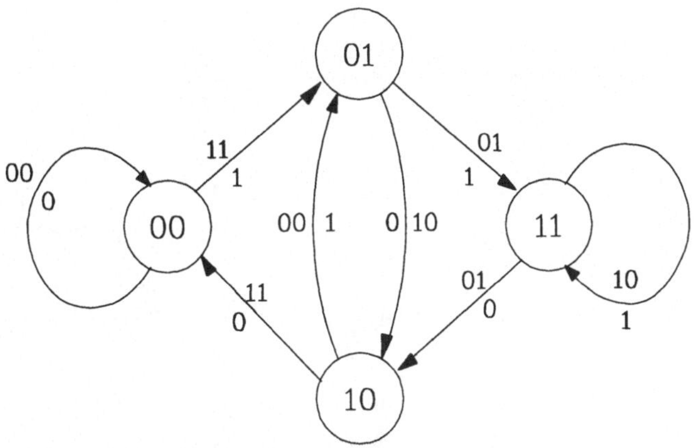

Bild 4.4: Zustandsdiagramm für den obigen Faltungscode mit der Rate $R = 1/2$

einzelnen Zustände und die Zustandsübergänge konzentriert. Der technische Ablauf in der Schieberegisterschaltung des Faltungscoders ist direkt mit einem Zustandswechsel im Zustandsdiagramm vergleichbar.

4.1.4 Trellisdiagramm

Das Trellisdiagramm eines Faltungscodes ist eine Art Kombination aus Zustandsdiagramm und Codebaum. Das Zustandsdiagramm wird quasi auf der Zeitachse "abgerollt". In jeder Stufe bzw. in jedem Schritt werden jeweils nur die $2^{b(k-1)}$ (d.h. die endlich vielen) möglichen Folgezustände im Schieberegister betrachtet. Verglichen mit der Codebaum–Darstellung werden auch hier sämtliche Folgezustände in jedem einzelnen Schritt entlang der Zeitachse aufgetragen (vgl. Bild 4.5). In jeder Stufe des Trellisdiagramms sind in den angegebenen Knoten sämtliche $2^{b(k-1)}$ Zustände durch die zugehörige Binärkombination notiert, die im Schieberegister bzw. im Zustandsdiagramm auftreten können. Von jedem Knoten aus können jeweils 2^b Folgezustände erreicht werden, dementsprechend führen 2^b Pfeile von jedem Knoten zu den möglichen Folgezuständen im Trellisdiagramm. An den Pfeilen werden wiederum jeweils unten die $b = 1$ neuen Eingabebits (Nutzdaten) und jeweils oben die $n = 2$ resultierenden Ausgabebits notiert. In Bild 4.5 ist das Trellisdiagramm für das in diesem Abschnitt betrachtete Beispiel des Faltungscodes

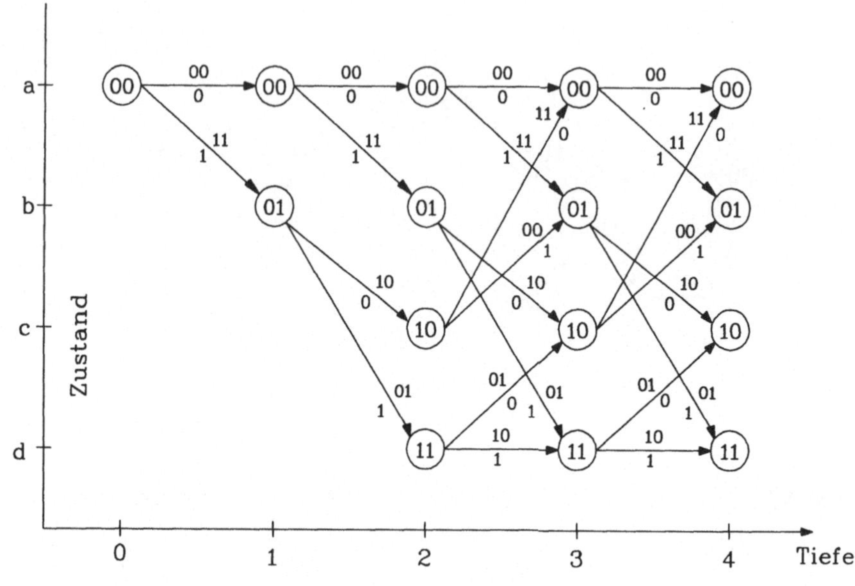

Bild 4.5: Trellisdiagramm

mit der Rate $R = 1/2$ dargestellt. Nach einem kurzen Einschwingvorgang wiederholt sich in jeder Stufe des Trellisdiagramms die Zustands–Darstellung periodisch und unverändert.

Mit dem Trellisdiagramm erhält man eine praktikable Darstellung von Faltungscodes, die sich insbesondere als Ausgangspunkt für die Entwicklung von Decodieralgorithmen eignet.

4.2 Decodierung von Faltungscodes

Für die Decodierung von Faltungscodes betrachten wir zunächst die Situation im Empfänger und zwar im Demodulator und am Ausgang des Matched–Filters. Beim Einsatz von Blockcodes wurden im Demodulator Entscheidungen über die empfangenen Einzelsymbole getroffen und die jeweiligen Ergebnisse dem Decoder zur Fehlerkorrektur übergeben. Im Gegensatz dazu werden bei Faltungscodes aufgrund der kontinuierlichen Abhängigkeit benachbarter Binärwerte keine Einzelsymbole sondern Symbolfolgen mit zunächst unbegrenzter Länge im zugehörigen Demodulator betrachtet. Allgemein betrachtet wird in der Decodiereinrichtung eines Faltungscodes entschieden, welche Sendesymbolfolge $X = s_1, s_2, s_3, ...$ unter Berücksichtigung des jeweiligen Modulationsverfahrens am besten zu der Folge $Y = y_1, y_2, y_3, ...$ der am Ausgang des Matched–Filters vorliegenden i.a. komplexen Werte y paßt.

Im Demodulator müssen (so wie das bei einem ML–Detektor im Prinzip erforderlich ist) für eine gegebene Empfangsfolge Y alle denkbaren bzw. möglichen Sendesymbolfolgen X in die Betrachtung einbezogen werden. Die Anzahl der möglichen Sendesymbolfolgen X wächst allerdings exponentiell mit der Folgen- bzw. Sequenzlänge (vgl. Zustandsdiagramm) und führt daher im Faltungsdecoder zu einem i.a. nicht mehr realisierbaren Verarbeitungsaufwand. Das ist die grundsätzliche Problematik bei der Decodierung von Faltungscodes.

Ende der 60er–Jahre ist von Viterbi ein Verfahren vorgestellt worden, das heute zur Decodierung von Faltungscodes allgemein Anwendung findet. Der Algorithmus beruht auf vorher schon bekannten Prinzipien aus dem Bereich des Operations Research sowie linearer Optimierungsverfahren mit Nebenbedingungen. Der Viterbi–Algorithmus realisiert bei Faltungscodes ein Maximum–Likelihood–Verfahren, allerdings auf sehr rechenökonomische Art und Weise.

4.2.1 Optimierungskriterien für den Entwurf von Sequenzdetektoren

In diesem Abschnitt sollen einige allgemeine Vorbereitungen für die Decodierung von Faltungscodes getroffen werden. Insbesondere werden die beiden bereits im Abschnitt 3.3.1 angegebenen Optimierungskriterien, ML–Detektor und MAP–Detektor, für die Anwendung auf Faltungscodes bzw. Symbolsequenzen beschrieben und praktisch anwendbare Lösungen hergeleitet. Die jeweiligen statistischen Aussagen gelten aber nicht nur für Faltungscodes, sondern sind im Prinzip ebenso auf die Decodierung von Blockcodes übertragbar.

Die technische Aufgabe der Decodierung besteht ganz allgemein gesprochen darin, für eine im Quadraturdemodulator und am Ausgang des Matched–Filters vorliegende i.a. komplexe Empfangsfolge Y eine zugehörige Sendesymbolfolge X (bzw. binäre Eingangsfolge des Coders) zu finden, die mit hoher Wahrscheinlichkeit auf der Senderseite erzeugt wurde.

$$\text{Empfangsfolge}\, Y \longrightarrow \text{Sendesymbolfolge}\, X$$

Diese Entscheidung kann in Anlehnung an die im Abschnitt 3.3.1 hergeleiteten Aussagen wiederum entweder aus der Sicht des Empfängers oder aus der Sicht des Senders getroffen werden. Aus der Sicht des Empfängers wäre die Entscheidung für diejenige Sendefolge X ideal, die bei Kenntnis der Empfangsfolge Y mit der größten Wahrscheinlichkeit gesendet wurde, d.h. für die die bedingte Wahrscheinlichkeit (a posteriori Wahrscheinlichkeit) $P(X|Y)$ maximal ist. Die Entscheidung wird in diesem Fall also für die Sendesymbolfolge X^* getroffen, für die die maximale a posteriori Wahrscheinlichkeit $P(X^*|Y)$ entsteht:

$$P(X^*|Y) = \max_X P(X|Y) \tag{4.1}$$

In Übereinstimmung mit Abschnitt 3.3.1 wird dieses Optimierungskriterium als Maximum a Posteriori (MAP-) Kriterium und das resultierende Decodierverfahren als MAP–Detektor bezeichnet. Das obige MAP–Kriterium kann mit Hilfe der Bayes'schen Formel auch praktisch gelöst werden.

Die bedingten a posteriori Wahrscheinlichkeiten hängen dabei unter anderem von den a priori–Wahrscheinlichkeiten $P(X)$ ab, mit denen die Sendesymbolfolgen X im Sender erzeugt werden. Diese Wahrscheinlichkeiten $P(X)$ sind auf der Empfangsseite in der Regel allerdings nicht genau genug oder gar nicht bekannt.

Aus der Sicht des Senders kann wiederum in Übereinstimmung mit Abschnitt 3.3.1 der Maximum–Likelihood (ML) Detektor hergeleitet werden. In diesem Fall wird für eine gegebene Empfangsfolge Y die Sendesymbolfolge X^* gesucht, für die die bedingte Wahrscheinlichkeitsdichte $p(Y|X^*)$ maximal wird.

$$p(Y|X^*) = \max_X p(Y|X) \tag{4.2}$$

Bei Kenntnis des jeweiligen Störprozesses, z.B. weißes Gauß'sches Rauschen, sind die bedingten Wahrscheinlichkeitsdichtefunktionen $p(Y|X)$ bekannt bzw. berechenbar. Im Prinzip beschreiben das MAP–Kriterium und das ML–Kriterium zwei verschiedene Optimierungsansätze. Wenn man allerdings annimmt, daß alle möglichen Sendesymbolfolgen X gleichwahrscheinlich auftreten — was bei einer guten Quellencodierung zumindest näherungsweise erfüllt ist — dann vereinfacht sich das MAP–Kriterium und es kann durch Anwendung der Bayes'schen–Formel

$$P(X|Y) = \frac{p(Y|X) \cdot P(X)}{p(Y)} \tag{4.3}$$

die Übereinstimmung mit dem ML–Kriterium hergeleitet werden, siehe Abschnitt 3.3.1 und [23]. In diesem Fall sind die Auftrittswahrscheinlichkeiten $P(X)$ für sämtliche Sendesymbolfolgen X identisch und brauchen deshalb bei der Maximumbildung in Gleichung 4.1 bzw. 4.3 nicht berücksichtigt zu werden. Ein nach dem Maximum Likelihood–Kriterium entwickelter Decoder entscheidet sich also für diejenige Sendesymbolfolge X, für die die bedingte Wahrscheinlichkeitsdichte $p(Y|X)$ zur vorliegenden Empfangsfolge Y maximal ist.[1]

4.2.2 Hard–Decision Decodierung

Es wird in diesem Abschnitt ein symmetrischer Binärkanal angenommen. Im jeweiligen Demodulator wird auf der Basis von Einzelsymbolen eine unmittelbare harte Entscheidung (hard–decision) über das vermutlich gesendete Symbol s_j, bzw. den zugehörigen Binärwert getroffen. Die Entscheidungssituation im jeweiligen Decoder beschreiben wir in diesem Abschnitt einerseits durch das wahrscheinlichkeitstheoretische Modell (ML–Detektor) und alternativ durch ein geometrisches Modell, in dem geeignete Abstände berechnet werden. Für die geometrische Interpretation muß also jeweils eine geeignete Abstandsfunktion, eine Metrik, definiert bzw. gefunden werden.

Im Fall einer zunächst harten Entscheidung im jeweiligen Demodulator (man spricht auch von einer Hard–Decision–Decodierung) bietet es sich an, mit dem Hamming–Abstand zu arbeiten. Die Distanz zwischen einer binären Sendesymbolfolge X und der am Demodulatorausgang nach der harten Entscheidung vorliegenden Binärfolge Z der Länge N kann bei m auftretenden Bitfehlern sehr einfach durch den Hamming–Abstand $d(X, Z) = m$ angegeben werden. Alternativ wird in dem wahrscheinlichkeitstheoretischen Modell und für einen ML–Detektor die bedingte Wahrscheinlichkeit $P(Z|X)$ für ein vorgegebenes Bitfehlermuster mit m Fehlern wie folgt berechnet:

$$P(Z|X) = p_b^m \, (1 - p_b)^{N-m} \tag{4.4}$$

Wegen der Monotonie der Logarithmusfunktion kann mit den Logarithmen der bedingten Wahrscheinlichkeiten, den sogenannten Likelihoodfunktionen

---

[1]Diese allgemeine Beschreibung gilt sowohl für die Decodierung von Faltungscodes wie auch von Blockcodes.

gearbeitet werden. Für $p_b < 1/2$ gilt:

$$\ln P(Z|X) = m \ln p_b + (N-m)\ln(1-p_b) \qquad (4.5)$$

$$= m \underbrace{\ln\left(\frac{p_b}{1-p_b}\right)}_{\leq 0} + N \underbrace{\ln(1-p_b)}_{<0}$$

D.h. die Folge X mit dem kleinsten Hamming–Abstand $d(X,Z) = m$ zu Z ist gleichzeitig die wahrscheinlichste Sendesymbolfolge im Sinne des ML–Detektors. Diese Binärfolge X maximiert die bedingte Wahrscheinlichkeit $P(Z|X)$.

In Kapitel 2 wurden bei der Decodierung von Blockcodes jeweils implizit "harte" Entscheidungen im Demodulator über die einzelnen vermutlich gesendeten Binärwerte bzw. Sendesymbole angenommen. Allerdings liefert die bei den Blockcodes entwickelte Vorstellung der Korrigierkugeln nur eine notwendige aber keine hinreichende Bedingung für die Decodierung. Während der ML–Detektor für sämtliche binären Empfangsfolgen Z eine Entscheidung trifft, können bei der Decodierung von Blockcodes einige Empfangsfolgen Z zwischen den Korrigierkugeln liegen, für die keine Entscheidung getroffen werden kann.

4.2.3 Soft–Decision Decodierung

In diesem Abschnitt nehmen wir an, daß die einzelnen Sendesymbole s_k am Ausgang des Matched–Filters die Dimension $\sqrt{\text{Energie}}$ aufweisen und durch additives Gauß'sches Rauschen mit der Rauschleistungsdichte N_0 auf dem Übertragungskanal verfälscht wurden. Mit diesen Annahmen ist die bedingte Wahrscheinlichkeitsdichtefunktion (WDF) für einen zunächst kontinuierlich angeordneten Empfangswert y_k im Fall eines einzelnen Sendesymbols s_k durch eine Normalverteilung gegeben:

$$p(y_k|s_k) = \frac{1}{\sqrt{2\pi N_0}} e^{-|y_k - s_k|^2/2N_0} \qquad (4.6)$$

Diese WDF entsteht aufgrund der Kenntnis über den modellhaft angenommenen AWGN–Störprozeß. In diesem Abschnitt interessieren wir uns für die

Berechnung eines ML–Detektors und für die Decodierung von Empfangsfolgen bzw. Sequenzen $Y = y_1, y_2, \ldots, y_N$ sowie der zugehörigen Sendesymbolfolgen $X = s_1, s_2, \ldots, s_N$. Falls die einzelnen Symbole s_j in statistisch unabhängiger Weise gesendet und in jeweils verrauschter Form empfangen werden, dann berechnet sich die zugehörige bedingte Wahrscheinlichkeitsdichtefunktion für die Empfangsfolge $Y = y_1, y_2, \ldots, y_N$ aus dem Produkt der einzelnen bedingten Wahrscheinlichkeitsdichten

$$p(Y|X) = \prod_{k=1}^{N} p(y_k|s_k) \tag{4.7}$$

Nach Übergang auf die Likelihood–Funktionen erhält man:

$$\ln p(Y|X) = \sum_{k=1}^{N} \ln p(y_k|s_k) \tag{4.8}$$

$$= \sum_{k=1}^{N} \left[-\frac{1}{2} \ln(2\pi N_0) - \frac{1}{2N_0} |y_k - s_k|^2 \right]$$

$$= -\sum_{k=1}^{N} \frac{1}{2N_0} |y_k - s_k|^2 + \text{const.}$$

Die im Sinne des ML–Detektors wahrscheinlichste Sendefolge X ist also durch die Folge X^* charakterisiert, die zu der Empfangsfolge Y den minimalen Euklidischen bzw. quadratischen Abstand im N–dimensionalen Vektorraum aufweist. Der minimale quadratische Abstand zwischen der Empfangsfolge Y und der Sendesymbolfolge X^* impliziert die maximale bedingte Wahrscheinlichkeitsdichte $p(Y|X^*)$.

Wenn im Empfänger bei der Decodierung mit den zunächst nicht quantisierten Empfangswerten Y gearbeitet wird – d.h. wenn in der Empfangsfolge Y und im Demodulator noch keine Vorentscheidungen über die vermutlich gesendete Folge X getroffen wurde — dann spricht man von "Soft–Decision Decodierung". Die Entscheidung über die gesendeten Symbole wird zunächst weich, d.h. noch nicht endgültig getroffen. In diesem Fall kann die gesamte in der Empfangsfolge Y enthaltene Amplituden- und Phaseninformation im Decoder wirksam eingesetzt werden. Im Gegensatz zur Decodierung eines Einzelsymbols y_k, bei dem unmittelbar eine endgültige Entscheidung getroffen werden muß, wird die Decodierung hier erst bei Kenntnis der gesamten Empfangsfolge Y vorgenommen.

Im ML–Decoder wird zu der empfangenen i.a. komplexen Folge Y diejenige Sendesymbolfolge X gesucht, bei der der mittlere quadratische Abstand zwischen den beiden Folgen X und Y im N–dimensionalen Vektorraum minimal wird. Bei einer Soft–Decision Decodierung kann der Codierungsgewinn um ca. 2,5 dB gegenüber einer Hard–Decision Decodierung verbessert werden. In der praktischen Anwendung ist in den meisten Fällen keine allzu feine Quantisierung der am Matched–Filterausgang vorliegenden Empfangswerte y erforderlich. Die Methode einer Soft–Decision Decodierung kann prinzipiell für jede Codiermethode (Block- und Faltungscodes) verwendet werden, sofern ein ML–Decoder verfügbar ist. Das Verfahren der Soft–Decision Decodierung kann allerdings relativ elegant in das Decodierverfahren für Faltungscodes integriert werden, weshalb es dort häufig praktisch eingesetzt ist, siehe Abschnitt 4.2.4. Bei Blockcodes wird i.a. die Methode der Hard–Decision Decodierung benutzt.

4.2.4   Viterbi–Algorithmus

Im Prinzip müssen bei einer Maximum–Likelihood Decodierung sämtliche möglichen Sendesymbolfolgen X überprüft, die zugehörigen quadratischen Abstände bzw. bedingten Wahrscheinlichkeitsdichten $p(Y|X)$ berechnet und die Sendesymbolfolge X^* ausgewählt werden, die entweder den minimalen Hamming- bzw. quadratischen Abstand zur Empfangsfolge Y oder alternativ die maximale bedingte Wahrscheinlichkeitsdichte $p(Y|X^*)$ aufweist. In der praktischen Anwendung ist dieses Vorgehen jedoch aufgrund der großen Anzahl möglicher Sendesymbolfolgen X nicht realisierbar. Der Verarbeitungsaufwand im ML–Decoder wächst in diesem Fall exponentiell mit der Sequenzlänge N. Praktisch einsetzbar wurden Faltungscodes, nachdem Decodierverfahren entwickelt wurden, die eine Decodierung mit vertretbarem Aufwand gestatten. Hierbei ist insbesondere der Viterbi–Algorithmus zu nennen, der in der Lage ist, exakt die Lösung eines Maximum–Likelihood Decoders zu berechnen, dazu allerdings nur einen relativ geringen Verarbeitungsaufwand benötigt.

Als Basis des Viterbi–Algorithmus dient immer ein Trellisdiagramm. Im folgenden wird wiederum der Faltungscode aus Bild 4.2 und das in Bild 4.5 dargestellte zugehörige Trellisdiagramm verwendet. Das Decodier-Verfahren soll hier zunächst aus Gründen der Übersichtlichkeit für eine Hard–Decision Decodierung mit der darin enthaltenen Hamming–Abstandsfunktion entwickelt werden. Für die Übertragung des Verfahrens auf eine Soft–Decision

Decodierung muß lediglich die im Trellisdiagramm verwendete Abstandsfunktion gewechselt und durch die quadratische Abstandsberechnung ausgetauscht werden.

Im Gegensatz zu Bild 4.5 werden bei der Decodierung des Faltungscodes in den Knoten des Trellisdiagramms die Werte der Abstandsfunktion (Pfadmetrik), d.h., die jeweils akkumulierten Hamming- bzw. quadratischen Abstände zwischen der Empfangsfolge Y und den möglichen Sendefolgen X notiert. Es wird also bei einer Hard–Decision im Faltungsdecoder die Anzahl der Bitfehler zwischen der empfangenen Binärfolge Z und den mit dem jeweiligen Faltungscode möglichen Sendesymbolfolgen X berechnet. Ab der dritten Stufe im Trellisdiagramm gibt es in dem hier betrachteten Beispiel jeweils 2 unterschiedliche Pfade, die in einen Knoten münden, deren akkumulierter Abstand sich aber in der Metrik i.a. unterscheidet. Nach dem hier diskutierten ML–Ansatz wird die wahrscheinlichste Sendefolge X gesucht — d.h. der Pfad mit dem kleinsten bisher berechneten Abstand wird weiterverfolgt und sämtliche anderen Pfade können dementsprechend eliminiert werden. Aus diesem Grund braucht im Faltungsdecoder nur der Pfad mit dem jeweils kleineren akkumulierten Abstand gespeichert und weiterverfolgt zu werden. Der Pfad mit dem bereits an dieser Stelle größeren Abstand wird in der weiteren Analyse niemals die Chance bekommen, Teil des letztlich optimalen Pfades zu werden, da der akkumulierte Abstand eine monoton wachsende Funktion ist.

Falls der errechnete akkumulierte Abstand der zwei betrachteten und auf einen Knoten führenden Pfade gleiche Werte aufweist, ist keine unmittelbare Pfadauswahl möglich. Aus einer pragmatischen Sicht heraus kann man entweder beide Pfade weiterverfolgen oder eine Zufalls- bzw. Losentscheidung treffen, welcher der beiden Pfade gespeichert und weiterverfolgt werden soll. Bild 4.6 zeigt zunächst das Trellisdiagramm für die betrachtete Nutzbitfolge {...01101...} sowie die daraus im fehlerfreien Übertragungsfall enstehende empfangene Bitfolge {...0011010100...}. Im Trellisdiagramm sind jeweils nur die nicht eliminierten Pfade gezeichnet, die zunächst im Faltungsdecoder gespeichert werden müssen. Die in den einzelnen Knoten angegebenen Zahlen beschreiben den bis zu dieser Stelle akkumulierten und jeweils minimalen Hamming–Abstand.

In dem obigen Beispiel soll die Decodierung zunächst nach dem zehnten Empfangsbit unmittelbar abgebrochen werden. Es wird eine Entscheidung zugunsten des Zustandes mit dem in dieser Stufe kleinsten berechneten Abstandes getroffen — in dem hier betrachteten fehlerfreien Fall ist der kleinste

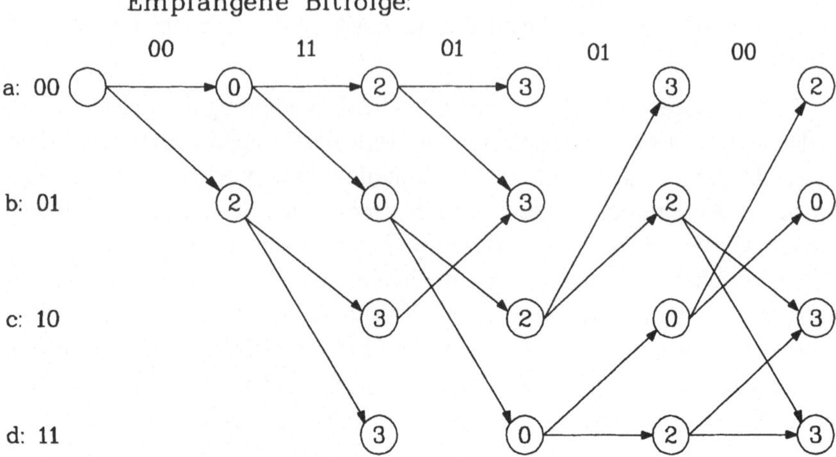

Bild 4.6: Trellisdiagramm zur Decodierung bei fehlerfreier Übertragung

Abstand selbstverständlich gleich 0 — und wird im zweiten durch den Buchstaben b gekennzeichneten Zustand angenommen.

Ausgehend von diesem Zustand b wird der zugehörige Pfad bis zum Anfang im Trellisdiagramm zurückverfolgt (siehe Bild 4.7). Die den Pfaden zugehörigen Nachrichtenbits sind in Bild 4.7 jeweils unter dem Trellisdiagramm notiert. In den Bildern 4.8 und 4.9 wird der Viterbi–Algorithmus zur Decodierung für eine beispielhafte fehlerbehaftete Übertragung eingesetzt. Wir nehmen an, daß in der Empfangsfolge das erste und fünfte Bit falsch seien. Bei der Ausführung des Viterbi–Algorithmus im Trellisdiagramm werden in dem obigen Beispiel beide zu einem Knoten führenden Pfade im Falle gleicher akkumulierter Hamming–Abstände gezeichnet.

Wenn das sequentielle Verfahren nach dem zehnten Empfangsbit abgebrochen wird, so führt auch in der angenommenen Fehlersituation der Pfad mit dem kleinsten akkumulierten Hamming–Abstand (in dem hier betrachteten 2–Fehler–Fall ist der minimale Hamming–Abstand selbstverständlich gleich 2) auf die korrekte Nutzbitfolge. Die beiden Bitfehler können also durch diesen Faltungscode eindeutig korrigiert werden.

Der Viterbi–Algorithmus realisiert einen Maximum–Likelihood (ML) Detektor, indem sämtliche Nutzbitfolgen X in der Decodierung berücksichtigt werden. Allerdings werden in dem Trellisdiagramm bereits frühzeitig be-

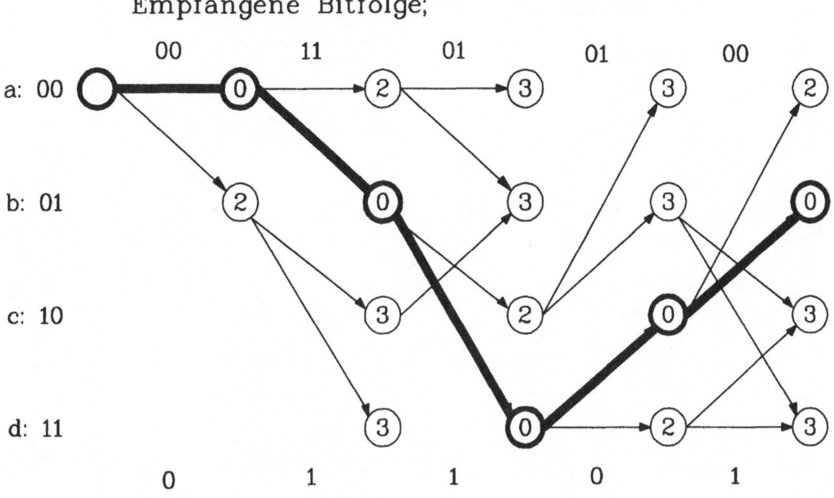

Bild 4.7: Zurückverfolgen des wahrscheinlichsten Pfades

stimmte Nutzbitfolgen X systematisch aussortiert, die im ML–Detektor keine Chance mehr haben, den insgesamt minimalen Hamming–Abstand zur Empfangsfolge Z zu erreichen. Diese Tatsache zeigt die rechenökonomische Auslegung des Viterbi–Algorithmus. Es müssen nicht sämtliche Nutzbitfolgen X im Decoder vollständig verarbeitet und mit der Empfangsfolge Z verglichen werden. Die wesentliche Anzahl dieser Folgen X sortiert das Verfahren bereits frühzeitig aus.

Der Faltungscoder erzeugt im Prinzip eine beliebig lange Sendesequenz. Würde man das Decodierverfahren, so wie im obigen Beispiel angenommen, an einer beliebigen Stelle abbrechen, dann entsteht in der Decodierung eine erhöhte Anfälligkeit gegenüber Fehlern am Ende dieser betrachteten Sequenz. In der praktischen Anwendung wird die Sequenzlänge im Faltungsdecoder deshalb an einer definierten Stelle begrenzt, indem in der Nutzbitfolge im Sender eine Anzahl von Nullen eingesetzt wird, so daß das Schieberegister des Faltungscoders in den sogenannten definierten Nullzustand auslaufen kann. Im Trellisdiagramm laufen dann sämtliche Pfade zum Schluß im Nullzustand zusammen. Es bleibt also letztlich nur ein einziger möglicher Pfad übrig. Durch diese Technik entsteht eine vorgegebene Codefolgenlänge N, die i.a. wesentlich größer ist als die Schieberegisterlänge L.

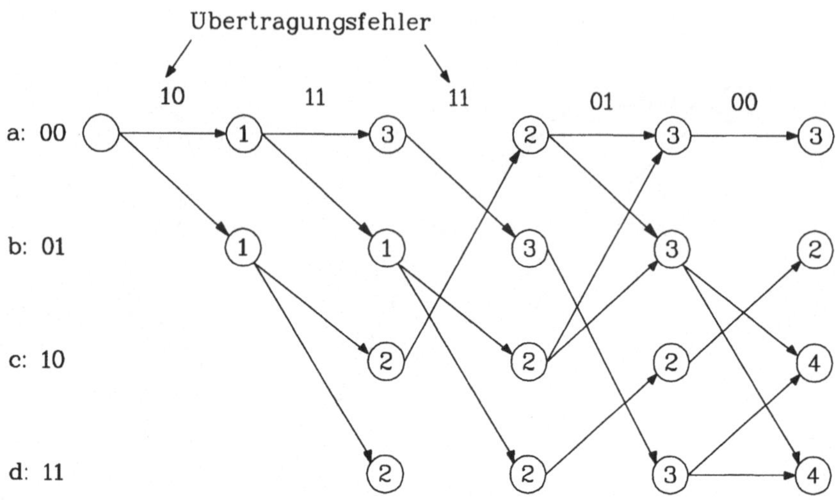

Bild 4.8: Trellisdiagramm zur Decodierung bei fehlerbehafteter Übertragung

Der jeweilige Auslaufvorgang im Faltungscoder ist für das vorliegende Beispiel in Bild 4.10 dargestellt. Da die Nutzbitfolge zum Schluß der Sequenz mit Nullen aufgefüllt wird, werden im Trellisdiagramm auch nur diejenigen Pfade berücksichtigt, die auf den Nullzustand führen. Die danach folgende Sequenz beginnt im Faltungscoder entsprechend wieder mit dem Nullzustand. Mit dieser Verfahrensbeschreibung ist unmittelbar einzusehen, daß im zugehörigen Decoder der beginnende und endende Zustand für eine vorgegebene Sequenzlänge durch den Nullzustand im Trellisdiagramm charakterisiert ist.

In der Praxis hat sich gezeigt, daß sich die mit dieser Technik einstellende Bitfehlerwahrscheinlichkeit p_b gegenüber dem Fall einer unendlich langen Sequenz nur geringfügig erhöht, wenn die Sequenzlänge mindestens einige Schieberegisterlängen (Constraint length $L = b \cdot k$) beträgt. Durch die zusätzlich eingefügten Nullbits reduziert sich allerdings die tatsächliche Coderate — und zwar umso stärker, je kürzer die Sequenzlängen sind. In der praktischen Anwendung ist an dieser Stelle ein Kompromiß zu treffen.

Der Viterbi–Algorithmus eignet sich außerdem sehr gut für eine Soft–Decision Decodierung. In diesem Fall werden die am Matched–Filterausgang vorliegenden komplexen Werte y in unveränderter Form zu einer Empfangssequenz Y zusammengefaßt und in den Decoder gegeben. Der Viterbi–Algorithmus muß in diesem Fall lediglich dahingehend verändert werden,

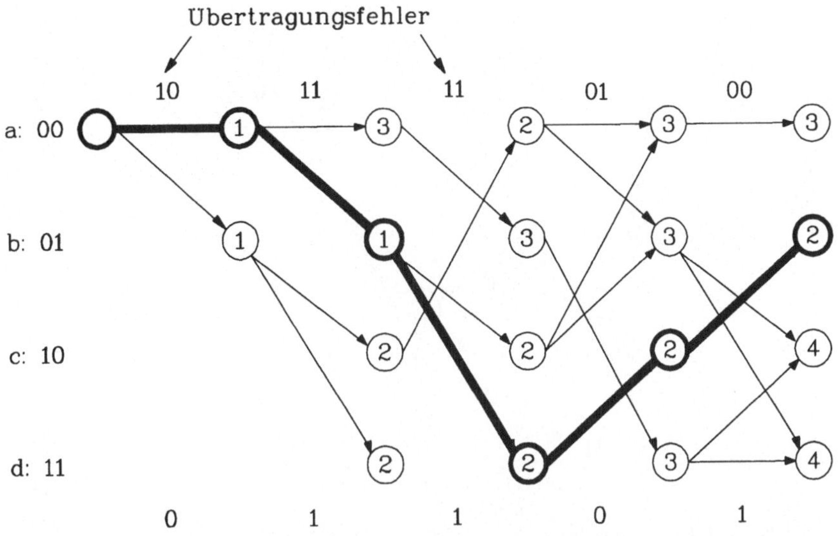

Bild 4.9: Zurückverfolgen des wahrscheinlichsten Pfades

daß für die Abstandsfunktion (Pfadmetrik) anstelle des Hamming–Abstandes der Euklidische bzw. quadratische Abstand zwischen der Empfangssequenz Y und den möglichen Sendesequenzen X berechnet wird. Die sequentielle Akkumulation der Einzelabstände zum Gesamtabstand zwischen der Empfangssequenz Y und sämtlicher Folgen X sowie das frühzeitige Aussortieren vieler Sendefolgen X bleibt aber auch im Fall einer Soft–Decision Decodierung unverändert erhalten.

4.3 Korrektureigenschaften von Faltungscodes

Die minimale Distanz d_{min} (oder Mindestdistanz) eines Faltungscodes ist in Analogie zur Hamming–Distanz $d(C)$ bei Blockcodes durch den kleinsten Abstand zwischen zwei gültigen Codefolgen des jeweils betrachteten Faltungscodes definiert. Da Faltungscodes außerdem lineare Codes sind, genügt es auch hier, die Abstände aller möglichen Codesequenzen relativ zur Nullsequenz (die stets eine gültige Codesequenz darstellt) zu betrachten, bzw. das Gewicht der Codewörter zu berechnen. Die minimale Distanz eines Faltungscodes kann also direkt durch das Gewicht $w(C)$ des Codes berechnet werden. Das in Bild 4.5 dargestellte Beispiel führt auf eine minimale Distanz $d_{min} = 5$,

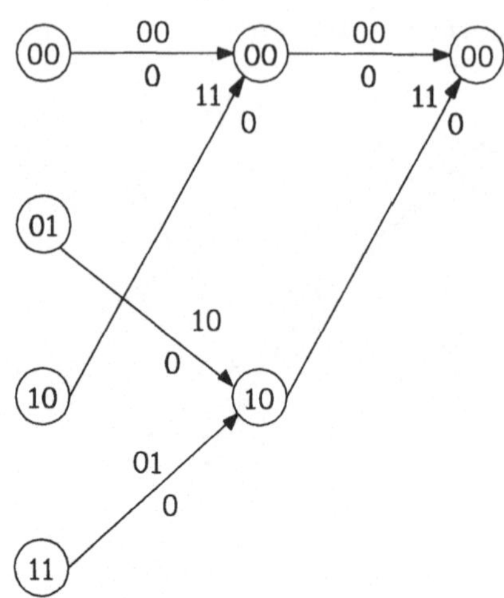

Bild 4.10: Auslaufen, d.h. Auffüllen der Nutzbitfolge mit Nullen

die z.B. zwischen der Codesequenz {... 00 11 10 11 00 ...} und der Nullsequenz
angenommen wird.

Für Faltungscodes gilt zwar auch, daß eine Fehleranzahl innerhalb einer
vorgegebenen Sequenz, die nicht größer ist als die halbe Mindestdistanz, durch
den Viterbi–Decoder eindeutig korrigiert werden kann. Darüberhinaus gibt
es aber sehr viele Situationen mit einer größeren Fehleranzahl, die ebenfalls
eindeutig vom Viterbi–Decoder korrigiert wird. In diesem Fall hängt die
Korrigierbarkeit aber nicht nur von der Fehleranzahl, sondern zusätzlich von
der Positionierung der Fehler innerhalb der Codesequenz ab. Der Viterbi–
Decoder ist im Gegensatz zu den bisher betrachteten Decodierverfahren ein
ML–Detektor und trifft für jede Empfangsfolge Z eine Entscheidung, indem
er die gültige Codesequenz mit dem kleinsten Abstand zu Z ermittelt. Bei
Blockcodes wurden für die zwischen den Korrigierkugeln liegenden Binärvektoren Y im Decoder keine Entscheidungen getroffen. Eine direkte analytische
Berechnung der Restfehlerwahrscheinlichkeit p_{Rest} ist bei Faltungscodes nicht
möglich. Stattdessen wird in einem ersten Schritt die sogenannte Decodierfehlerwahrscheinlichkeit abgeschätzt, d.h., es wird die Wahrscheinlichkeit ermittelt, mit der im Viterbi–Decoder ein falscher Pfad ermittelt und eine falsche
Codefolge ausgegeben wird.

Zur Erläuterung der Fehlerkorrektureigenschaften von Faltungscodes betrachten wir o.B.d.A. eine Situation, in der beispielhaft angenommen wird, daß eine Nullfolge gesendet und eine fehlerbehaftete Folge Z empfangen wurde. Für alle anderen möglichen Sendefolgen ist die hier betrachtete Situation direkt vergleichbar. Der kürzeste von der Nullfolge abweichende Pfad im Trellis-diagramm hat die Codierung $\{... 00\ 11\ 10\ 11\ 00\ ...\}$ und die Distanz $d = 5$ zur Nullfolge. Wenn in der gesendeten Nullfolge ein oder zwei Bitfehler entstehen, dann decodiert der ML–Decoder die Empfangsfolge Z richtig. Falls aber an den durch eine 1 markierten Stellen drei oder mehr Fehler auftreten, dann entscheidet sich der ML–Decoder für die Codefolge $\{... 00\ 11\ 10\ 11\ 00\ ...\}$ und damit liegt ein falsches Decodierergebnis vor. Der ML–Decoder wird sich also bei gesendeter Nullfolge und bei einer Bitfehlerwahrscheinlichkeit p am Ausgang des Demodulators für die obige Codefolge mit der folgenden Wahrscheinlichkeit P_5 entscheiden:

$$P_5 = \sum_{l=3}^{5} \binom{5}{l} p^l \cdot (1 - p)^{5-l} \tag{4.9}$$

Andererseits gibt es in dem obigen Faltungscode zwei Pfade, die den Abstand $d = 6$ zur Nullfolge aufweisen, $\{... 00\ 11\ 01\ 01\ 11\ 00\ ...\}$ und $\{... 00\ 11\ 10\ 00\ 10\ 11\ 00\ ...\}$. Falls an den durch eine 1 gekennzeichneten Stellen insgesamt 3 Fehler auftreten, dann entsteht im ML–Decoder eine nicht entscheidbare Situation, weil dann 2 verschiedene gültige Codefolgen existieren, die denselben Hamming–Abstand von $d = 3$ zur Empfangsfolge Z aufweisen. Der Decoder kann in diesen Fällen die Entscheidung per Los erzwingen. Erst ab 4 und mehr Fehlern ist das Decodierergebnis falsch. Diese Decodierfehler-wahrscheinlichkeit P_6 berechnet sich wie folgt:

$$P_6 = 0.5 \cdot \binom{6}{3} p^3 \cdot (1 - p)^3 + \sum_{l=4}^{6} \binom{6}{l} p^l \cdot (1 - p)^{6-l} \tag{4.10}$$

Andere Pfade, die einen noch größeren Abstand als $d = 6$ zur Nullfolge aufweisen, können zwar ebenfalls einen Beitrag zur Decodierfehlerwahrschein-lichkeit leisten, aber dieser Beitrag wird i.a. wesentlich geringer sein, weil gleichzeitig für diese Pfade die Korrekturfähigkeit des ML–Decoders größer ist. Für eine ungerade Distanz d zwischen der Nullfolge und einem anderen hier betrachteten Pfad im Trellisdiagramm berechnet sich die Decodierfehlerwahrscheinlichkeit P_d wie folgt:

$$P_d = \sum_{l=(d+1)/2}^{d} \binom{d}{l} p^l \cdot (1-p)^{d-l} \qquad (4.11)$$

Zur Berechnung bzw. Abschätzung der insgesamt entstehenden Decodierfehlerwahrscheinlichkeit P_{DF} müssen in dem statistischen Modell letztlich sämtliche möglichen Codefolgen betrachtet und die Decodierfehlerwahrscheinlichkeiten individuell und unter Berücksichtigung der jeweiligen Distanz d ermittelt werden.

Aus dem Ergebnis der einzeln errechneten oder abgeschätzten und für die jeweils betrachtete Distanz d gültigen Decodierfehlerwahrscheinlichkeit kann durch Akkumulation der Einzelwerte wiederum eine Abschätzung über die insgesamt entstehende Decodierfehlerwahrscheinlichkeit P_{DF} sowie die resultierende und am ML–Decoderausgang vorliegende Bitfehlerwahrscheinlichkeit (BER) ermittelt werden. Dazu ist die Kenntnis der sogenannten Distanzverteilung, d.h., die Anzahl der gültigen Codefolgen für jeden Wert der Distanz d erforderlich.

Aus diesen anschaulichen Erläuterungen soll deutlich werden, daß die analytische Bestimmung der Leistungsfähigkeit in Form der Bitfehlerwahrscheinlichkeitskurven (BER) bei Faltungscodes und beim Einsatz eines Viterbi–Decoders wesentlich schwieriger ist als bei Blockcodes. In vielen Fällen wird deshalb nicht die Restfehlerwahrscheinlichkeit, sondern alternativ direkt die Bitfehlerwahrscheinlichkeit p_b am Ausgang des Faltungsdecoders betrachtet. Dieser Wert kann aber analytisch nur näherungsweise, meist in Form von oberen Schranken, berechnet werden, [20, 11]. In der praktischen Anwendung wird die Bitfehlerwahrscheinlichkeit p_b am Ausgang des Decoders häufig direkt per Simulation ermittelt.

Zusammenfassend kann man feststellen, daß die Leistungsfähigkeit des Faltungscodes bei stochastisch verteilten Bitfehlern zwar in erster Linie (wie auch bei den Blockcodes) von der minimalen Distanzeigenschaft d_{min} abhängt, der Zusammenhang zwischen der minimalen Distanz d_{min} und der Fehlerkorrekturfähigkeit bei Faltungscode allerdings nicht direkt mit der Situation bei Blockcodes vergleichbar ist. Bei Blockcodes wurde die Restfehlerwahrscheinlichkeit p_{Rest} unmittelbar durch die Binomialverteilung berechnet. Dieses einfache Vorgehen kann leider nicht direkt auf Faltungscodes übertragen werden, weil die Restfehlerwahrscheinlichkeit p_{Rest} hier bei einer gegebenen Sendefolge X nicht nur durch die Fehleranzahl, sondern zusätzlich auch durch die

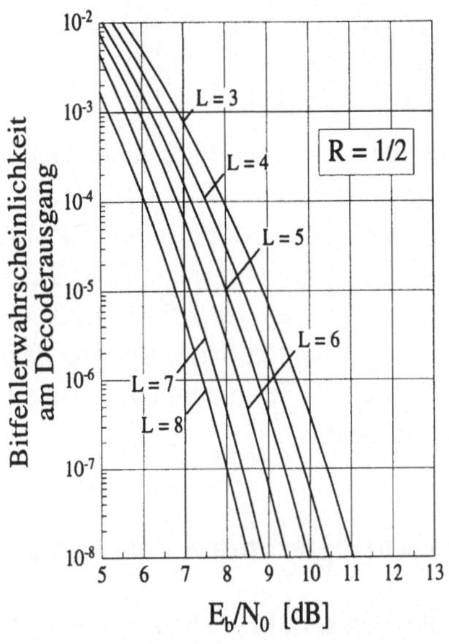
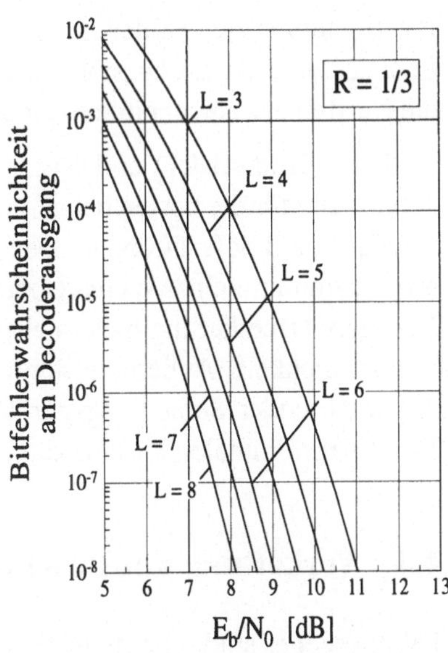

Bild 4.11: Leistungsfähigkeit von Faltungscodes: BPSK–Modulation, AWGN–Kanal, Soft–Decision

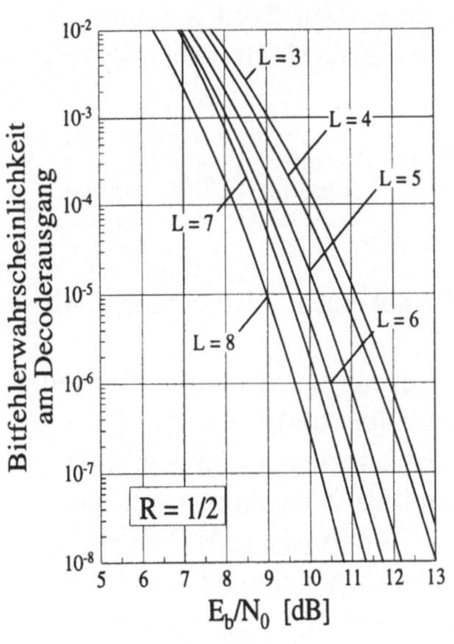
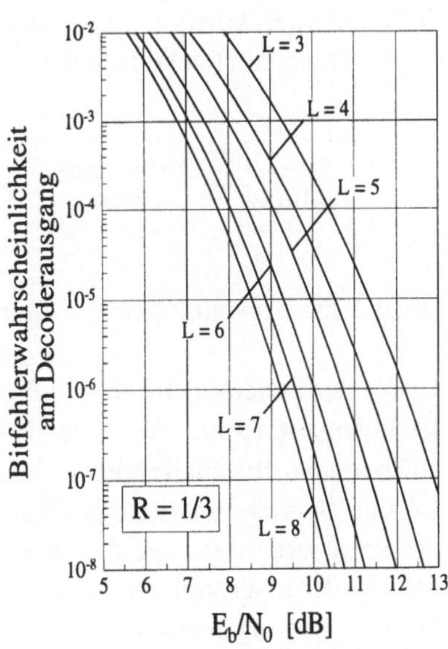

Bild 4.12: Leistungsfähigkeit von Faltungscodes: BPSK–Modulation, AWGN–Kanal, Hard–Decision

Positionierung der Fehler innerhalb der Empfangssequenz Z beeinflußt ist. Eine ausführliche Diskussion einschließlich der Herleitung von Schranken für die Restfehlerwahrscheinlichkeit p_{Rest} ist z.B. in [20, 11] zu finden.

In den Bildern 4.11 und 4.12 ist die Bitfehlerwahrscheinlichkeit am Decoderausgang für die besten bekannten Faltungscodes mit den Raten 1/2 und 1/3 bei Hard- und Soft–Decision–Decodierung dargestellt. Dabei ist eine BPSK–Modulation und ein AWGN–Übertragungskanal zugrundegelegt. Eine Soft–Decision–Decodierung bietet dabei den Vorteil einer um ca. 2,5 dB größeren Empfindlichkeit. Außerdem steigt die Leistungsfähigkeit des Faltungscoders mit wachsender Schieberegisterlänge L, da sich damit zunehmend größere Werte der minimalen Distanz d_{min} realisieren lassen.

4.4 Verkettung mit Büschelfehler korrigierenden Blockcodes

Faltungscodes sind sehr gut geeignet, stochastisch verteilte Fehler zu korrigieren. Bezüglich der Korrektur von Büschelfehlern sind sie jedoch Blockcodes i.a. unterlegen. Wenn auf einem Übertragungskanal sowohl stochastisch verteilte wie auch Büschelfehler auftreten, so kann ein Faltungscode mit einem Büschelfehler korrigierenden Blockcode (meist ein Reed–Solomon–Code) verkettet werden (siehe Bild 4.13). Der Faltungscode bildet dabei den inneren

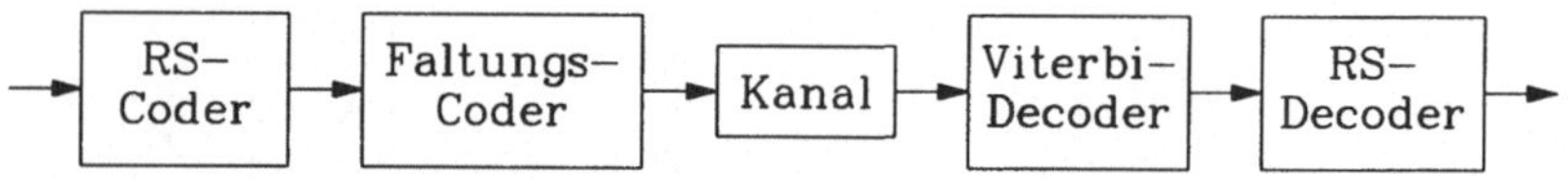

Bild 4.13: Verkettung eines Faltungscodes mit einem Reed–Solomon–Code

Code, der zunächst die in der Empfangssequenz Z auftretenden Einzelfehler korrigieren soll. Wenn der Faltungscode überfordert ist, z.B. bei einem auftretenden Büschelfehler, so bleiben die Auswirkungen i.a. auf einen sehr lokalen Bereich innerhalb der Empfangssequenz Z beschränkt, der ungefähr der Schieberegisterlänge $L = b \cdot k$ entspricht. Am Ausgang des Faltungsdecoders ist der ursprüngliche Büschelfehler also nur geringfügig gegenüber dem Decodereingang verlängert.

Diese vom Faltungsdecoder nicht korrigierten Büschelfehler müssen anschließend vom äußeren Coder korrigiert werden. Allerdings wird der Decoder des Blockcodes durch den vorgeschalteten Faltungscode dabei wesentlich entlastet, weil die Einzelfehler zwischen den Fehlerbüscheln bereits weitgehend eliminiert sind. Eine verkettete Codiermethode dieser Art wird z.B. im GSM–Mobilfunksystem (D–/E–Netz) eingesetzt, wo ein Faltungscode der Rate $R = 1/2$ mit einem Büschelfehler–korrigierenden Fire–Code verkettet wird. Zusätzlich wird beim GSM–System noch ein Interleaver zwischen Blockcoder und Faltungscoder eingesetzt. Auch für AWGN–Kanäle können mit der Kombination eines Faltungscodes und eines Reed–Solomon–Codes sehr große Codierungsgewinne erzielt werden.

4.5 Trelliscodierte Modulation

In den bisher betrachteten nachrichtentechnischen Übertragungssystemen wurden die Aufgaben der Modulation und Kanalcodierung ausschließlich separat durchgeführt. Durch die Kanalcodierung wurden den Nachrichtenstellen zusätzliche Kontrollstellen hinzugefügt. Um diese zusätzlichen redundanten Binärstellen übertragen zu können muß für ein vorgegebenes digitales Modulationsverfahren eine der beiden folgenden Aussagen zutreffen:

- Bei fester Bandbreite B muß die Nutzdatenrate um die Anzahl der Kontrollstellen gesenkt werden.

- Bei unveränderter Nutzdatenrate muß eine höhere Bandbreite B zur Verfügung stehen.

Wenn beim Einsatz einer Kanalcodierung zum Zwecke der Fehlerkorrektur die Nutzdatenrate *und* die Bandbreite B gleich bleiben sollen, dann muß die Nachrichtenübertragung im Vergleich zur uncodierten Übertragung mit einem höherwertigeren Modulationsverfahren durchgeführt werden. Aufgrund der dann geringeren Abstände zwischen den Sendesymbolen s_k im Ortsdiagramm und der auftretenden Fehler auf dem Übertragungskanal erhöht sich zwar zunächst die Bitfehlerwahrscheinlichkeit im jeweiligen Demodulator. Allerdings kann die Restfehlerwahrscheinlichkeit p_{Rest} durch die Fehlerkorrektur im Decoder u.U. auf einen Wert gesenkt werden, der unter der Bitfehlerwahrscheinlichkeit p_b des ursprünglichen Modulationsverfahrens und der uncodierten Übertragung liegt.

Bei Trelliscodierter Modulation (TCM) werden die Aufgaben der Kanalcodierung und der Modulation als eine Einheit betrachtet. Die Übertragung wird so organisiert, daß sich bei gleicher Bandbreite B *und* Nutzdatenrate eine geringere Restfehlerwahrscheinlichkeit p_{Rest} als im uncodierten Fall ergibt.

Dabei wird ebenfalls ein höherwertiges Modulationsverfahren verwendet. Das Prinzip soll anhand von zwei Beispielen für uncodierte sowie Trelliscodierte Modulation erläutert werden.

1. Beispiel: uncodierte Modulation (QPSK)

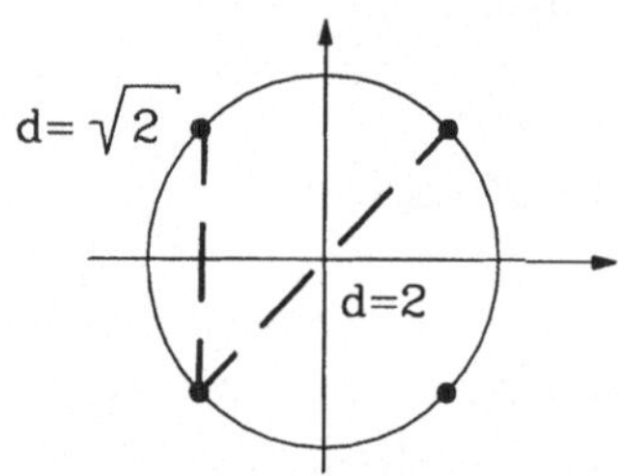

Bild 4.14: Ortsdiagramm einer QPSK mit euklidischen Abständen

Im uncodierten Fall werden zwei getrennte Symbolfolgen mit jeweils N komplexen QPSK–Symbolen betrachtet

$$S_0 = (s_0(1), s_0(2), s_0(3), \ldots, s_0(N))$$

$$S_1 = (s_1(1), s_1(2), s_1(3), \ldots, s_1(N))$$

Die Wahrscheinlichkeit, mit der zwei Symbolfolgen S_0, S_1 im Empfänger gegenseitig verwechselt werden können, ist mit den Aussagen des ML–Detektors wesentlich durch den Euklidischen Abstand zwischen diesen beiden Symbolfolgen bestimmt.

$$d(S_0, S_1) = \sqrt{\sum_k [s_0(k) - s_1(k)]^2} \qquad (4.12)$$

Im angenommenen Fall einer QPSK–Modulation ist der minimale Abstand zwischen zwei unterschiedlichen Folgen S_0 und S_1 wie folgt definiert:

$$d_{min} = \sqrt{2}$$

Dieser Abstand wird dann erreicht, wenn die beiden betrachteten Symbolfolgen bis auf eine einzige Ausnahme identische Einzelsymbole enthalten. Das Ziel der TCM besteht darin, den minimalen Abstand zwischen zwei beliebigen Symbolfolgen S_0 und S_1 durch geeignete Codiermethoden zu vergrößern und dadurch die resultierende Bitfehlerwahrscheinlichkeit zu verringern[2].

2. Beispiel: Trelliscodierte Modulation (8–PSK)

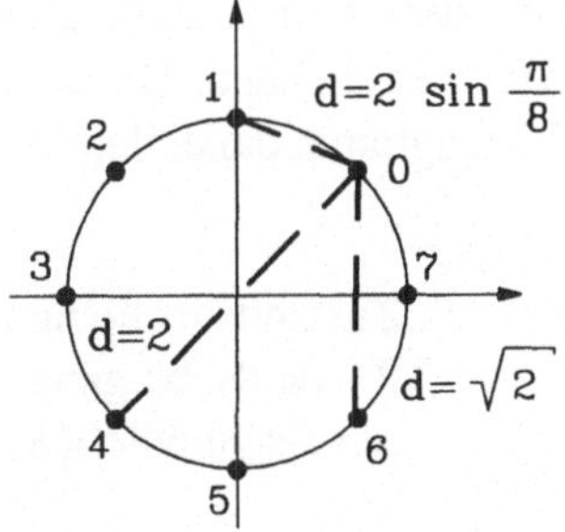

Bild 4.15: Ortsdiagramm einer 8–PSK mit den auftretenden Euklidischen Abständen

Bei der uncodierten QPSK–Modulation wurde jedem Einzelsymbol ein Nachrichtenbitpaar zugeordnet. Durch den Einsatz eines höherwertigen 8–PSK Modulationsverfahrens und bei unveränderter Nutzdatenrate sowie Bandbreite B kann jedem Einzelsymbol s_k im Ortsdiagramm neben den 2 Nachrichtenbits (a_1 und a_2) ein zusätzliches redundantes Bit a_0 zugeordnet werden. In der Codiereinrichtung werden die beiden Nachrichtenbits jeweils direkt verwendet, während das dritte Bit a_0 durch eine Schieberegisterschaltung beispielsweise nach Bild 4.16 erzeugt wird.

Bei der Trelliscodierten Modulation besteht eine Abhängigkeit zwischen aufeinanderfolgenden Einzelsymbolen s_k. Tabelle 4.1 gibt die Modulationssymbole sowie den jeweiligen Folgezustand des Schieberegisters in Abhängigkeit von den Wertigkeiten der Nachrichtenbits sowie dem Ausgangszustand

---

[2]Prinzipiell ist dies auch das angestrebte Ziel anderer Kanalcodiermethoden.

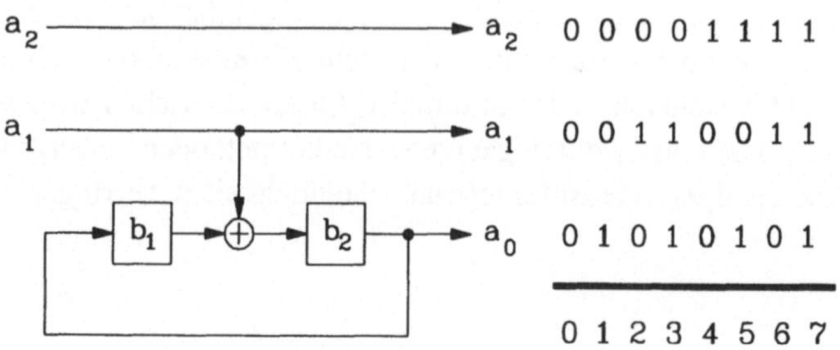

Bild 4.16: Modulator für Trelliscodierte Modulation

an. Zu beachten ist, daß bei der Trelliscodierung zusätzlich i.a. keine Gray–Codierung mehr angewendet werden kann. Die codierte Modulation läßt sich am besten mit einem Trellisdiagramm darstellen (siehe Bild 4.17).

Dabei bedeuten:

durchgezogene Linie	:	Zustandsübergang für $a_1 = 1$
gestrichelte Linie	:	Zustandsübergang für $a_1 = 0$
Zahlen	:	Sendesymbole $s(k)$ für $a_2 = 0$, $a_2 = 1$

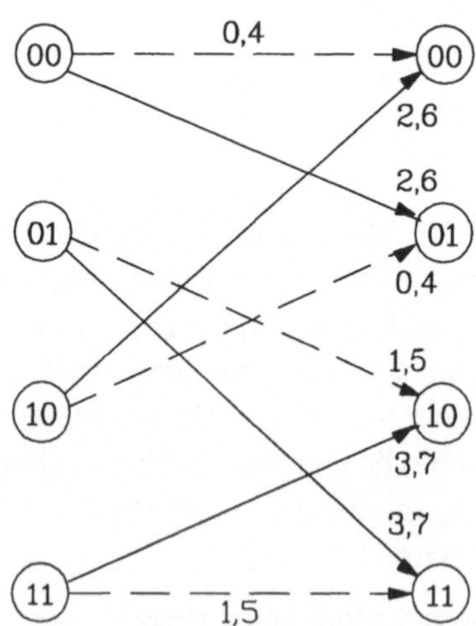

Bild 4.17: Trellisdiagramm

Die Zahlenpaare in den Kreisen geben den jeweiligen Schieberegisterzustand b_1, b_2 an. Außerdem beschreiben die in Bild 4.17 an den Pfeilen

Tabelle 4.1: Modulationstabelle für TCM

Nachrichten-bits		Ausgangs-zustand			Symbol Symbol	Folgezustand	
a_2	a_1	$b_1(k)$	$b_2(k)$	a_0	$s(k)$	$b_1(k+1)$	$b_2(k+1)$
0	0	0	0	0	0	0	0
0	0	0	1	1	1	1	0
0	0	1	0	0	0	0	1
0	0	1	1	1	1	1	1
0	1	0	0	0	2	0	1
0	1	0	1	1	3	1	1
0	1	1	0	0	2	0	0
0	1	1	1	1	3	1	0
1	0	0	0	0	4	0	0
1	0	0	1	1	5	1	0
1	0	1	0	0	4	0	1
1	0	1	1	1	5	1	1
1	1	0	0	0	6	0	1
1	1	0	1	1	7	1	1
1	1	1	0	0	6	0	0
1	1	1	1	1	7	1	0

angegebenen Zahlen das jeweilige komplexe Sendesymbol $s(k)$ bzw. die in Bild 4.15 jeweils angegebene Nummer des 8–PSK Sendesymbols zwischen 0 und 7. Die minimale Distanz zwischen den Symbolfolgen S_0 und S_1 kann wie bei den Faltungscodes aus dem Trellisdiagramm abgelesen werden, wobei o.B.d.A. die Nullsequenz S_0 als Referenz benutzt wird. Für eine hinreichend lange Sequenz erhält man die minimale Distanz mit einer binären Nutzbitfolge

$$A_1 = (1\,00\,00\,00\ldots),$$

die sich lediglich im ersten Bit von der Nullfolge unterscheidet. In diesem Fall nehmen die Bits a_0 und a_1 in jedem Takt den Wert 0 an und das Bit a_2 ist nur im ersten Takt gleich 1. Die resultierende Sendesymbolfolge $s(k)$ ist in diesem Fall (vgl. Tabelle 4.1 oder Bild 4.17)

$$S_1 = (4\,0\,0\ldots)$$

und damit beträgt die minimale Distanz nach Bild 4.15 und Gleichung (4.12)

$$d_{min} = d(S_0, S_1) = d \left[\begin{pmatrix} 0 \\ 0 \\ 0 \\ \vdots \end{pmatrix}, \begin{pmatrix} 4 \\ 0 \\ 0 \\ \vdots \end{pmatrix} \right] = 2$$

Wir untersuchen eine zweite binäre Nutzbitfolge, die sich diesmal im zweiten Bit von der Nullfolge unterscheidet:

$$A_2 = (01\,00\,00\ldots),$$

In diesem Fall ist das Bit a_2 in jedem Takt gleich 0 und a_1 nur im ersten Takt gleich 1. In dem durch die Schieberegisterinhalte berechnete Bit a_0 entsteht jetzt aber eine periodische 01–Folge. Daraus berechnet sich die zugehörige Symbolfolge S_2 wie folgt:

$$S_2 = (2\,1\,0\,1\,0\,1\ldots)\quad,$$

d.h. der Abstand zur Nullsymbolfolge S_0 wächst mit der Sequenzlänge, weil die Pfade nicht zusammenlaufen, und man erhält bei einer Sequenzlänge bestehend aus N Einzelsymbolen:

$$d(S_0, S_2) = \sqrt{2} + (N-2)\sin\left(\frac{\pi}{8}\right) > d_{min} \quad \text{für } N \geq 4.$$

Die bei der TCM–Technik entstehende minimale Distanz d_{min} ist also bei gleicher Bandbreite B und Nutzdatenrate größer als bei einer uncodierten QPSK (dort galt $d_{min} = \sqrt{2}$). Durch die größere minimale Distanz ist die resultierende Fehlerwahrscheinlichkeit bei jeweils gleichem E_b/N_0–Verhältnis geringer. Durch Trelliscodierte Modulation entsteht also ein Gewinn im E_b/N_0–Verhältnis gegenüber uncodierter Modulation.

4.6 Übungsaufgaben

Aufgabe 4.1

Gegeben ist ein Coder für einen Faltungscode der Rate 1/2 mit der Schieberegisterlänge $L = 2$.

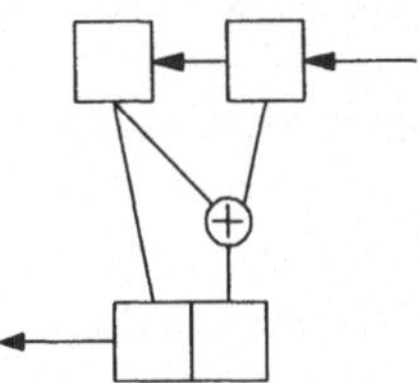

a) Zeichnen Sie das Trellis–Diagramm und das Zustandsdiagramm!

b) Bestimmen Sie die minimale Distanz des Codes!

Aufgabe 4.2

Gegeben ist ein Coder für einen Faltungscode der Rate 1/2 mit der Schieberegisterlänge $L = 3$.

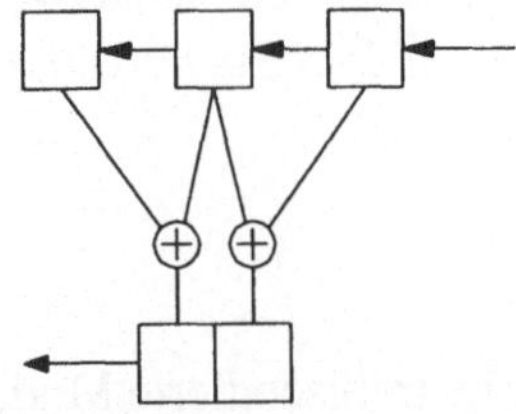

Zeichnen Sie das Trellis–Diagramm! Eignet sich der Code für die Fehlerkorrektur (Begründung aus dem Diagramm) ?

Aufgabe 4.3

Es soll der Faltungscode aus Aufgabe 4.1 bzgl. seiner Fehlerkorrektureigenschaften näher untersucht werden. Zur Lösung werden die Ergebnisse aus Aufgabe 4.1 benötigt.

Ferner soll angenommen werden, daß jeweils Blöcke mit $n = 8$ Bit codiert werden, an die eine 0 zum definierten Auslaufen des Faltunscodes angehängt wird. Für diesen Fall kann der Faltungscode auch als linearer Blockcode beschrieben werden.

a) Wie groß ist die Hamming–Distanz dieses Blockcodes? (Hinweis: Arbeiten Sie mit dem Trellisdiagramm. Das Aufstellen des vollständigen Codes ist mühsam!)

b) Wie groß ist die Codewortlänge N? Welche Coderate ergibt sich?

c) Stellen Sie die Generatormatrix des Codes auf!

d) Handelt es sich um einen zyklischen Blockcode?

Zur Analyse der Fehlerkorrektureigenschaften soll angenommen werden, daß der Code auf einem symmetrischen Binärkanal mit der Bitfehlerwahrscheinlichkeit $p_b = 10^{-3}$ eingesetzt wird.

e) Welche Restfehlerwahrscheinlichkeit erhält man für einen betrachteten Block, wenn man von der Hamming–Distanz $d(C)$ des Blockcodes ausgeht und den Ansatz der Binomialverteilung aus Kapitel 2 anwendet?

f) Warum ist die tatsächliche Restfehlerwahrscheinlichkeit bei einer Viterbi–Decodierung kleiner?

g) Versuchen Sie einen verbesserten Schätzwert für die Restfehlerwahrscheinlichkeit zu finden, indem Sie korrigierbare Zwei–Fehler–Situationen berücksichtigen!

Aufgabe 4.4

Gegeben ist ein Coder für eine trelliscodierte Modulation. Die Ausgangsbits (a_{2k}, a_{2k+1}) werden mit einer QPSK übertragen.

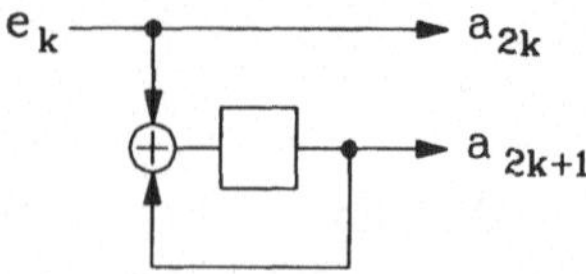

a) Zeichnen Sie das Ortsdiagramm! Die Zuordnung der Bits zu den Sendesymbolen soll mit Hilfe der Gray–Codierung erfolgen.

b) Zeichnen Sie das Trellisdiagramm!

c) Geben Sie die Ausgangsfolge $\{a_k\}$ an, die zur Eingangsfolge $\{0, 1, 0, 1, 0, 0\}$ gehört!

d) Wie groß ist die minimale Distanz zwischen zwei gültigen Symbolfolgen?

A   Tabelle binärer BCH–Codes

In der folgenden Tabelle sind binäre BCH–Codes bis zum Grad $N = 127$ tabelliert.

N	n	d(c)	Exponenten von $G(z)$
7	4	3	0 1 3
15	11	3	0 1 4
15	7	5	0 4 6 7 8
15	5	7	0 1 2 4 5 8 10
31	26	3	0 2 5
31	21	5	0 3 5 6 8 9 10
31	16	7	0 1 2 3 5 7 8 9 10 11 15
31	11	11	0 2 4 6 7 9 10 13 17 18 20
31	6	15	0 2 4 6 7 9 10 13 14 15 16 18 19 21 24 25
63	57	3	0 1 6
63	51	5	0 3 4 5 8 10 12
63	45	7	0 1 2 3 6 7 9 15 16 17 18
63	39	9	0 1 2 4 5 6 8 9 10 13 16 17 19 20 22 23 24
63	36	11	0 1 4 8 15 17 18 19 21 22 27
63	30	13	0 1 2 5 6 8 9 11 13 14 15 20 22 23 26 27 28 29 30 32 33
63	24	15	0 5 8 11 17 22 23 25 27 28 31 33 34 36 37 38 39

N	n	d(c)	Exponenten von $G(z)$
63	18	21	0 2 4 6 7 8 9 12 14 15 16 19 21 24 26 28 29 31 36 37 40 41 42 43 45
63	16	23	0 1 3 5 8 9 11 12 13 16 18 19 20 22 23 24 25 27 32 33 36 39 40 42 43 46 47
63	10	27	0 2 3 5 6 12 14 16 18 19 20 22 24 26 27 29 33 34 37 40 43 44 46 48 49 50 53
63	7	31	0 1 2 3 4 6 7 8 9 12 13 14 16 18 19 24 26 27 28 32 33 35 36 38 41 45 48 49 52 54 56
127	120	3	0 3 7
127	113	5	0 1 2 4 5 6 8 9 14
127	106	7	0 1 5 6 7 8 11 12 14 15 17 18 21
127	99	9	0 3 4 5 7 9 10 13 18 19 20 23 26 27 28
127	92	11	0 1 2 4 6 7 10 13 21 22 24 25 26 29 31 34 35
127	85	13	0 1 3 4 5 7 10 13 15 16 19 20 21 22 23 26 29 33 34 35 39 40 42
127	78	15	0 2 3 6 12 13 15 18 20 22 23 24 28 39 40 43 46 47 49
127	71	19	0 1 3 5 6 7 8 9 10 11 13 15 18 19 21 23 25 27 28 30 33 34 35 39 45 47 48 50 52 55 56
127	64	21	0 2 5 15 18 19 21 22 23 24 25 26 30 31 32 33 35 36 38 40 47 48 49 51 53 55 56 61 63
127	57	23	0 4 6 7 8 9 10 11 12 15 17 18 19 21 23 27 29 33 34 35 36 38 42 44 46 48 50 52 54 56 58 59 61 63 65 66 67 69 70
127	50	27	0 4 8 9 15 17 18 22 26 28 30 38 39 42 43 45 46 49 51 53 55 57 60 62 64 65 68 71 74 75 77
127	43	29	0 1 5 6 7 11 12 13 14 15 17 22 25 27 31 33 35 36 37 38 40 43 45 48 50 52 53 54 55 57 61 64 66 67 68 69 70 71 72 76 78 79 80 81 82 83 83

B Die komplementäre Fehlerfunktion

Die komplementäre Fehlerfunktion erfc(x) ist definiert als

$$\text{erfc}(x) = 1 - \text{erf}(x) = \frac{2}{\sqrt{\pi}} \int_{x}^{\infty} e^{-x^2}\, dx$$

x	erfc(x)	x	erfc(x)	x	erfc(x)
0	1.00	2.1	$2.98 \cdot 10^{-3}$	4.1	$6.70 \cdot 10^{-9}$
0.1	0.888	2.2	$1.86 \cdot 10^{-3}$	4.2	$2.86 \cdot 10^{-9}$
0.2	0.777	2.3	$1.14 \cdot 10^{-3}$	4.3	$1.19 \cdot 10^{-9}$
0.3	0.671	2.4	$6.89 \cdot 10^{-4}$	4.4	$4.89 \cdot 10^{-10}$
0.4	0.572	2.5	$4.07 \cdot 10^{-4}$	4.5	$1.97 \cdot 10^{-10}$
0.5	0.480	2.6	$2.36 \cdot 10^{-4}$	4.6	$7.75 \cdot 10^{-11}$
0.6	0.396	2.7	$1.34 \cdot 10^{-4}$	4.7	$3.00 \cdot 10^{-11}$
0.7	0.322	2.8	$7.50 \cdot 10^{-5}$	4.8	$1.14 \cdot 10^{-11}$
0.8	0.258	2.9	$4.11 \cdot 10^{-5}$	4.9	$4.22 \cdot 10^{-12}$
0.9	0.203	3.0	$2.21 \cdot 10^{-5}$	5.0	$1.54 \cdot 10^{-12}$
1.0	0.157	3.1	$1.17 \cdot 10^{-5}$	5.1	$5.94 \cdot 10^{-13}$
1.1	0.120	3.2	$6.03 \cdot 10^{-6}$	5.2	$1.93 \cdot 10^{-13}$
1.2	$8.97 \cdot 10^{-2}$	3.3	$3.06 \cdot 10^{-6}$	5.3	$6.61 \cdot 10^{-14}$
1.3	$6.60 \cdot 10^{-2}$	3.4	$1.52 \cdot 10^{-6}$	5.4	$2.23 \cdot 10^{-14}$
1.4	$4.77 \cdot 10^{-2}$	3.5	$7.44 \cdot 10^{-7}$	5.5	$7.36 \cdot 10^{-15}$
1.5	$3.39 \cdot 10^{-2}$	3.6	$3.56 \cdot 10^{-7}$	5.6	$2.38 \cdot 10^{-15}$
1.6	$2.37 \cdot 10^{-2}$	3.7	$1.67 \cdot 10^{-7}$	5.7	$7.57 \cdot 10^{-16}$
1.7	$1.62 \cdot 10^{-2}$	3.8	$7.70 \cdot 10^{-8}$	5.8	$2.36 \cdot 10^{-16}$
1.8	$1.09 \cdot 10^{-2}$	3.9	$3.48 \cdot 10^{-8}$	5.9	$7.19 \cdot 10^{-17}$
1.9	$7.21 \cdot 10^{-3}$	4.0	$1.54 \cdot 10^{-8}$	6.0	$2.15 \cdot 10^{-17}$

Für $x > 6$ gilt die folgende Näherung mit einem relativen Fehler $< 2\%$:

$$\text{erfc}(x) \approx \frac{1}{\sqrt{\pi}\, x} \cdot e^{-x^2}$$

C Lösungen der Übungsaufgaben

C.1 Informationstheorie:

Aufgabe 1.1:

a) $I_A = 0.322$; $I_B = 3.322$; $I_C = 3.644$; $I_D = 5.644$

b) $H(X) = 0.994$ Bit/Zeichen, $H(X) = 2$ Bit/Zeichen

c)

Zeichen	Code
A	0
B	1100
C	1110
D	111110

d) $L = 1.64$ Bit/Zeichen

Aufgabe 1.2:

Zeichen	Code
A	00
B	10
C	11
D	010
E	011

$R = 0.02$ bit/Zeichen

Zeichenpaare: $R_{Paar} \leq 0.04$ bit/Paar
$= 0.02$ bit/Zeichen

Aufgabe 1.3:

a) $H(X) = 1.44$ bit/Zeichen

b)

Zeichen	Code
A = 00	0
B = 01	11
C = 10	100
D = 11	101

$L = 1.56$ bit/Zeichen
$R = 0.12$ bit/Zeichen

Aufgabe 1.4:

a) $C = 531$ Bit/s

b) $H(X) = 0.881$ Bit/Symbol

c) $R_{max} = C/H(X) = 603$ Symbole/s

d) $S(p_{min}) \geq 0.115 \Rightarrow p_{min} \geq 0.0154$ (numerische Lösung)

Aufgabe 1.5:

$$C = \text{ld}(3) - S(p)$$

C.2 Blockcodes

Aufgabe 2.1:

a)

$$
\begin{array}{ccc|cccccccc}
 & & & 0 & 0 & 0 & 0 & 1 & 1 & 1 & 1 \\
 & & & 0 & 0 & 1 & 1 & 0 & 0 & 1 & 1 \\
 & & & 0 & 1 & 0 & 1 & 0 & 1 & 0 & 1 \\
\hline
1 & 1 & 1 & 0 & 1 & 1 & 0 & 1 & 0 & 0 & 1 \\
1 & 0 & 1 & 0 & 1 & 0 & 1 & 1 & 0 & 1 & 0 \\
0 & 1 & 1 & 0 & 1 & 1 & 0 & 0 & 1 & 1 & 0 \\
1 & 0 & 0 & 0 & 0 & 0 & 0 & 1 & 1 & 1 & 1 \\
0 & 0 & 1 & 0 & 1 & 0 & 1 & 0 & 1 & 0 & 1 \\
0 & 1 & 0 & 0 & 0 & 1 & 1 & 0 & 0 & 1 & 1 \\
1 & 1 & 0 & 0 & 0 & 1 & 1 & 1 & 1 & 0 & 0 \\
\end{array}
$$

b)

$$[G]' = \begin{bmatrix} 1 & 0 & 0 \\ 0 & 1 & 0 \\ 0 & 0 & 1 \\ 1 & 0 & 1 \\ 1 & 1 & 1 \\ 1 & 1 & 0 \\ 0 & 1 & 1 \end{bmatrix}$$

c) $d(C) = 4 \Rightarrow f_e = 3,\ f_k = 1$

d)
$$\begin{aligned}
x_4 &= x_1 + x_3 & \longrightarrow \quad s_1 &= x_1 + x_3 + x_4 \\
x_5 &= x_1 + x_2 + x_3 & \longrightarrow \quad s_2 &= x_1 + x_2 + x_3 + x_5 \\
x_6 &= x_1 + x_2 & \longrightarrow \quad s_3 &= x_1 + x_2 + x_6 \\
x_7 &= x_2 + x_3 & \longrightarrow \quad s_4 &= x_2 + x_3 + x_7
\end{aligned}$$

e) Die Syndrome aller korrigierbaren Fehlermuster sind paarweise verschieden.

Aufgabe 2.2:

a)

$$[H] = \begin{pmatrix} 1 & 0 & 1 & 1 & 0 & 0 & 0 \\ 1 & 1 & 1 & 0 & 1 & 0 & 0 \\ 1 & 1 & 0 & 0 & 0 & 1 & 0 \\ 0 & 1 & 1 & 0 & 0 & 0 & 1 \end{pmatrix}$$

b)

$$\begin{array}{ccccccc|ccccccccccccccc}
 & & & & & & & 1 & & & & & & & 1 & & & & & & 1 \\
 & & & & & & & & 1 & & & & & & 1 & 1 & & & & & \\
 & & & & & & & & & 1 & & & & & & 1 & 1 & & & & \\
 & & & & & & & & & & 1 & & & & & & 1 & 1 & & & \\
 & & & & & & & & & & & 1 & & & & & & 1 & 1 & & \\
 & & & & & & & & & & & & 1 & & & & & & 1 & 1 & \\
 & & & & & & & & & & & & & 1 & & & & & & 1 & 1 \\
\hline
1 & 0 & 1 & 1 & 0 & 0 & 0 & 1 & 0 & 1 & 1 & 0 & 0 & 0 & 1 & 1 & 0 & 1 & 0 & 0 & 1 \\
1 & 1 & 1 & 0 & 1 & 0 & 0 & 1 & 1 & 1 & 0 & 1 & 0 & 0 & 0 & 0 & 1 & 1 & 1 & 0 & 1 \\
1 & 1 & 0 & 0 & 0 & 1 & 0 & 1 & 1 & 0 & 0 & 0 & 1 & 0 & 0 & 1 & 0 & 0 & 1 & 1 & 1 \\
0 & 1 & 1 & 0 & 0 & 0 & 1 & 0 & 1 & 1 & 0 & 0 & 0 & 1 & 1 & 0 & 1 & 0 & 0 & 1 & 1 \\
\end{array}$$

c) $\vec{c_1} = (0011101)^T$

    $\vec{c_2} = (1110100)^T$

    $\vec{c_3} = (1001110)^T$

Aufgabe 2.3:

a) $p_f = 0.0345$

b) $p_{n.e.} = 8.62 \cdot 10^{-7}$

c) $R_{Nutz} = 1.10$ kBit/s

Aufgabe 2.4:

$$d(C) = f_k + f_e + 1$$

Aufgabe 2.5:

a) $A_1(z) = z^8 + z^7 + z^5 + z^4 + z^3 + z + 1$

   $A_2(z) = z^7 + z^6 + z^4 + z^3 + z^2 + 1$

b) $B_1(z) = z^5 + 1$

   $B_2(z) = z^6 + z^4 + z^3 + z^2 + 1$

c) $C_1(z) = 1$

   $C_2(z) = z^2 + z + 1$

Aufgabe 2.6:

a) $z^4 + z^2 + z + 1 = (z^3 + z^2 + 1) \cdot (z + 1)$

b) irreduzibel

Aufgabe 2.7:

a) $N = r = 7$

b) $k = 4, n = 3$

c) nichtseparierbar : $\vec{c_1} = (1101001)^T$

$\vec{c_2} = (0111010)^T$

separierbar : $\vec{c_1} = (1010011)^T$

$\vec{c_2} = (0100111)^T$

d) $S_1(z) = 0 \Rightarrow$ gültiges Codewort

$S_2(z) = z^2 \neq 0 \Rightarrow$ kein gültiges Codewort

Aufgabe 2.8:

a) Polynommultiplikation: $(x_1 z^3 + x_2 z^2 + x_3 z + x_4) \cdot (z^3 + z^2 + 1)$

b) $G(z) = z^3 + z^2 + 1$

c) $C(z) = z^6 + z^4 + z^3 + z^2$

d)

$$[G] = \begin{bmatrix} 1 & 0 & 0 & 0 \\ 1 & 1 & 0 & 0 \\ 0 & 1 & 1 & 0 \\ 1 & 0 & 1 & 1 \\ 0 & 1 & 0 & 1 \\ 0 & 0 & 1 & 0 \\ 1 & 1 & 1 & 0 \end{bmatrix} \quad ; \quad [G]' = \begin{bmatrix} 1 & 0 & 0 & 0 \\ 0 & 1 & 0 & 0 \\ 0 & 0 & 1 & 0 \\ 0 & 0 & 0 & 1 \\ 1 & 0 & 1 & 1 \\ 1 & 1 & 1 & 0 \\ 0 & 1 & 1 & 1 \end{bmatrix}$$

$$[H] = \begin{bmatrix} 1 & 0 & 1 & 1 & 1 & 0 & 0 \\ 1 & 1 & 1 & 0 & 0 & 1 & 0 \\ 0 & 1 & 1 & 1 & 0 & 0 & 1 \end{bmatrix}$$

e) $C(z) = z^6 + z^5 + z^2 + 1$

h) $S(z) = z + 1$

Aufgabe 2.9:

Projekt realisierbar: Code $(127, 106, 7)$ verkürzt auf $N = 71, n = 50$

Restfehlerwahrscheinlichkeit: $p_r \approx 1.09 \cdot 10^{-10}$

Syndromspeicher: $2.1 \cdot 10^6$ Worte

Aufgabe 2.10:

Mit Hilfe der Generatormatrix $[G]$ kann gezeigt werden, daß die Manipulation nur eine andere Zuordnung der Codewörter zu den Nachrichtenwörtern bewirkt.

Aufgabe 2.11:

$$
\begin{aligned}
G(z) &= (z^4 + z + 1) \cdot (z^4 + z^3 + z^2 + z + 1) \cdot (z^2 + z + 1) \\
&= z^{10} + z^8 + z^5 + z^4 + z^2 + z + 1
\end{aligned}
$$

Aufgabe 2.12:

a) $(31, 16, 7): p_r = 4.46 \cdot 10^{-10}$

b) $(31, 21, 5): p_r = 5.8 \cdot 10^{-5}$

c) $(311, 16, 7): P_s = 1.9 \text{ kW}$

Aufgabe 2.13:

a) $p_r \leq p_{r,zul} = 3.62 \cdot 10^{-10}$

b) Minimale Restfehlerwahrscheinlichkeit für Code $(70,56,5)$: $p_r = 5.5 \cdot 10^{-5} > p_{r,zul}$

c) Code $(62,44,7)$: $p_r = 5.6 \cdot 10^{-7} > p_{r,zul}$

d) $p_{i,zul} = 6.25 \cdot 10^{-5} \Rightarrow f_k \geq 2$ und $f_e \geq 5$

e) $d(C) = f_e + f_k + 1 = 8$

f) $G(z) = z^{19} + z^{15} + z^{10} + z^9 + z^8 + z^6 + z^4 + 1$

C.3 Digitale Trägermodulationsverfahren

Aufgabe 3.1:

a)

$p(y_j \mid x_i)$	x_i :			
	0	1	2	3
y_j : 0	0.714	0.208	0.067	0.012
1	0.286	0.326	0.260	0.129
2	0.129	0.260	0.326	0.286
3	0.012	0.067	0.208	0.714

$p(y_j \mid x_i)$	x_i :			
	0	1	2	3
y_j : 0	0.179	0.052	0.017	0.003
1	0.072	0.082	0.065	0.032
2	0.032	0.065	0.082	0.072
3	0.003	0.017	0.052	0.179

b) $T(X,Y) = 0.443$ bit/Zeichen

c) $\bar{S}/N = 1.04$

d) $p_{1|0} = p_{0|1} = 0.155$

$T(X,Y) = 0.378$ bit/Zeichen

e) $T_{kont} = 0.514$ bit/Zeichen

f) $\sigma = 0.72$ mV

Aufgabe 3.2:

a) $S = 1\,\mu\text{W}$

b) $p_b = 0.0785$

c) $C = 1206$ bit/s

d) $C_\infty = 1837$ bit/s

e) $p_r = 0.0175$

Aufgabe 3.3:

a) $N = 2$

b) $p_b = 2.49 \cdot 10^{-2}$

c) $T(X, Y) = 0.81$ bit/Zeichen

Aufgabe 3.4:

Schwelle bei $u_s = \dfrac{\sigma}{2u} \ln \dfrac{p_0}{p_1}$

Aufgabe 3.5:

a) $B = 1\,\text{kHz}$, $p_b = 2.34 \cdot 10^{-3}$

b)   QPSK : $B = 500\,\text{Hz}$, $p_b = 2.34 \cdot 10^{-3}$

     8–PSK : $B = 333\,\text{Hz}$, $p_b \approx 2.2 \cdot 10^{-2}$

c) $B = 250\,\text{Hz}$, $p_b \approx 3.3 \cdot 10^{-2}$

Aufgabe 3.6:

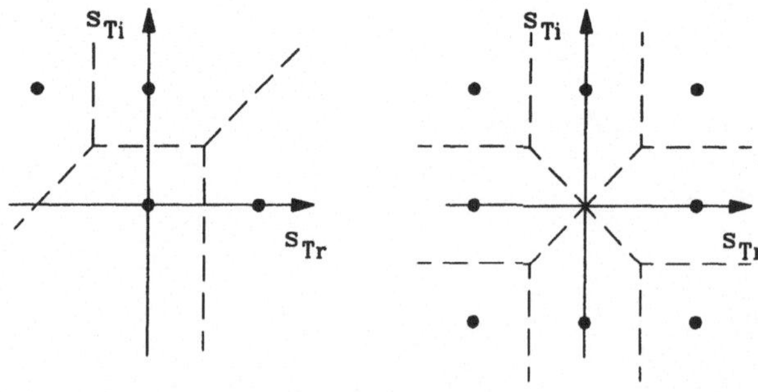

Aufgabe 3.7:

a) Zu zeigen ist:

$$\int_0^T s_i(t) \cdot s_k(t)\, dt = \begin{cases} 1 & \text{für} \quad i = j \\ 0 & \text{für} \quad i \neq j \end{cases}$$

b) $p_s = 2.3 \cdot 10^{-8}$

c) Alle Zuordnungen führen auf dieselbe Bitfehlerwahrscheinlichkeit.

Aufgabe 3.8:

a) $M = 2$: $R = 43$ MBit/s
   $M = 4$: $R = 9.6$ MBit/s
   $M = 8$: $R = 2.6$ MBit/s

b) $M = 2$: $E_b = 1.2 \cdot 10^{-11}$ Ws
   $M = 4$: $E_b = 4.1 \cdot 10^{-11}$ Ws
   $M = 8$: $E_b = 1.4 \cdot 10^{-10}$ Ws

$\Rightarrow$ minimale Energie pro Bit bei $M = 2$.

Aufgabe 3.9:

$$p_b = \frac{1}{4} \cdot \text{erfc}\left[\sqrt{\frac{E_b}{N_0}} \sin\left(\frac{\pi}{4} - \Delta\varphi\right)\right] + \frac{1}{4} \cdot \text{erfc}\left[\sqrt{\frac{E_b}{N_0}} \sin\left(\frac{\pi}{4} + \Delta\varphi\right)\right]$$

C.4 Faltungscodes

Aufgabe 4.1:

a)

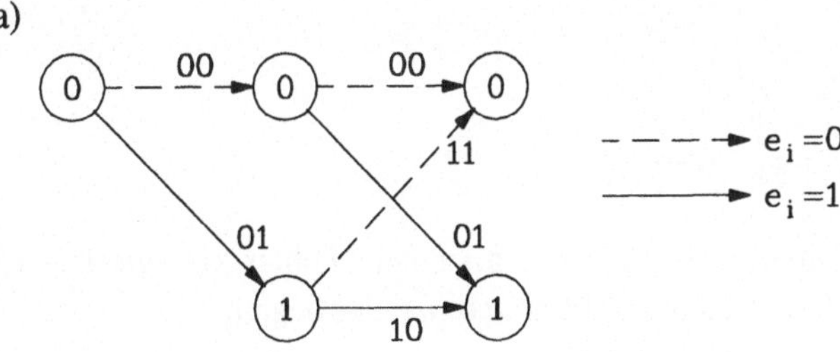

b) $d_{min} = 3$

Aufgabe 4.2:

Der Code ist ungeeignet, da eine endliche Anzahl von Empfangsfehlern eine unendliche Anzahl falsch decodierter Symbole bewirken kann.

Aufgabe 4.3:

a) $d(C) = 3$

b) $N = 2n + 2 = 18, R = 4/9$

c) $N = 18, n = 8$:

$$[G] = \begin{bmatrix} 1 & & & & & & & & \\ 1 & & & & & & & & \\ 0 & 1 & & & & & & & \\ 1 & 1 & & & & & & & \\ & & 0 & 1 & & & & & \\ & & 1 & 1 & \cdot & & & & \\ & & & 0 & & \cdot & & & \\ & & & 1 & & & \cdot & & \\ & & & & \cdot & & & 1 & \\ & & & & & \cdot & & 1 & \\ & & & & & & \cdot & 0 & \\ & & & & & & & 1 \end{bmatrix}$$

d) nein

e) $p_{r,Blockcode} = 1.51 \cdot 10^{-4}$

f) Es können Situationen mit mehr als einem Fehler korrigiert werden, wenn die Bitfehler nicht direkt hintereinander liegen.

Aufgabe 4.4:

a) siehe Seite 153

b) Trellisdiagramm:

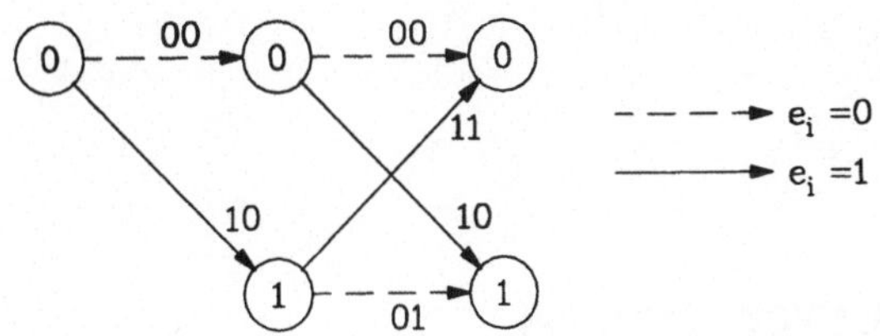

c) 00 10 01 11 00 00

d) $d_{min} = 2 + \sqrt{2}$

Literaturverzeichnis

[1] Hamming, R.W.: Information und Codierung. VCH, Weinheim 1987

[2] Bauer, F.L.; Goos, G.: Informatik, Springer, 1971

[3] Hartley, R.V.L.: Transmission of Information. Bell Syst. Techn. J. **7** (1928) S. 535–563

[4] Shannon, C.; Weaver, W.: Mathematische Grundlagen der Informationstheorie. Oldenbourg Verlag, München, Wien 1976

[5] Elsner, R.: Nachrichtentheorie 1+2., Teubner 1974

[6] Hilberg, W.: Der bekannte Grenzwert der redundanzfreien Information in Texten — eine Fehlinterpretation der Shannonschen Experimente?, Frequenz **44** (1990), Heft 9–10, S. 243–248

[7] Huffman, D.A.: Method for the Construction of Minimum Redundancy Codes. Proc. IRE **40** (1952) S. 1098

[8] Furrer, F.J.: Fehlerkorrigierende Block–Codes für die Datenübertragung. Birkhäuser Verlag 1981

[9] Tzschach, H.; Haßlinger, G.: Codes für den störungssicheren Datentransfer. Oldenbourg, München, Wien 1993

[10] Peterson, W.W.; Weldon, E.J.: Error Correcting Codes. 2.Auflage, MIT Press, Cambridge 1972

[11] Clark, G.C.; Cain, J.B.: Error Correction Coding for Digital Communications. Plenum Press, New York 1988

[12] Ammon, U.v.; Tröndle, K.: Mathematische Grundlagen der Codierung. Oldenbourg 1974

[13] Bossert, M.: Kanalcodierung. Teubner Verlag, Stuttgart 1992

[14] Chun, D.; Wolf, J.K.: Special Hardware for computing the Probability of Undetected Error for Certain Binary CRC Codes and Test Results. IEEE Transactions on Communications **42** (1994) S. 2769–2772

[15] Viterbi, A.J.: Convolutional Codes and their Performance in Communication. IEEE Transactions om Communications **19** (1971) S. 751-772

[16] Larsen, K.J.: Short Convolutional Codes with Maximal Free Distance for Rates 1/2, 1/3, and 1/4. IEEE Transactions on Information Theory **19** (1973) S. 371–372.

[17] Daut, D.G.; Modestino, J.W.;Wismer, L.D.: New Short Constraint Length Convoultional Code Construction for Selected Rational Rates. IEEE Transactions on Information Theory **28** (1982) S. 793–799.

[18] Huber, J.: Trelliscodierung. Springer Verlag 1993

[19] Höher, P.: Kohärenter Empfang trelliscodierter PSK–Signale auf frequenzselektiven Mobilfunkkanälen — Entzerrung, Decodierung und Kanalparameterschätzung. VDI–Verlag, Düsseldorf 1990

[20] Proakis, J.G.: Digital Communications. 2. Auflage, McGraw Hill, 1989

[21] Benedetto, S.; Biglieri, E.; Castellani, V.: Digital Transmission Theory. Prentice Hall, New Jersey 1987

[22] Lüke, H.D.: Signalübertragung. 4. Auflage, Springer 1987

[23] Kroschel, K.: Statistische Nachrichtentheorie, Erster Teil, 2. Auflage, Springer 1986

[24] Papoulis, A.: Probability, Random Variables, and Stochastic Processes. 2. Auflage, Mc Graw Hill 1984

[25] Lorenz, R.W.: Vergleich der digitalen Mobilfunksysteme in Europa (GSM) und Japan (JDC) unter besonderer Berücksichtigung der Wirtschaftlichkeitsaspekte. Der Fenmeldeingenieur **47** (1993) Heft 1/2.

Sachverzeichnis

Bossert
Kanalcodierung

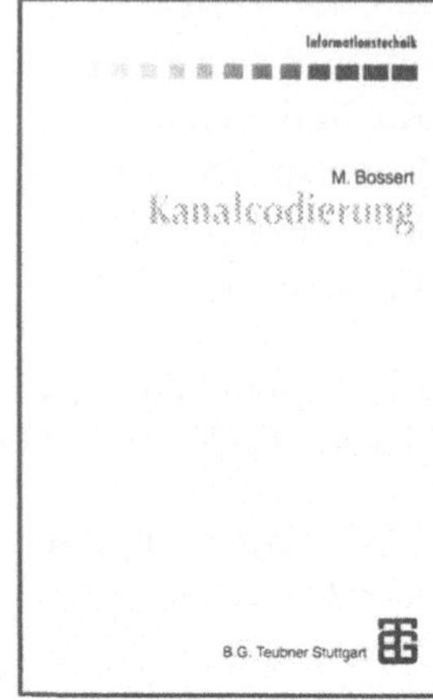

Die Kanalcodierung zur Fehlererkennung und Fehlervorwärtskorrektur ist ein wesentlicher Bestandteil in modernen digitalen Kommunikationssystemen. Terrestrische Mobilfunksysteme, Satellitenübertragung und Modems zur Datenübertragung im Telefonnetz sind heute ohne Kanalcodierung nicht mehr denkbar.

Das vorliegende Buch gibt zunächst eine Einführung in die klassischen Gebiete der Codierungstheorie. Dabei werden sowohl Blockcodes als auch Faltungscodes behandelt und die gängigen Verfahren und Methoden dazu beschrieben. Die übersichtliche und geschlossene Darstellung dieses Teils eignet sich gut zum vorlesungsbegleitenden Studium (mit Übungsaufgaben).

In einem weiteren Teil wird mit der verallgemeinerten Codeverkettung ein neues Gebiet der Codierungstheorie grundlegend behandelt, das bisher noch wenig Eingang in Lehrbücher gefunden hat. Aktuelle Probleme, wie z. B. die Idee der codierten Modulation werden auf das Prinzip der verallgemeinerten Codeverkettung zurückgeführt.

Aus dem Inhalt

Galois-Felder – diskrete Fouriertransformation – Decodierprinzipien – Restfehlerwahrscheinlichkeiten – Parity-Check-, Hamming-, BCH-, Reed-Muller-, Reed-Solomon-, Quadratische-Reste-Codes – Faltungscodes und deren Beschreibungsformen – verallgemeinerte Codeverkettung – Codes mit mehrstufigem Fehlerschutz – codierte Modulation – »set partitioning« – algebraische Decodierung mit Berlekamp-Massey- und euklidischem Algorithmus – Schwellwert-, Permutations-, Mehrheitsdecodierung – Fano-, Stack-, Viterbi-Decodieralgorithmus – Blokh-Zyablov-Decodieralgorithmus – Decodierung mit Zuverlässigkeitsinformation – Decodierung von codierter Modulation

Von Dr.-Ing.
Martin Bossert
AEG Mobile
Communication
GmbH, Ulm

1992. 283 Seiten
mit 64 Bildern.
16,2 x 22,9 cm.
Geb. DM 62,–
ÖS 484,– / SFr 62,–
ISBN 3-519-06143-0

Fliege, Informationstechnik

B. G. Teubner Stuttgart

Kammeyer
Nachrichten-übertragung

Neuentwicklungen auf dem Gebiet der Kummunikationstechnik richten sich fast ausnahmslos auf die Einführung digitaler Übertragungsverfahren. Dabei darf jedoch nicht übersehen werden, daß nach wie vor in weiten Bereichen der Nachrichtentechnnik analoge Modulationssysteme vorhanden sind.

Im vorliegenden Lehrbuch werden beide Möglichkeiten der Nachrichten-übertragung in einer kompakten systemtheoretischen Beschreibung vereint. Dabei wird besonderer Wert auf die konsequente Anwendung einer komplexen Formulierung von Modulationssignalen in der äquivalenten Basisbandebene gelegt. Zu den verschiedenen Modulationsprinzipien werden typische Systembeispiele ausgiebig diskutiert.

Das Buch gliedert sich in vier Teile:
Teil I: Komplexe Signale und Systeme – Eigenschaften von Übertragungs-kanälen – Mobilfunkkanäle;
Teil II: Analoge Basisbandübertragung – Diskretisierung analoger Quellensig-nale – PCM/DPCM – Nyquist-Bedin-gungen – Partial-response Codierung – adaptive Entzerrung – Zeitmultiplex;
Teil III: Analoge Modulationsformen – Spektraleigenschaften – Demodulation – Einflüsse linearer Verzerrungen –

Von Prof. Dr.-Ing.
Karl Dirk Kammeyer
Technische Universität
Hamburg-Harburg

1992. XVI, 678 Seiten
mit 363 Bildern
und 18 Tabellen.
16,2 x 22,9 cm.
Geb. DM 84,–
ÖS 655,– / SFr 84,–
ISBN 3-519-06142-2

Fliege, Informationstechnik

Rauscheinfluß – informa-tionstheoretischer Vergleich;
Teil IV: Digitale Modula-tionsformen – Spektralei-genschaften – Maximum Likelihood Schätzung unter Rauscheinfluß – Lineare Ver-zerrungen – Viterbi-Entzer-rung – Multiträger-Systeme

B. G. Teubner Stuttgart

Teubner Studienbücher zur Elektrotechnik

Böhme: **Stochastische Signale**

Börner/Müller/Schiek/Trommer: **Elemente der integrierten Optik**

Büttgenbach: **Mikromechanik**

Eckhardt: **Grundzüge der elektrischen Maschinen**

Fettweis: **Elemente nachrichtentechnischer Systeme**

Goetzberger/Wittwer: **Sonnenenergie**

Heinlein: **Grundlagen der faseroptischen Übertragungstechnik**

Heinloth: **Energie**

Hess: **Digitale Filter**

Hess/Heute/Vary: **Digitale Sprachsignalverarbeitung**

Heumann: **Grundlagen der Leistungselektronik**

Hügel: **Strahlwerkzeug Laser**

Jondral: **Funksignalanalyse**

Kamke/Krämer: **Physikalische Grundlagen der Maßeinheiten**

Kammeyer/Kroschel: **Digitale Signalverarbeitung**

Klein/Dullenkopf/Glasmachers: **Elektronische Meßtechnik**

Kneubühl: **Repetitorium der Physik**

Kneubühl/Sigrist: **Laser**

Lautz: **Elektromagnetische Felder**

Leonhard: **Digitale Signalverarbeitung in der Meß- und Regelungstechnik**

Leonhard: **Regelung in der elektrischen Energieversorgung**

Leonhard: **Statistische Analyse linearer Regelsysteme**

Michel: **Zweitor-Analye mit Leistungswellen**

Pfeiffer/Reithmeier: **Roboterdynamik**

Profos: **Einführung in die Systemdynamik**

Profos: **Meßfehler**

Rohe/Kamke: **Digitalelektronik**

Rohling: **Einführung in die Informations- und Codierungstherorie**

Schaufelberger/Sprecher/Wegmann: **Echtzeit-Programmierung bei Automatisierungssystemen**

Schlachetzki: **Halbleiter-Elektronik**

Stölting/Beisse: **Elektrische Kleinmaschinen**

Walcher: **Praktikum der Physik**

Warnecke: **Einführung in die Fertigungstechnik**

B. G. Teubner Stuttgart